U0304484

中国主要热带草坪草种质资源研究

王志勇 白昌军 廖 丽 等/著

科学出版社

北京

内 容 简 介

目前，草类植物种质资源的收集、评价和育种研究是全球草类植物的研究热点之一。广泛收集、整理和系统研究热带草坪草种质资源遗传特征，利用乡土种质资源培育拥有自主知识产权的热带草坪草品种是国内急需解决的问题。本书对作者近 10 年来关于热带草坪草种质资源的评价研究进行了一次全面的回顾，内容包括资源的地理分布，以及对其外部形态、繁殖特性、抗逆（寒、旱、盐、铝、阴）性及遗传多样性、耐铝机制与草坪杂草防除等方面比较系统的评价。

本书可供从事草坪草种质资源评价研究的高校、科研机构的研究人员阅读参考。

图书在版编目（CIP）数据

中国主要热带草坪草种质资源研究/王志勇等著. —北京：科学出版社，2018.11
　ISBN 978-7-03-058590-5

Ⅰ. ①中…　Ⅱ. ①王…　Ⅲ. ①热带—草坪草—种质资源—研究—中国
Ⅳ. ①S688.402.4

中国版本图书馆 CIP 数据核字(2018)第 195478 号

责任编辑：郭勇斌　彭婧煜 / 责任校对：王萌萌
责任印制：张克忠 / 封面设计：涿州市锦晖计算机科技有限公司

科 学 出 版 社 出版
北京东黄城根北街 16 号
邮政编码：100717
http://www.sciencep.com

天津市新科印刷有限公司 印刷
科学出版社发行　各地新华书店经销
*

2018 年 11 月第 一 版　开本：720×1000　1/16
2018 年 11 月第一次印刷　印张：12　插页：4
字数：232 000

定价：88.00 元
（如有印装质量问题，我社负责调换）

本书编写人员名单

王志勇　　白昌军　　廖　丽
丁西朋　　于旭东　　罗小燕
刘建秀　　王　坚　　郇树乾
郭海林　　宗俊勤　　陈静波
陈志坚　　王晓丽　　张欣怡
刘　洋　　王　莹

前　言

本书在广泛调查研究、参阅大量文献资料的基础上，运用最新的科研成果，对我国热带地区主要草坪草种质资源进行了系统研究，主要内容包括地毯草种质资源的研究与评价、地毯草种质资源耐铝机制研究、竹节草种质资源的研究与评价、除草剂对竹节草及伴生杂草狗牙根和马唐的药效生理初步研究。

在国家自然科学基金项目（31060266 和 31260489）、海南省自然科学基金项目（310031 和 314067）、海南大学中西部计划学科重点领域项目（ZXBJH-XK003）、科技基础资源调查专项（"中国南方草地牧草资源调查"，2017FY100600）、农业部物种资源保护项目（"热带牧草种质资源保护"，2130135）、中国热带农业科学院基本科研业务费专项项目（"热带草种质资源鉴定评价"，1630032017007；"热带草种质资源基因型鉴定"，1630032017006）、海南大学研究生精品课程和特色课程建设项目（"草学研究方法与实践"，hdy0708）、2018 年农业国际交流合作项目（"'一带一路'热带国家农业资源联合调查与开发评价"ZYLH2018010103）等 10 余项科研项目资助下，以及在中国热带农业科学院热带作物品种资源研究所热带牧草研究中心刘国道、杨虎彪、黄春琼、严琳玲、张瑜、虞道耿及海南大学罗丽娟、付玲玲、罗瑛等老师的支持下，海南大学从 2009 年开始，在对中国热带地区草坪草种质资源物种多样性及地理分布的系统分析基础上，对全国热带地区范围内主要热带草坪草种质资源进行了比较系统的收集并从美国农业部和美国佐治亚大学进行引种，目前，共收集、引种 4 属 6 种近 600 份热带草坪草种质资源（品种），是我国拥有最丰富的热带草坪草种质资源单位之一，资源库中 97%的种质资源为野生种，其中地毯草近 150 份，竹节草近 130 份。

通过对上述资源的系统研究，对地毯草和竹节草种质资源外部性状、坪用性状、繁殖特性等进行观测，明确中国地毯草和竹节草的种质资源形态变异及其规律，繁育特性及其变异，通过聚类分析划分出地毯草和竹节草植物类型，并对其进行综合评价，为研究中国地毯草和竹节草种质资源遗传多样性和亲缘关系提供了良好的研究背景。

　　在热带草坪草抗逆性方面，已建立地毯草和竹节草相关的抗性（耐酸性、抗寒性、抗旱性、耐阴性、耐盐性和抗病性）鉴定评价技术体系，明确其变异及其规律，以及地毯草耐铝生理机制和竹节草抗除草剂药效生理机制，选育出一批优质抗逆的特异种质资源。

　　希望本书的出版有助于读者了解我国热带地区主要草坪草种质资源的情况，为充分利用我国热带地区丰富的草坪草种质资源提供试验依据。本书的试验开展及撰写得到了许多热心朋友和同志的帮助、支持，书中引用了其他研究人员的科研成果和文献资料，在此一并深表感谢。由于水平有限，书中难免存在一些疏漏、不足之处，敬请批评指正。

作　者

2018 年 5 月 20 日于海口

目　录

第一章 地毯草种质资源的研究与评价

第一节 地毯草种质资源形态多样性分析

地毯草（*Axonopus compressus*）是禾本科（Poaceae）地毯草属（*Axonopus*）多年生草本植物，又名大叶油草，属暖季型草坪草。地毯草属约有 40 个种，大都产于热带美洲。我国目前发现 2 个种，其中用于草坪最广泛的为地毯草。在我国广东省、广西壮族自治区、云南省、海南省、福建省、台湾省等均有分布。该草种植株低矮平整，地上茎呈扁平状，通过匍匐茎迅速蔓延生长，且每节上都能生根和抽出新植株平铺于地面呈毯状，常生于荒野、路旁、沟旁等较潮湿处。地毯草适于热带、亚热带等温暖湿润的地区，具有良好的耐热性、耐阴性和耐贫瘠性，能耐酸性土壤和低养护管理，因此常把它作为控制水土流失及路边草坪的材料，在我国南方也常用作公共绿地、运动场和遮阴草坪（刘长春等，2008；周永亮等，2005）。

近年来许多学者对地毯草展开了研究，如品种鉴定（Ammiraju et al.，2001）、种质资源遗传多样性（Li et al.，2001a）等领域的研究。中国热带农业科学院热带作物品种资源研究所热带牧草研究中心于 2000 年申报了品种——华南地毯草（周永亮等，2005），该品种主要由匍匐茎蔓延而生，产生不定根和分蘖，可行无性繁殖，植株低矮，较耐践踏，耐阴，可用作铺设草坪和活动休息草坪，是优良的固土护坡草种，为以后地毯草的深入研究和新品种的培育提供了基础。然而，关于地毯草种质资源的形态多样性、繁殖特性、抗性评价等方面研究甚少（Smith et al.，1983；席嘉宾等，2006；Uddin et al.，2009）。席嘉宾等（2006）在中国地毯草野生种质资源研究过程中对地毯草形态多样性进行了分析，其结果表明地毯草野生种质资源的形态特征及生物学特性在长期的自然驯化中已经出现了一些较大的变异。因此，可以利用这些种群不同的性状特点去筛选出不同功用的优良生态型草坪草。本书对来自中国热带或亚热带典型生境地区、格林纳达和澳大利亚的64 份地毯草种质资源，运用形态学标记对其 16 个指标进行观测分析，以期为今后地毯草种质资源的开发与利用奠定基础。

中国的地毯草种质资源分别从海南、广东、广西、云南、福建和贵州采集（表 1-1，图 1-1），后被种植在海南大学儋州校区农学院基地。该地的地理坐标为

19°31′N，109°34′E，海拔 131 m，太阳辐射强，年平均光照时数 2000 h 以上，太阳光照强度为 14012.2～53587.4 lx，平均为 34 244.6 lx，热带季风气候。雨量适中，年均降水量 1815 mm，温度 9.0～38.6℃，平均 24.0℃。

表 1-1　供试材料

序号	编号	来源	序号	编号	来源
1	A2（华南地毯草）	—	33	A82	广西扶绥
2	A3	海南定安	34	A83	福建厦门
3	A4	海南定安	35	A84	福建漳浦
4	A5	海南儋州	36	A86	福建长泰
5	A7	海南白沙	37	A87	广西大新
6	A15	海南琼海	38	A88	广西扶绥
7	A16	海南三亚	39	A94	广西崇左
8	A19	海南文昌	40	A95	格林纳达
9	A23	海南万宁	41	A97	云南腾冲
10	A25	广西贵港	42	A98	广东怀集
11	A28	海南澄迈	43	A99	广东怀集
12	A30	海南琼中	44	A100	广东佛岗
13	A34	海南乐东	45	A101	广西桂平
14	A37	海南儋州	46	A102	海南屯昌
15	A38	海南海口	47	A103	海南五指山
16	A41	云南勐海	48	A105	海南昌江
17	A42	海南乐东	49	A106	广西合浦
18	A45	广东英德	50	A107	广西合浦
19	A46	澳大利亚	51	A108	广西合浦
20	A47	云南河口	52	A111	广西玉林
21	A49	贵州册亨	53	A113	广东雷州
22	A51	福建漳浦	54	A114	海南海口
23	A52	广西梧州	55	A116	广东茂名
24	A54	广东惠州	56	A118	广东电白
25	A57	福建漳州	57	A120	广西玉林
26	A58	广东广州	58	A121	广东雷州
27	A59	福建南靖	59	A122	广东徐闻
28	A63	云南芒市	60	A123	广东廉江
29	A67	云南芒市	61	A126	广东遂溪
30	A70	云南瑞丽	62	A139	海南琼中
31	A72	云南瑞丽	63	A140	广西上思
32	A81	福建长泰	64	A141	海南五指山

图 1-1　地毯草种质资源形态（后附彩图）

试验期间进行正常的田间养护管理，每隔一个月测量地毯草外部形态指标，主要测定指标参考廖丽等（2011a，2012）、胡林等（2001）、王志勇等（2009），具体为匍匐茎节间叶片长（C1）、宽（C2）；直立茎节间叶片长（C3）、宽（C4）；草层高度（C5）；节间长（C6）；节间宽（C7）；生殖枝高（C8）；穗柄长（C9）；花序轴长（C10）；花序直径（C11）；种子数（C12）；种子长（C13）；种子宽（C14）；花序分层数（C15）；花序分枝数（C16）16 个指标，每个指标每次测量重复 10 次。不同材料同一性状指标间的差异用变异系数表示，$CV（\%）=（S/X）\times 100\%$，其中 S 为标准差，X 为单个性状的平均值。具体数据分析总结如下。

1. 供试地毯草材料形态学性状的差异分析

从表 1-2 可以看出，节间长（C6）、穗柄长（C9）和花序直径（C11）达到显著（$P<0.05$）差异，其他指标皆达到极显著（$P<0.01$）差异，表明地毯草的外部形态在不同品系间具有多样性。各指标的变异系数为 20.79%～338.64%，其中节间长（C6）的变异系数最大为 338.64%，匍匐茎节间叶片长（C1）的变异系数最小为 20.79%，所有指标的变异系数平均值为 111.17%。变异系数从大到小顺序为节间长（C6）>节间宽（C7）>匍匐茎节间叶片宽（C2）>穗柄长（C9）>生殖枝高（C8）>花序直径（C11）>花序分枝数（C16）>花序分层数（C15）>种子宽（C14）>花序轴长（C10）>种子长（C13）>种子数（C12）>直立茎节间叶片宽（C4）>直立茎节间叶片长（C3）>草层高度（C5）>匍匐茎节间叶片长（C1）。不同指标筛选潜力不同，为将来新品种选育提供较好的参考（王志勇等，2009）。变异系数是表示样本差异的参数，通常变异系数大于 10%就表明种质资源间的差异较大（廖丽等，2015）。16 个指标的变异系数都为 20%以上，说明种质资源间具有很大的变异性。

表 1-2　64 份地毯草种质资源形态学性状及其变异

编号	C1	C2	C3	C4	C5	C6	C7	C8
平均值	4.7	1.4	7.1	5.2	13.3	4.4	3.3	10.5
标准差	1.0	3.9	3.1	2.7	4.2	14.9	10.5	9.0

编号	C1	C2	C3	C4	C5	C6	C7	C8
变异系数/%	20.79	279.2	43.66	51.92	31.58	338.64	318.18	85.71
F	12.04**	1.59**	23.86**	1.62**	8.40**	1.16*	22.05**	44.73**

编号	C9	C10	C11	C12	C13	C14	C15	C16
平均值	8.0	10.4	8.8	46.0	40.6	36.3	33.0	30.3
标准差	7.9	7.5	7.0	29.2	27.6	26.2	25.0	24.0
变异系数/%	98.75	72.12	79.55	63.48	67.98	72.18	75.76	79.21
F	1.01*	16.46**	0.95*	17.03**	5.16**	7.26**	15.19**	6.68**

*表示显著（$P<0.05$），**表示极显著（$P<0.01$），下同

2. 供试地毯草材料各指标间的相关性分析

对 64 份地毯草外部形态各指标间的相关性进行分析（表 1-3），结果表明：所测的各项指标间的相关性很大，大部分指标都呈现显著（$P<0.05$）或极显著（$P<0.01$）相关。如花序轴长（C10）与匍匐茎节间叶片长（C1）、直立茎节间叶片长（C3）、草层高度（C5）、节间长（C6）、节间宽（C7）、生殖枝高（C8）、种子数（C12）、种子宽（C14）、花序分层数（C15）等指标间存在显著（$P<0.05$）或极显著（$P<0.01$）相关，其中与匍匐茎节间叶片长（C1）、直立茎节间叶片长（C3）、草层高度（C5）、生殖枝高（C8）、种子数（C12）存在极显著正相关，与节间宽（C7）和种子宽（C14）存在极显著负相关；生殖枝高（C8）与匍匐茎节间叶片长（C1）、匍匐茎节间叶片宽（C2）、直立茎节间叶片长（C3）、草层高度（C5）、节间长（C6）、节间宽（C7）、花序轴长（C10）、种子数（C12）、种子宽（C14）、花序分层数（C15）间存在着显著（$P<0.05$）或极显著（$P<0.01$）相关，其中与匍匐茎节间叶片长（C1）、直立茎节间叶片长（C3）、草层高度（C5）、花序轴长（C10）、种子数（C12）和花序分层数（C15）间存在极显著正相关，与匍匐茎节间叶片宽（C2）和节间长（C6）存在显著正相关，与节间宽（C7）存在极显著负相关，与种子宽（C14）存在显著负相关；种子数（C12）与匍匐茎节间叶片长（C1）、匍匐茎节间叶片宽（C2）、直立茎节间叶片长（C3）、草层高度（C5）、节间长（C6）、节间宽（C7）、生殖枝高（C8）、花序轴长（C10）、种子宽（C14）、花序分层数（C15）之间存在显著（$P<0.05$）或极显著（$P<0.01$）相关，其中与匍匐茎节间叶片长（C1）、直立茎节间叶片长（C3）、草层高度（C5）、生殖枝高（C8）、花序轴长（C10）和花序分层数（C15）存在极显著正相关，与匍匐茎节间叶片宽（C2）、节间长（C6）存在显著正相关，与节间宽（C7）、种子宽（C14）存在显著负相关。综合分析以上指标可知，地毯草生殖枝高度越高，草层高度越高，花序密度越大，花序轴长越长，种子数越多，相应的节间越细，匍匐茎节间叶片越宽。这些不同的指标类型，可为今后选择优良的地毯草品种提供参考。

表1-3　地毯草形态学性状间的相关系数

编号	C1	C2	C3	C4	C5	C6	C7	C8	C9	C10	C11	C12	C13	C14	C15	C16
C1	1.0000															
C2	0.1935	1.0000														
C3	0.6954**	0.1637	1.0000													
C4	0.2085	0.1099	0.1932	1.0000												
C5	0.6612**	0.2254	0.7935**	0.1530	1.0000											
C6	0.2458	0.0144	0.2394	-0.0643	0.0613	1.0000										
C7	-0.1184	-0.0330	-0.2431	0.3859*	-0.1794	-0.0989	1.0000									
C8	0.7019**	0.2488*	0.8590**	0.0471	0.8256**	0.2892*	-0.4882**	1.0000								
C9	0.0181	-0.0104	-0.0211	0.0602	-0.0410	0.0154	0.0470	-0.0096	1.0000							
C10	0.5059**	0.1429	0.6362**	-0.1006	0.5373**	0.3477*	-0.5403**	0.8316**	-0.0454	1.0000						
C11	-0.1682	-0.0460	-0.2270	-0.0953	-0.1824	-0.0444	-0.0438	-0.2040	-0.0667	-0.1486	1.0000					
C12	0.5632**	0.2470*	0.7484**	0.2108	0.6680**	0.3297*	-0.3973*	0.8397**	-0.0170	0.6601**	-0.2064	1.0000				
C13	0.2249	-0.0076	0.2582*	0.3037*	0.3474*	0.1129	0.2135	0.1709	-0.0468	-0.0112	-0.0781	0.1369	1.0000			
C14	-0.1760	0.1042	-0.2336	0.2296	-0.2456	0.0486	0.6153**	-0.4557*	0.0413	-0.5567**	0.1033	-0.3706*	0.2769*	1.0000		
C15	0.7106**	0.2789*	0.6763**	0.2253	0.4512*	0.2633*	-0.1307	0.6179**	0.0139	0.4368*	-0.2428	0.6220**	0.0651	-0.1265	1.0000	
C16	-0.0534	0.2447	0.0270	0.0295	-0.0709	0.1570	0.2454	-0.0788	-0.0493	-0.1047	-0.0275	-0.0857	0.0396	0.3287*	0.3623*	1.0000

3. 形态学性状间的聚类分析

利用 SPSS 软件对 64 份地毯草种质资源形态指标进行聚类分析（图 1-2）。在欧氏距离 10.0 处，将 64 份地毯草种质资源分为Ⅳ大类：Ⅰ类有 16 份材料，包括 A118、A121、A100、A106、A108、A123、A101、A114、A126、A141、A105、A122、A140、A111、A120、A107，为相对低花序密度型，主要特征是匍匐茎节间叶片

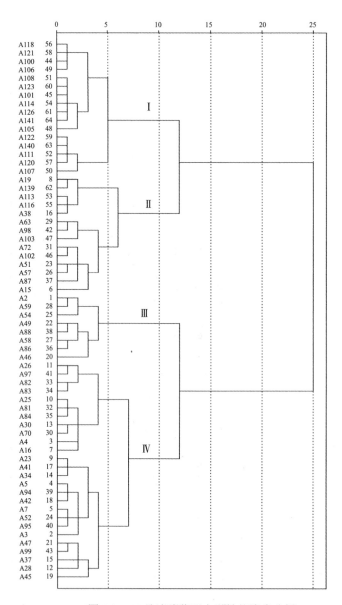

图 1-2　64 份地毯草形态学性状聚类分析

宽，花序密度小，但蔓延速度快，能较快成坪；Ⅱ类有 14 份材料，包括 A19、A139、A113、A116、A38、A63、A98、A103、A72、A102、A51、A57、A87、A15，为高花序密度型，特征是草层高度高，花序分层数多，种子数多，具有高产的潜力；Ⅲ类有 8 份材料，包括 A2、A59、A54、A49、A88、A58、A86、A46，主要特征是匍匐茎间叶片长，匍匐茎数量和最多，节间长；Ⅳ类有 26 份材料，其特征主要是介于以上三类材料之间，该类型在今后地毯草杂交育种和品种选育上应视具体情况进行选择利用。

4. 讨论

地毯草在我国主要分布在 97°31′～121°44′E，18°08′～27°10′N 的热带和南亚热带地区，其分布区的最高纬度为 27°10′N，分布最高的地区海拔达 1350 m。分布区域由南向北逐渐减少，表现为以海南、云南及广东等热带和南亚热带气候区为主要分布中心的规律。其中广西南宁、云南西双版纳、福建漳州、云南思茅、广东粤北及台湾台中等地的以南地区可以发现地毯草普遍分布，在江西、贵州、四川及湖南等省的南部地区首次发现了地毯草，其最冷月平均气温为 10～15.7℃，极端最低气温为-4.2～0.2℃。地毯草对土壤酸碱度的适应范围比较广泛，pH 3.5～7.43 都能生长，其中以红砂壤土、河滩土和黄砂壤土的酸性土壤为主。

本书对 64 份地毯草的 16 个形态指标进行观测和数据分析，发现同一测量指标中，不同材料间存在显著（$P<0.05$）或极显著（$P<0.01$）差异，变异系数在 20.79%～338.64%，平均变异系数为 111.17%，其中生殖枝高（C8）和直立茎节间叶长片（C3）之间相关性最大，相关系数为 0.8590，且呈极显著相关（$P<0.01$），花序轴长（C10）和种子宽（C14）之间相关系数为-0.5567，相关性达到最大负相关且呈极显著（$P<0.01$）。廖丽等（2015）对 26 份地毯草种质资源形态多样性的研究中也指出地毯草种内的外部形态具有丰富的遗传多样性，不同指标间存在显著正相关或负相关（$P<0.05$），变异系数为 4.41%～71.11%，虽然低于本书对 64 份地毯草种质资源研究的变异系数，但其结果也表明地毯草形态特征和生物学特性在长期自然驯化中出现了较大的差异，可以根据研究目的选择优良草坪草。此外，本书研究中的各形态指标与席嘉宾（2004）的研究结果也一致。

目前可以通过形态学、细胞学、生物化学和分子生物学等标记对地毯草种质资源遗传多样性进行检测，其中形态学标记是检测遗传变异最直接、最简便易行的研究方法（杨家华等，2009；黄春琼，2010；蒋尤泉，1995），本书主要是运用形态学标记方法，观测 64 份地毯草种质资源的表型特征并分析指标之间的相关性，其结果表明地毯草草层高度越高，生殖枝高度越高，花序轴长越长；匍匐茎节间叶片越宽，花序分层越多。

　　目前国内外学者已对狗牙根、结缕草、地毯草、假俭草等暖季型草坪草的形态多样性开展了大量研究（王志勇，2009；黄春琼，2010；刘建秀等，2003b，2004；李洁英等，2011），本书中所有指标的变异系数都为10%以上，具有较大的变异性。廖丽等（2011a）对竹节草种质资源形态多样性的研究和黄春琼等（2010）对华南地区野生狗牙根植物学形态特征变异的研究中花序密度、草层高度和单花序分枝数等指标的变异系数也都为10%以上，与本书的结果一致。

　　聚类分析的结果与大部分材料来源地并不完全一致，有一些指标变异系数较大，产生这种结果可能与其受环境因子影响较大及分布生境的多样化有关，此外，各指标在测量过程中存在不可避免的误差等，都有可能影响聚类的结果。

　　种质资源是在长期的演化过程中经自然选择和人工选择而形成的，是选育新品种的基础材料，种质资源的丰富程度直接关系到优良草品种和优良基因的筛选，而种质资源的遗传多样性是进行优良草品种和优良基因筛选的前提。随着近年来我国草坪业的迅速发展，草坪草种质资源研究与发展越来越受到人们的重视，我国生态环境复杂，气候类型多变，拥有丰富的地毯草野生种质资源及其生态类型和遗传变异特性，可为今后地毯草种质资源的研究与利用提供资源（陈蕴等，2008）。

第二节　周期性去叶对地毯草克隆生长的影响

　　生物的克隆性（clonality）是指生物在自然状况下自发地产生与自己遗传结构相同的后代个体的生物学习性，包括克隆生长（clonal growth）和克隆繁殖（clonal reproduction）两大类（Salzman，1985），其中克隆生长，是指植物通过克隆器官（如地上匍匐茎、地下根茎或萌蘖根）延伸进行水平扩散并在其上不断进行分株的过程（孙海群等，2008）。克隆性普遍存在于植物界，以不同的比例分布在许多不同的分类单元中，具有克隆性的植物为克隆植物（clonal plant）（董鸣等，2007；李娟，2008）。克隆植物几乎存在于所有类型的生态系统中，并在许多生态系统中占据优势地位。因此，有关克隆植物的生态学研究已引起植物种群学家的极大兴趣。目前，国内外学者已对部分植物的克隆生长进行相关研究（Salzman，1985；李娟，2008；干友民等，2009；宋福娟等，2009；赵玉等，2009；覃宗泉等，2010），但对于草坪草的克隆生长研究甚少（李娟，2008；宋福娟等，2009；Pakiding et al.，2003；刘文辉等，2009；王志勇等，2009）。

　　地毯草喜潮湿的热带和亚热带气候，喜光、耐阴、耐热、耐水淹、耐贫瘠、耐酸性土壤，不耐霜冻，适于在潮湿的砂土上生长，在橡胶林及其他类似的荫蔽条件下生长良好（张惠霞等，2005）。匍匐茎蔓延迅速，每节均能产生不定根和分蘖新枝，侵占力强，是优良的固土护坡植物，常用它铺设公共绿地草坪或与其他草种混合铺设运动场地。因为地毯草匍匐茎蔓延迅速，草坪会变得密集而高，茎的游走特征使该草对环境资源具备一定的选择能力，并使其在土壤质量不同的草地上具有不同的构型及能量分配特征。植物构型（architecture）是植物构件在空间排列的一种表现形式，它体现了植物种群对邻接环境及干扰的生态适应。植物构件（module）又称组件，是指植物的分蘖、分枝或器官，植物构件的能量分配是阐述克隆植物种群形态可塑性的一个重要依据，有助于阐明植物种群的适应机制（李娟，2008；Parton et al.，1995）。

克隆生长和克隆繁殖在草坪植物中是非常普遍的现象，深入开展草坪植物的克隆生长研究对草坪植物的管理具有重要的意义（肖克炎等，2008）。地毯草用于铺设休息活动草坪、疏林草坪和运动场草坪时，必须根据具体的情况进行必要的修剪。因此，开展不同去叶周期对地毯草克隆生长的影响研究，能为地毯草的合理修剪及其可持续利用提供一定的理论依据。

本书选取长势相同的地毯草匍匐茎，剪掉顶部4节，再向下数6节后剪下。剔除茎上的根，去掉部分叶，以减少水分蒸发。选取直径15 cm的花盆，取砂土：腐殖质：红壤土=3：3：4混合均匀，放入盆中。将盆埋入已修整好的一块地，盆口与地齐平，每个盆相距40 cm。将匍匐茎种到盆里，土里埋2节，出土4节。每盆种3个匍匐茎，重复4次。

植株生长20 d以后，去除每盆长势最不好的一个植株。选取长势良好且接近一致的地毯草，采用随机抽签法分成4个组，D10（每隔10 d去叶1次）、D20（每隔20 d去叶1次）、D30（每隔30 d去叶1次）和D60（每隔60 d去叶1次）。对宋福娟等（2009）和Hirota等（1987）的植物匍匐茎茎端套环技术进行改进，以精确测定每两次观测期间新出生蘖的数量及新增加的匍匐茎长度。测定的指标有单枝匍匐茎分蘖数（C1）、蘖出生速率（C2）、单枝匍匐茎节数（C3）、单枝匍匐茎节出生速率（C4）、单枝匍匐茎长度（C5）、单枝匍匐茎伸长速率（C6）及构件生物量。其中蘖出生速率（C2）为平均每枝匍匐茎每天新出生的分蘖数量，单枝匍匐茎节出生速率（C4）为平均每枝匍匐茎每天新出生的茎节数量，单枝匍匐茎伸长速率（C6）为平均每枝匍匐茎每天新增加的匍匐茎长度。

1. 周期性去叶对地毯草分蘖的影响

从表1-4中得出，随着移栽天数的增加，不同处理组的地毯草的单枝匍匐茎分蘖数都呈增加的趋势，而蘖出生速率在开始去叶处理后的第20 d达到最低。这是由于地毯草在生长前期拥有充足的生长空间及养分，去叶次数不同所造成的光合作用有效面积差异并没有对地毯草营养的获取造成明显的影响。随着养分的消耗，蘖出生速率呈下降趋势，随着时间的推移，地毯草的叶片有所增加，营养物质积累也随之增加，蘖出生速率开始呈上升趋势。在单枝匍匐茎分蘖数及蘖出生速率方面，处理组 D20 与 D30 在开始去叶处理后的 30 d 里都达到了极显著差异，而在第 50 d 达到显著差异，这说明 D20 的成坪速度快于 D30。D20 与 D30 和 D60 在成坪期（80 d）呈极显著差异。由于移栽天数的增加，匍匐茎不断增加，叶片也变得密集，处理组 D60 去叶的次数最少，叶片互相交错，光合作用有效面积少，呼吸消耗大，净光合作用产物积累最少，降低了蘖出生速率。而 D10 由于去叶频次过多，也造成净光合作用产物积累较少。由此可知，过多或过少次数去叶都不利于地毯草蘖的出生，每 20 d 修剪一次叶子（D20）最有利。

表 1-4　移栽后地毯草分蘖数（C1）和蘖出生速率（C2）的影响

去叶处理后的时间/d	C1/个				C2/（个/d）			
	D10	D20	D30	D60	D10	D20	D30	D60
10	9.67±2.31abAB	11.67±0.58aA	7.67±0.88bB	10.67±0.58aAB	0.97±0.23abAB	1.17±0.06aA	0.77±0.15bB	1.06±0.06aAB
20	15.33±3.51abAB	17.67±1.16aA	11.67±1.53bB	16.33±0.58aAB	0.77±0.18abAB	0.88±0.06aA	0.58±0.08bB	0.82±0.03aAB
30	28.33±2.08bB	40.00±3.00aA	28.00±3.61bB	30.67±4.51bAB	0.95±0.07bB	1.33±0.10aA	0.93±0.12bB	1.02±0.15bAB
40	54.00±5.57aA	66.33±6.11aA	55.00±11.14aA	54.33±8.33aA	1.35±0.14aA	1.67±0.15aA	1.38±0.28aA	1.36±0.21aA
50	67.67±8.96bA	88.67±11.93aA	71.00±7.00bA	76.67±7.57abA	1.35±0.18bA	1.77±0.24aA	1.42±0.14bA	1.53±0.15abA
60	99.00±21.63aA	128.0±9.85aA	111.3±10.02aA	102.7±17.04aA	1.65±0.36aA	2.13±0.17aA	1.86±0.16aA	1.71±0.28aA
70	137.7±25.89aA	156.0±27.79aA	143.7±30.09aA	121.0±14.11aA	1.97±0.37aA	2.23±0.40aA	2.05±0.43aA	1.73±0.20aA
80	181.0±34.60bAB	226.3±10.12aA	222.3±11.59aA	146.7±18.18bB	2.26±0.44bAB	2.83±0.13aA	2.78±0.14aA	1.83±0.23bB

注：不同小写字母表示差异显著（$P<0.05$），不同大写字母表示差异极显著（$P<0.01$），下同

2. 周期性去叶对地毯草匍匐茎的影响

由表 1-5 可以看出单枝匍匐茎伸长速率随着移栽天数的增加呈现先减后增的变化趋势。这说明地毯草的前期克隆生长主要靠土壤供给养分，随着养分的消耗，茎节的生长减缓，当克隆器官逐渐增多以后，地毯草的光合能力逐渐增强，光合作用产物由叶片运往茎，积累也逐渐增加，茎的伸长速率随之增加。由于各处理组的去叶周期不同，造成光合作用有效面积有差异，在 50 d 以后，D20 的单枝匍匐茎长度和伸长速率明显比其他处理组大。

表 1-5 移栽后地毯草单枝匍匐茎长度（C5）和单枝匍匐茎伸长速率（C6）的影响

时间/d	C5/cm				C6/（cm/d）			
	D10	D20	D30	D60	D10	D20	D30	D60
10	12.63±2.23bA	17.17±1.33aa	13.60±1.31abA	11.90±3.30bA	1.26±0.22bA	1.72±0.13aA	1.36±0.13abA	1.19±0.33bA
20	21.97±6.02aA	25.97±1.19aA	26.30±5.79aA	23.63±1.19aA	1.10±0.30aA	1.30±0.06aA	1.32±0.29aA	1.18±0.06aA
30	37.70±9.21bA	57.93±6.23aA	48.03±12.84abA	47.40±7.79abA	1.26±0.31bA	1.93±0.21aA	1.60±0.43abA	1.58±0.26abA
40	83.17±15.87bA	131.4±13.38aA	111.0±30.40abA	117.6±18.49abA	2.08±0.40bA	3.28±0.33aA	2.78±0.76abA	2.94±0.46aA
50	124.5±21.34bB	206.2±19.81aA	140.3±40.30bAB	163.6±21.50abAB	2.49±0.43bB	4.13±0.40aA	2.8±0.81bAB	3.27±0.43abAB
60	196.9±11.74bB	317.6±28.60aa	251.4±65.93abAB	242.2±30.58bAB	3.28±0.20bB	5.29±0.47aA	4.19±1.10abAB	4.04±0.51bAB
70	284.9±13.14bB	467.6±15.34aA	355.0±78.06bAB	335.1±72.35bAB	4.07±0.19bB	6.68±0.22aA	5.07±1.11bAB	4.79±1.03bAB
80	355.3±27.74cB	583.9±29.72aA	498.2±105.9abAB	420.0±67.96cAB	4.44±0.35cB	7.30±0.37aA	6.23±1.33abAB	5.25±0.85bcAB

3. 周期性去叶对地毯草匍匐茎节的影响

从表 1-6 可以看出，各处理组在进行去叶处理后的单枝匍匐茎节数和单枝匍匐茎节出生速率的差异只发生在前期。在第 10 d，D20 与 D30 呈极显著差异，D20 与 D60 呈显著差异；在第 20 d，D20 与 D30 呈显著差异，D20 与 D60 呈极显著差异。中后期各处理组差异不明显，这说明不同去叶周期对地毯草中后期生长的茎节数增加影响不大。因此，适当频率的去叶（D20）使地毯草在前期匍匐茎节数增长快，有利于中后期茎节增长和增粗，加快成坪速度。

表 1-6 移栽后地毯草单枝匍匐茎节数（C3）和单枝匍匐茎节出生速率（C4）的影响

去叶处理后的时间/d	C3/个				C4/（枝/d）			
	D10	D20	D30	D60	D10	D20	D30	D60
10	8.33±0.58abAB	9.00±1.00aA	6.67±1.16cB	7.00±0.01bcAB	0.83±0.06abAB	0.90±0.10aA	0.67±0.12cB	0.70±0.01bcAB
20	11.67±2.08abAB	14.00±1.00aA	10.67±2.52bAB	8.67±0.58bB	0.58±0.10abAB	0.70±0.05aA	0.53±0.13bAB	0.43±0.03bB
30	19.33±2.08aA	26.33±2.52aA	22.00±5.57aA	23.33±3.79aA	0.65±0.07aA	0.88±0.85aA	0.73±0.19aA	0.78±0.13aA
40	47.33±12.06aA	60.67±9.02aA	51.00±13.12aA	55.33±7.23aA	1.18±0.30aA	1.52±0.23aA	1.28±0.33aA	1.39±0.18aA
50	63.00±12.00aA	82.00±9.17aA	69.00±24.02aA	80.67±10.02aA	1.26±0.24aA	1.64±0.18aA	1.38±0.48aA	1.61±0.20aA
60	102.7±33.65aA	133.3±9.45aA	117.3±44.00aA	121.3±20.26aA	1.71±0.56aA	2.22±0.16aA	1.96±0.73aA	2.02±0.34aA
70	161.7±30.67aA	180.3±9.61aA	166.7±56.32aA	156.0±28.36aA	2.31±0.43aA	2.58±0.14aA	2.38±0.81aA	2.23±0.41aA
80	183.3±34.39aA	223.7±58.29aA	229.0±75.32aA	181.3±31.01aA	2.29±0.43aA	2.79±0.73aA	2.86±0.94aA	2.27±0.39aA

4. 周期性去叶对地毯草构件生物量的影响

从表 1-7 可以看出 D10 与 D20 处理组根与营养器官生物量鲜重、营养器官干重差异显著，根干重差异达到极显著。植物的各个器官在生理功能上既有精细的分工，又有密切的联系，既相互协调又相互制约。植物体各部分的相互协调与制约的现象叫相关性。植物生长的相关性包括地上部分与地下部分的相关、主茎与侧枝的相关、营养生长与生殖生长的相关。其中地上部分与地下部分的相关常用根冠比（root/top ratio，R/T）来表示，即植物地下部分与地上部分重量（干重或鲜重）的比值（王三根，2013）。4 个处理组的根冠比（鲜重之比）为 0.211(D10)<0.219(D30)<0.247(D20)<0.285(D60)。影响根冠比的因素主要有土壤水分、光照、温度等。在光照方面，不同去叶周期造成光合作用有效面积差异影响了光合作用产物量，所以用于地下部分生长和地上部分生长的营养物质分配出现了差异。这说明去叶修剪可以促进根的生长，而适宜的修剪周期可以保持适当的根冠比。

在根干重方面，除 D30 与 D60 无显著差异外，D20 和 D10 间差异呈极显著，D20 与 D30 及 D60 间差异显著，而 D10 与 D30 及 D60 间差异也显著。这说明不同去叶周期对地毯草根的生物量积累影响程度不一样。在营养器官干重方面，D20 生物量达到最大，D30 最小，D20 与 D30 差异极显著，D20 与 D10 及 D60 差异显著，D10 与 D30 及 D60 之间差异不显著。这表明适宜的去叶周期（D20）对地毯草地上营养器官生物量的积累起促进作用，而其他去叶周期之间对地毯草地上营养器官生物量的积累影响差异不显著。

表 1-7　不同去叶处理（90 d）对地毯草构件生物量变化的差异分析

处理组	根鲜重/g	营养器官鲜重/g	根干重/g	营养器官干重/g
D10	13.39±5.21bA	63.52±14.7bA	2.39±0.82cB	10.23±2.73bAB
D20	19.84±8.79aA	80.15±30.4aA	3.47±1.38aA	13.38±3.57aA
D30	16.18±6.06abA	73.9±26.02bA	2.74±0.77bAB	9.94±1.47bB
D60	16.47±4.56abA	57.86±26.6bA	3.05±0.54bAB	10.12±0.31bAB
平均值	16.47	68.86	2.91	10.92
标准差	2.64	10.04	0.46	1.65
变异系数/%	16.04	14.58	15.77	15.08
F 值	8.588*	6.375*	23.644**	18.222**

5. 讨论

地毯草是一种具有较强的适应弱光环境能力的喜阳性 C4 植物，具有较高的光合能力（寰洪英等，2003），叶片是植物进行光合作用的主要场所，是植物重要的物质生产器官，是生态系统固定太阳能的起点。叶片的数量、大小等特征都将影响植物对碳的获取，影响光能利用率，并进一步影响生存和竞争能力（郭力华，2004）。地毯草在周期性去叶后，在蘖的出生、茎节的生长、生物量的积累等方面受到了不同程度的影响。

在地毯草生长前期，不同周期去叶使部分处理组地毯草蘖的出生速率、匍匐茎的长度及茎节数达到显著差异。前期土壤提供充足的养分，种内竞争不明显，地毯草利用有利的环境优势迅速进行蔓延生长。各处理组的蘖出生速率、单枝匍匐茎节出生速率及单枝匍匐茎伸长速率都达到较高水平。地毯草迅速占据周围的空间后，随着生长的进程，土壤里的养分逐渐被消耗，地毯草的光合作用产物逐渐增多，主要用于自身的克隆生长。在地毯草生长的中后期，种内竞争加剧，匍匐茎交错生长，叶片变得稠密，相互遮挡。在这期间，不同去叶周期使部分处理组的地毯草单枝匍匐茎长度达到显著或极显著差异，而在单枝匍匐茎节数方面各处理组差异不显著。地毯草的匍匐茎在生长过程的前期进行茎节数的增加，后期优先进行茎节增长和增粗，匍匐茎的形态特征不仅影响克隆分株在空间上的生长格局，而且也是资源获取过程的重要形态学性状之一（周华坤等，2006），地毯草的这种克隆生长策略是它长期适应环境的结果。在去叶处理 50 d 后，D20 的单枝匍匐茎长度和单枝匍匐茎伸长速率明显高于其他处理组。这是由于去叶修剪改变了地毯草叶片间的稠密程度和种内的竞争程度，不同周期修剪使这种改变程度在各个处理组有差异，进而造成净光合作用产物量不一样，地毯草的克隆生长也就产生了差异。随着去叶次数增加，各处理组地毯草的组内差异也逐渐增大（表 1-8）。在单枝匍匐茎分蘖数及蘖出生速率、单枝匍匐茎长度及茎伸长速率方面，D20 在去叶处理后 30 d 组内差异达到显著，而 D10、D30、D60 组内呈显著差异比 D20 晚10~20 d。在单枝匍匐茎节数及单枝匍匐茎节出生速率方面，D20、D60 在去叶处理后 40 d 达到组内显著差异。去叶周期不同对各处理组组内及组间的单枝匍匐茎节数和单枝匍匐茎节出生速率影响不大，初步推断是受地毯草遗传因子的影响，还需要对此进行深入的研究探讨。

克隆植物在生物量分配格局上的差异，一方面反映了克隆植物在适应不同生境过程中对生长策略所进行的调整，另一方面也反映出克隆植物在资源有限的条件下，在克隆生长过程中对关于自身生存和发展的各项功能所做出的一种权衡，并反映出生物量分配格局与克隆生长的关系（张颖等，2007）。不同克隆植物所采取的生物量分配方式不一样。研究表明，切除匍匐茎使鹅绒委陵菜生物量分配明显偏向于地上部分（康晓燕等，2007）；中国沙棘在高土壤水分条件下，种群的地上部分枝干生物量分配较高而叶片的生物量分配较低，地下部分生物量主要用于克隆器官的生长；在低土壤水分条件下，种群的地上部分枝干生物量分配较

表 1-8　移栽后地毯草克隆生长组内比较

项目	处理组	2009.11.15	2009.11.25	2009.12.5	2009.12.15	2009.12.25	2010.1.4	2010.1.14	2010.1.24
C1	D10	9.67±2.31fF	15.33±3.51fEF	29.00±3.00efDEF	54.00±5.57deDE	67.67±8.96cCD	99.00±21.63cBC	137.7±25.89bB	181.0±34.60aA
	D20	11.67±0.58gE	17.67±1.16gE	40.00±3.00fDE	66.33±6.11eCD	88.67±11.93dC	128.0±9.85cB	156.0±27.79bB	226.3±10.12aA
	D30	7.67±1.53eF	11.67±1.53eF	28.00±3.61eEF	55.00±11.14dDE	71.00±7.00dD	111.3±10.02cC	143.7±30.09bB	222.3±11.59aA
	D60	10.67±0.58gF	16.33±0.58gF	30.67±4.51fEF	54.33±8.33eDE	76.67±7.57dCD	102.7±17.04cBC	121.0±14.11bAB	146.7±18.18aA
C2	D10	0.97±0.23deC	0.77±0.18eC	0.95±0.07deC	1.35±0.14cdBC	1.35±0.18cdBC	1.65±0.36bcAB	1.97±0.37abAB	2.26±0.44aA
	D20	1.17±0.06efD	0.88±0.06fD	1.33±0.10deCD	1.67±0.15cdC	1.77±0.24cBC	2.13±0.17bB	2.23±0.40bB	2.83±0.13aA
	D30	0.77±0.15dE	0.58±0.08dE	0.93±0.19dDE	1.38±0.28cCD	1.42±0.14cCD	1.86±0.16bbC	2.05±0.43bB	2.78±0.14aA
	D60	1.07±0.06cCD	0.82±0.03cD	1.02±0.15cCD	1.36±0.21bBC	1.53±0.15abAB	1.71±0.28aAB	1.73±0.20aAB	1.83±0.23aA
C3	D10	8.33±0.58eD	11.67±2.08eD	19.33±2.08deCD	47.33±12.06cdCD	63.00±33.65bB	102.7±33.65bB	161.7±30.67aA	183.3±34.39aA
	D20	9.00±1.00fF	14.00±1.00fEF	26.33±2.52eEF	60.67±9.02deDE	82.00±9.17dCD	133.3±9.45cBC	180.3±9.61bAB	223.7±58.29aA
	D30	6.67±1.16dD	10.67±2.52dD	22.00±5.57dD	51.00±13.12cCD	69.00±24.02cdCD	117.3±44.00bABC	166.7±56.32aAB	229.0±75.32aA
	D60	7.00±0.01dF	8.67±0.58dF	23.33±3.79dEF	55.33±7.23cDE	80.67±10.02cCD	121.3±20.26bBC	156.0±28.36aAB	181.3±31.01aA
C4	D10	0.83±0.06dC	0.58±0.10dC	0.65±0.07cdC	1.18±0.30bcBC	1.26±0.24bBC	1.71±0.56bAB	2.31±0.43aA	2.29±0.43aA
	D20	0.90±0.10dDE	0.70±0.05dE	0.88±0.09dDE	1.52±0.23cCD	1.64±0.18cBC	2.22±0.16bAB	2.58±0.14abA	2.79±0.73aA
	D30	0.67±0.12cCD	0.53±0.13cD	0.73±0.19cCD	1.28±0.33cCD	1.38±0.48bcBCD	1.96±0.73abABC	2.38±0.81aAB	2.86±0.94aA
	D60	0.70±0.01dD	0.43±0.03dD	0.78±0.13dD	1.39±0.18cC	1.61±0.20bcBC	2.02±0.34abAB	2.23±0.41aA	2.27±0.39aA
C5	D10	12.6±2.78fF	21.97±6.02fF	37.70±9.21fF	83.17±15.87eE	124.5±21.34dD	196.9±11.74cC	284.9±13.14bB	355.3±27.74aA
	D20	17.17±1.33gF	25.97±1.19gF	57.93±6.23fF	131.4±13.37eE	206.2±19.82dD	317.6±28.60cC	467.6±15.34bB	583.9±29.72aA
	D30	13.60±1.31fD	26.30±5.79efD	48.03±12.84defD	111.0±30.40deD	140.3±40.30dCD	251.4±65.93cBC	355.0±78.06bB	498.2±105.89aA
	D60	11.90±3.30eE	23.63±1.193eE	47.40±7.79dE	117.6±18.49cdD	163.6±21.50cdBC	242.2±30.58cB	335.1±72.35bA	420.0±67.96aA
C6	D10	1.26±0.22dD	1.10±0.30dD	1.26±0.31dD	2.08±0.40cC	2.49±0.43cC	3.28±0.20bB	4.07±0.19aA	4.44±0.35aA
	D20	1.72±0.13fgE	1.30±0.06gE	1.93±0.21fE	3.28±0.33dD	4.13±0.40dC	5.29±0.47cB	6.68±0.22bA	7.30±0.37aA
	D30	1.36±0.13deD	1.32±0.29eD	1.60±0.43deD	2.78±0.76cdeCD	2.81±0.81cdCD	4.19±1.10bcBC	5.07±1.11abAB	6.23±1.33aA
	D60	1.19±0.33eD	1.18±0.06eD	1.58±0.26eCD	2.94±0.46dBC	3.27±0.43cdB	4.04±0.51bc	4.79±1.03abA	5.25±0.85aA

低而叶片的生物量分配较高，地下部分生物量则主要用于根系的生长（贺斌等，2007）；生长在不同光照强度条件下的过路黄，当光照强度减弱时将高比例的生物量分配到叶片，有利于植株积累更多的光合作用产物，从而适应弱光的环境（王琼等，2003）。地毯草在不同周期去叶后，生物量的分配也发生了变化。从各处理组的根冠比 D10<D30<D20<D60 可以看出，去叶周期最短的处理组（D10）地毯草由于地上部分叶片数量少而限制植物根系土壤的生长。去叶周期最长的处理组（D60），将更多的生物量分配在根部。去叶周期居中的处理组 D20 和 D30 的地毯草，地上与地下的生物量分配相对比较均匀。去叶周期不同还影响了地毯草的光合作用产物的积累，造成克隆构件生物量的差异。去叶越频繁，地毯草叶片的面积就越少，吸收的光能和二氧化碳的量少，光合作用产物积累少。去叶次数过少，叶片重叠遮挡严重，光合作用有效面积减少，而呼吸作用和光呼吸消耗多，光合作用产物积累也少。适当的去叶周期可以避免以上情况发生。处理组 D20 地上和地下部分构件生物量明显高于其他处理组，在根干重方面，D20 与 D30 及 D60 呈现显著差异（$P<0.05$），与 D10 呈现极显著差异（$P<0.01$）；在营养器官干重方面，D20 与 D10 及 D60 呈现显著差异（$P<0.05$），与 D30 呈现极显著差异（$P<0.01$）。从实验结果（表 1-7）中发现 D20 根的鲜重与 D10 达到显著差异，D20 根的干重与 D10 达到极显著差异，与 D30、D60 达到显著差异。这主要是由于 D10 去叶次数过多，前期匍匐茎生长慢，茎上的不定根少，不定根量的增加主要发生在生长后期，鲜嫩的不定根含水量较多，烘干后根的干重与 D20 的差异比鲜重更显著。

从实验结果可知，周期为 20 d 的去叶修剪对地毯草的克隆生长最有利，过长或过短周期去叶都不利于地毯草的克隆生长。Hirota 等（1987）曾在已经建置两年的假俭草人工草地上进行过间隔期为 1～4 周的割草实验，并提出每 3 周 1 次为最佳刈割周期。这与本书的研究结果一致，尽管不同的克隆生物生长特点不一样，但是在环境条件胁迫下的克隆生长有一定的相似性。因此，要使地毯草草坪具有较高的使用和观赏价值，就需要采取适当的修剪周期（20 d），过长或过短周期修剪都会对地毯草的生长造成不利的影响。

第三节　地毯草耐盐浓度梯度筛选及临界浓度研究

盐碱土是全球陆地上分布广泛的一种土壤类型，全球盐碱地面积约 9.5 亿公顷。据我国第二次土壤普查资料，我国盐碱地资源面积约 5.27 亿亩[①]，其中盐碱耕地面积约 0.88 亿亩。而且，耕地次生盐碱化和草场盐碱化面积呈增加趋势（郭

---

① 1 亩≈666.67 m²。

永盛等，2008）。土壤盐碱化地区植被稀少，生态系统脆弱，严重制约了当地经济的可持续发展。随着改革开放及滨海地区的经济发展，城市环境越来越引起人们的关注。如何通过园林绿化的手段来改善与创造一个良好的环境，是近年来滨海地区环境建设的重点。草坪作为园林绿化的重要组成部分，对城市环境起着保护、改善和美化的良好作用，它的数量与质量已成为衡量当地园林绿化水平和环境质量的标准之一（Hixson et al.，2005；Uddin et al.，2009）。因此，选择适于滨海地区园林绿化的优质耐盐草坪草显得尤为重要（Uddin et al.，2009）。

目前，国内外学者已对大量植物开展耐盐性研究（Levitt，1980；Almansouri et al.，2001；Krishnamurthy et al.，2007；Marcum et al.，1994；王珺等，2011；王秀玲等，2010）。在植物耐盐性评价过程中，水培调控因比其他调控措施具有更方便、简洁、易控制等优点，受到越来越多研究者的青睐。在草类植物耐盐性鉴定方面，已通过此技术开展了大量的研究（Qian et al.，2000；Chowdhury et al.，1995；陈静波等，2007，2009；Chen et al.，2009）。植物的耐盐性评价指标很多（陈静波等，2009；Kitamura，1970；Marcum et al.，1998），选用不同的指标进行评价，可能得出不一样的结论（陈静波等，2008a）。对于不同繁殖方式的草类植物，种子繁殖的通常用发芽率、幼苗茎或根系生长量等指标来进行耐盐性评价（Kitamura，1970；Kim et al.，1991；刘虎俊等，2001；Peacock et al.，1989），营养体繁殖的通常用叶片枯黄率反映其在盐胁迫下的坪用质量，是其耐盐性评价的关键指标，尤其在进行大量资源的耐盐性评价时，具有操作简单，快速准确的特点（孙吉雄，2003；Qian et al.，2000；陈静波等，2009；Marcum，2006）。

因此，针对地毯草研究现状，本书在开展华南地区本土地毯草野生种质资源的收集、整理和评价的基础上，开展地毯草耐盐鉴定方面的研究，为筛选优异耐盐地毯草新品种选育提供基础。通过对地毯草开展盐胁迫响应及临界浓度的研究，为今后大批地毯草种质资源耐盐性快速鉴定奠定基础，为进一步选育耐盐性强的草坪草新品种和耐盐育种的亲本材料提供试验依据。

试验所用的地毯草是多年选育的优良品系（A37），具有较强抗逆性和坪用价值。研究结合采用 Uddin 等（2009，2010）、陈静波等（2009）和胡化广等（2010）的方法，并对技术进行了改进。在处理结束后，选用叶片颜色、坪用质量和叶片枯黄率为观测指标（Wu，2004；王志勇等，2009；陈静波等，2008a，2008b，2009；Wu et al.，2006；Marcum et al.，1998；Qian et al.，2000）。耐盐阈值：用 SPSS16.0 软件对每个处理的叶片枯黄率 LF 和盐离子浓度 X（mmol/L）之间进行一元二次曲线回归分析（回归方程为 $LF=a+bX+cX^2$，其中系数 a、b 和 c 因处理而异），并根据回归方程求解出叶片枯黄率 LF 为 50%时的盐离子浓度 X，表示为 $X_{50\%}$（mmol/L）（陈静波等，2008a，2009）。

1. 盐胁迫对地毯草坪用质量的影响

研究结果表明，随着盐浓度的逐渐提高，地毯草的坪用质量出现不断下降的趋势，详细结果见表 1-9。0～40 mmol/L 浓度处理组之间的坪用质量无显著差异（$P<0.05$），在 20 mmol/L 浓度的胁迫下，与对照组的坪用质量相当，而与其他浓度（60～180 mmol/L）处理组之间达到极显著（$P<0.01$）差异，比其他浓度处理的坪用质量评分要高。在 0～120 mmol/L 浓度胁迫下，地毯草坪用质量评分都达到 6 分以上，是可接受的景观价值，且与高浓度（140～180 mmol/L）处理组之间达到极显著差异（$P<0.01$）。140～180 mmol/L 浓度胁迫下，坪用质量显著下降，其中在 180 mmol/L 浓度胁迫下，草坪几乎接近于死亡（坪用质量为 2.50 分）。

表 1-9　盐胁迫（28 d）对地毯草坪用质量、叶片颜色和叶片枯黄率的影响

盐浓度/(mmol/L)	叶片颜色/分	坪用质量/分	叶片枯黄率/%
0	7.00 aA	7.50 aA	0.00 gF
20	6.75 abAB	7.50 aA	3.75 fgEF
40	6.75 abAB	7.25 abAB	3.75 fgEF
60	6.63 abcAB	6.75 bcBC	10.00 fE
80	6.25 bcdBC	6.38 cdC	7.50 fEF
100	6.13 cdBC	6.25 cdC	22.50 eD
120	5.75 dCD	6.13 dC	30.00 dD
140	5.13 eD	4.50 eD	48.75 cC
160	3.50 fE	3.50 fE	75.00 bB
180	2.75 gF	2.50 gF	87.50 aA

2. 盐胁迫对地毯草叶片颜色的影响

地毯草在不同盐浓度胁迫下（28 d）叶片颜色的变化趋势如图 1-3 所示。地毯草在不同盐浓度胁迫下，叶片颜色变化趋势呈线状，随着浓度的提高，草坪的叶片颜色评分呈现不断下降趋势。在低浓度胁迫下（0～60 mmol/L），叶片颜色评分高于中等浓度胁迫（80～120 mmol/L）和高浓度胁迫（140～180 mmol/L）。地毯草在 0～60 mmol/L 浓度胁迫下，叶片颜色变化不显著，比其他浓度胁迫的坪用质量评分高且达到显著（$P<0.05$）或极显著（$P<0.01$）差异；120～180 mmol/L 浓度处理组，叶片颜色呈显著（$P<0.05$）或极显著（$P<0.01$）差异，评分低于对照组。在高浓度胁迫下，叶片颜色评分下降比较显著，尤其在 180 mmol/L 浓度下，95% 的叶片都变为黄色或褐色，远低于可接受的景观价值范围。

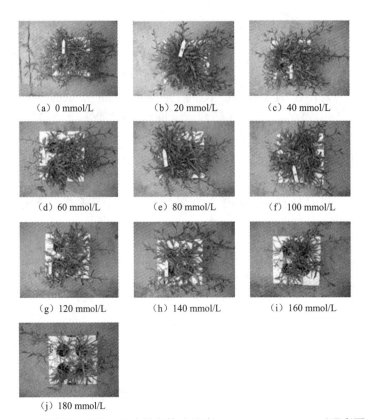

（a）0 mmol/L　　　　　（b）20 mmol/L　　　　　（c）40 mmol/L

（d）60 mmol/L　　　　　（e）80 mmol/L　　　　　（f）100 mmol/L

（g）120 mmol/L　　　　　（h）140 mmol/L　　　　　（i）160 mmol/L

（j）180 mmol/L

图 1-3　地毯草耐盐半致死浓度梯度筛选试验（0～180 mmol/L）（后附彩图）

3. 盐胁迫对地毯草叶片枯黄率的影响

从表 1-9 和图 1-3 可以看出，在 0～140 mmol/L 浓度胁迫下，叶片枯黄率都低于 50%，其中在 0～40 mmol/L 和 60～80 mmol/L 浓度胁迫下，叶片枯黄率分别≤5.00% 和≤10.00%，且它们之间差异不显著；而在其他浓度（120～180 mmol/L）胁迫下，都达到极显著差异（$P<0.01$），与低浓度（0～60 mmol/L）相比，也都达到极显著（$P<0.01$）差异。在处理浓度为 140 mmol/L 时，叶片枯黄率接近 50%，而在 160 mmol/L 和 180 mmol/L 浓度胁迫下，叶片枯黄率分别高达 75.00% 和 87.50%，极其不利于地毯草的生长。

4. 各指标间的相关性分析

从表 1-10 可以看出，各项指标间的相关性都很高，均达到极显著水平，说明各项指标在不同盐浓度处理下总的变化趋势比较一致。叶片颜色、坪用质量和叶片枯黄率之间的相关性非常高，相关系数均达到 0.98 以上，且都达到极显著相关（$P<0.01$）。

表 1-10　各指标之间的相关系数

指标	叶片枯黄率	叶片颜色	坪用质量
叶片枯黄率	1.000	−0.989**	−0.986**
叶片颜色		1.000	0.984**
坪用质量			1.000

5. 耐盐阈值的计算

试验分别以地毯草不同盐离子浓度胁迫条件下，28 d 时的叶片枯黄率作为因变量，以盐离子浓度作为自变量建立回归方程，求得 28 d 时的盐离子浓度相对于叶片枯黄率的一元二次回归方程：$LF=3.340885-184.0906X+3693.181X^2$（$R=0.9925^{**}>R_{0.01}=0.8555$）。以其他草坪草耐盐方面的研究（陈静波等，2009；胡化广等，2010；Kitamura，1970）为参考，以叶片枯黄率下降 50% 作为地毯草存活临界盐离子浓度，算出地毯草 50% 存活临界盐离子浓度为 141 mmol/L。

6. 结论

土壤盐分被认为是限制植物生长的主要因子之一（Uddin et al.，2009）。植物在盐胁迫下，盐离子在植物体内不断积累，对植物叶片造成离子伤害，使叶片枯黄呈烧焦状（Qian et al.，2000）。许多地区由于水资源匮乏，含盐的非饮用水长期直接灌溉草地，造成土壤盐碱化（Qian et al.，2000；Marcum，2006；张淑侠等，2004）。种植抗盐性强的植物以抵抗较高盐浓度危害是土壤改良的有效途径之一（陈静波等，2007；Marcum，2006）。草坪草在受到盐胁迫时，枯黄症状先从老叶开始。较高盐浓度条件下，抗盐性差的种类的中上部叶片开始黄化，并最终死亡，而抗盐性强的种类叶片仍然保持绿色（陈静波等，2007）。

目前，草坪草种质资源的收集、评价和育种研究是全球草坪草研究的热点之一。地毯草作为重要的暖季型草坪草种之一，国内外学者已对部分地区地毯草种质遗传特性和抗性方面开展研究（Uddin et al.，2009；席嘉宾等，2006；Smith et al.，1983）。其结果表明，地毯草种内均存在着丰富的遗传变异，具体表现在外部形态、生理、抗性（抗寒、抗寒、耐阴、抗盐等）等特性上。因此，要筛选优质耐盐的地毯草进行盐碱地绿化，耐盐性鉴定非常重要。地毯草的耐盐性相对于其他草坪草较差，各株系之间仍然存在着较大的差异，但地毯草耐粗放型管理使其更具有开发前景（Uddin et al.，2009，2010；Chen et al.，2009；胡化广等，2010；Wu，2004）。

筛选耐盐的植物资源是遗传改良工作的基础，通常采用的筛选耐盐植物的方法主要有两类：土培法和水培法。前人研究结果表明，相对于其他方法，水培法条件易受控制，影响因子相对较少，已广泛应用于草坪草耐盐性鉴定研究（陈静波等，2009；Qian et al.，2000）。本书试验以此理论为基础，采用大塑料盆进行集中培养，而后用小塑料桶进行分开处理，以消除不同盐浓度处理之间的误差。

以坪用质量、叶片颜色和叶片枯黄率为指标，初步评价了地毯草对盐胁迫的响应差异，结果表明，在不同盐浓度处理下，地毯草耐盐性达到显著（$P<0.05$）或极显著（$P<0.01$）差异（表 1-9）。

耐盐性的筛选指标主要是外部形态指标（叶片枯黄率、叶片开始出现烧伤的时间、死亡率等）、生长量指标（根系生长量、根系长度、枝叶长度、发芽率或发芽势等）、生理指标（渗透势、无机离子、保护酶、有机渗透调节物、叶绿素等）等。对于大批量筛选草坪草或其他植物的种质资源而言，利用低成本且劳动强度低的指标来快速鉴定成为科研工作者的首要目标。陈静波等（2008a）利用不同评价指标对暖季型草坪草耐盐性进行评价，其结果表明，各指标之间达到极显著差异（$P<0.01$）。不同指标之间测定时间达到显著差异（$P<0.05$），其中叶片枯黄率使用的时间最短。目前，前人已通过叶片枯黄率来快速鉴定狗牙根、结缕草、海滨雀稗、钝叶草等草坪草的耐盐性差异（陈静波等，2008b），这为本书的研究提供理论参考。研究结果表明，不同指标（叶片颜色、坪用质量和叶片枯黄率）之间相关性都达到极显著（$P<0.01$）（表 1-10）。因此，利用叶片枯黄率来评估地毯草耐盐性差异是可行的，为今后鉴定地毯草种质资源耐盐性差异提供参考，为选育出耐盐性强的草坪草新品种和耐盐育种的亲本材料提供试验依据。

前人对海滨雀稗（*Paspalum vaginatum*）、沟叶结缕草（*Zoysia matrella*）、狗牙根（*Cynodon dactylon*）、假俭草（*Eremochloa ophiuroides*）、地毯草（*Axonopus compressus*）和狭叶地毯草（*Axonopus affinis*）等热带草坪草的耐盐性研究表明，不同草坪草耐盐性存在显著差异，其中地毯草的耐盐性相对较差（陈静波等，2009）。本书以此为基础，设立相应的浓度处理（0~180 mmol/L），结果表明，不同浓度处理下，地毯草耐盐性随盐浓度的提高呈下降趋势，在低浓度处理下比高浓度处理下坪用质量和叶片颜色更好，叶片枯黄率更低（表 1-9）。这些结果基本与其他草坪草耐盐性鉴定的趋势一致（Qian et al.，2000；陈静波等，2009；Chen et al.，2009；Peacock et al.，1989；Marcum，2006）。

中国地毯草分布地域广阔，气候、土壤和植被类型多样，在长期的环境适应中形成各种具有应用价值的生态型，从而构成我国特有的地毯草种质资源。本研究结果（$LF_{50\%}=141$ mmol/L），为今后开展大量地毯草种质资源的耐盐性筛选提供依据。

第四节　地毯草种质资源耐盐性评价

草坪作为园林绿化的重要组成部分，对城市环境起着保护、改善和美化的良好作用，然而盐胁迫是盐碱地地区限制草坪草生长的一个最主要的环境因子（Levitt，1980）。因此，需鉴定并筛选出耐盐性强的优良草坪草野生种质资源，以应对目前耐盐草坪草种质资源的匮乏。培育拥有自主知识产权的抗逆性强的地毯草品种是国内外急需解决的问题（王志勇等，2009）。

　　野生种质资源常携带栽培物种缺乏的某些抗逆性，可通过远缘杂交和其他技术转移至栽培物种，是抗性育种的重要基础材料（张天真，2003；管志勇等，2010）。许多暖季型草坪草的耐盐性存在属间及种间的耐盐性差异（陈静波等，2007，2008a，2009；Uddin et al.，2009；黄小辉等，2012）。Uddin 等（2009）通过水培法以茎的相对生长速率为指标进行研究，其结果表明，地毯草相对于其他草坪草耐盐性相对较弱。席嘉宾（2004）利用土培法对 15 份地毯草种质资源研究发现，不同株系之间的耐盐性存在着一定的差异。本书根据黄小辉等（2012）和陈静波等（2007，2008b）的研究结果，运用水培法和叶片枯黄率对草坪草的耐盐性进行快速鉴定，并结合其他相关指标进行综合评价，对今后开展地毯草的耐盐性评价具有一定的指导意义。

　　从 100 余份地毯草种质资源中，根据多年的动态观测，筛选出 19 份优良的地毯草野生种质资源，以国内外广泛种植的华南地毯草（A2）品种为对照（表 1-11），研究种质资源间的耐盐性差异，为筛选优良耐盐性强的地毯草品系（种）提供理论依据。

表 1-11　供试地毯草的来源

序号	编号	种（品种）名	来源
1	A38	*A. compressus* (Sw.) Beauv.	海南海口
2	A18	*A. compressus* (Sw.) Beauv.	海南三亚
3	A19	*A. compressus* (Sw.) Beauv.	海南文昌
4	A22	*A. compressus* (Sw.) Beauv.	海南海口
5	A14	*A. compressus* (Sw.) Beauv.	海南文昌
6	A15	*A. compressus* (Sw.) Beauv.	海南琼海
7	A16	*A. compressus* (Sw.) Beauv.	海南三亚
8	A37	*A. compressus* (Sw.) Beauv.	海南白沙
9	A50	*A. compressus* (Sw.) Beauv.	海南儋州
10	A58	*A. compressus* (Sw.) Beauv.	广东广州
11	A69	*A. compressus* (Sw.) Beauv.	云南芒市
12	A5	*A. compressus* (Sw.) Beauv.	海南儋州
13	A72	*A. compressus* (Sw.) Beauv.	云南瑞丽
14	A73	*A. compressus* (Sw.) Beauv.	海南五指山
15	A8	*A. compressus* (Sw.) Beauv.	海南琼海
16	A12	*A. compressus* (Sw.) Beauv.	海南万宁
17	A66	*A. compressus* (Sw.) Beauv.	云南芒市
18	A2（华南地毯草）	*A. compressus* (Sw.) Beauv. vs. 'huanan'	—
19	A64	*A. compressus* (Sw.) Beauv.	云南芒市
20	A25	*A. compressus* (Sw.) Beauv.	广西贵港

对试验材料的处理过程参考了黄小辉等（2012）、王志勇等（2009）和陈静波等（2007，2008a，2009）的方法。在处理结束后，选用根冠比、相对总茎长比、相对总二级分枝个数比、坪用质量和叶片枯黄率为观测指标，除叶片枯黄率和根冠比外，各处理组测得的指标数值分别与各自的对照组比较后进行方差分析。用SPSS 16.0 和 Excel 2003 软件进行数据处理分析和统计。

1. 供试材料各指标间多重分析

从表 1-12 和图 1-4 可以看出，20 份供试地毯草材料间的根冠比、相对总茎长比、相对总二级分枝个数比、坪用质量和叶片枯黄率变异范围分别为 0.084%～0.132%、21.1%～86.7%、36.3%～80.4%、0.90%～6.95%和 12.5%～92.5%，变异系数分别为9.1%、27.8%、21.9%、39.0%和50.9%。不同指标筛选潜力有所不同，对新品种选育过程中指标的筛选有较好的参考价值，尤其是针对耐盐型新品种选育更具有指导作用。多重比较结果表明：在 20 份材料中，不同材料间存在显著或极显著差异，相对于对照品种，大部分材料耐盐性都比较强，同时也表明地毯草的耐盐性差异较大。

综合考虑表 1-12 中的 5 个指标，初步筛选出 3 份盐处理对植株生长影响最小的材料（耐盐型种质资源）A25、A64、A66 和 2 份盐处理对植株生长影响最大的材料（敏盐型种质资源）A5、A16 作为后续试验的材料。

表 1-12　地毯草耐盐性差异多重比较

序号	叶片枯黄率 C1	坪用质量 C2	根冠比 C3	相对总茎长比 C4	相对总二级分枝个数比 C5
1	42.5 eE	3.75 eE	0.120 abcdeAB	52.0 hiG	47.5 fghEFGH
2	52.5 dD	2.75 fF	0.122 abcdAB	49.3 iG	49.0 fgDEFGH
3	22.5 gG	6.05 bB	0.121 abcdAB	61.0 fgF	64.6 bcdABCD
4	32.5 fF	4.75 cdCD	0.116 abcdefABC	67.4 eDE	71.0 abcABC
5	42.5 eE	4.75 cdCD	0.108 cdefghABCD	51.7 hiG	46.2 fghFGH
6	22.5 gG	4.75 cdCD	0.131 abA	61.1 fgF	51.0 efgDEFGH
7	72.5 bB	2.75 fF	0.121 abcdAB	37.6 jHI	36.3 hH
8	62.5 cC	2.10 gF	0.119 abcdefABC	53.7 hG	64.1 bcdABCDE
9	42.5 eE	3.90 eDE	0.132 aA	64.5 efEF	64.6 bcdABCD
10	42.5 eE	4.75 cdCD	0.123 abcAB	74.8 cC	73.9 abABC
11	47.5 deDE	4.00 eDE	0.103 defghBCDE	62.0 fgF	54.0 defDEFG
12	72.5 bB	3.75 eE	0.120 abcdeAB	40.8 jH	47.3 fghEFGH
13	22.5 gG	5.15 cC	0.114 abcdefABCD	72.2 cdC	62.5 bcdeBCDEF
14	52.5 dD	4.25 deDE	0.100 fghiBCDE	60.3 gF	60.9 cdeCDEF
15	47.5 deDE	4.10 eDE	0.095 ghiCDE	64.6 efEF	62.7 bcdeBCDEF
16	92.5 aA	0.90 hG	0.113 abcdefgABCD	34.2 kI	41.4 ghGH

续表

序号	叶片枯黄率 C1	坪用质量 C2	根冠比 C3	相对总茎长比 C4	相对总二级分枝个数比 C5
17	17.5 ghGH	6.05 bB	0.084 iE	71.3 dCD	80.4 aA
18	90.0 aA	1.25 hG	0.102 efghiBCDE	21.1 lJ	46.1 fghFGH
19	12.5 hH	6.95 aA	0.113 bcdefgABCD	86.7 aA	72.4 abcABC
20	22.5 gG	6.05 bB	0.091 hiDE	79.5 bB	79.2 aAB
变异范围/%	12.5～92.5	0.90～6.95	0.084～0.132	21.1～86.7	36.3～80.4
平均值	45.6	4.1	0.11	58.3	58.8
标准差	23.2	1.6	0.01	16.2	12.9
变异系数/%	50.9	39.0	9.1	27.8	21.9

注：同列不同小写字母表示差异显著（$P<0.05$），不同大写字母表示差异极其显著（$P<0.01$）（LSD）

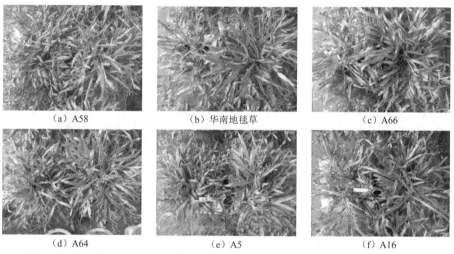

　　（a）A58　　　　　　　　（b）华南地毯草　　　　　　　（c）A66

　　（d）A64　　　　　　　　　（e）A5　　　　　　　　　　（f）A16

图 1-4　盐处理后敏盐型与耐盐型地毯草种质资源对比图（28 d）（后附彩图）

（a）～（f）中左边为处理盆，右边为对照盆

2. 供试材料各指标间的相关性分析

从表 1-13 可以看出，各项指标间的相关性较高，大部分指标间达到极显著相关（$P<0.01$），说明各项指标在不同盐浓度处理下总的变化趋势比较一致。相对总茎长比、相对总二级分枝个数比、坪用质量和叶片枯黄率之间都呈极显著相关（$P<0.01$）；而根冠比与其他 4 个指标间无显著相关性。

表 1-13　各指标之间的相关系数

指标	叶片枯黄率 C1	坪用质量 C2	根冠比 C3	相对总茎长比 C4	相对总二级分枝个数比 C5
C1	1.000				
C2	−0.842**	1.000			
C3	−0.160	−0.354	1.000		

续表

指标	叶片枯黄率 C1	坪用质量 C2	根冠比 C3	相对总茎长比 C4	相对总二级分枝个数比 C5
C4	−0.885**	−0.701**	0.091	1.000	
C5	0.857**	0.698**	−0.203	−0.927**	1.000

**表示相关极显著（$P<0.01$）（LSD）

3. 聚类分析

采用欧氏距离平均法对供试材料 5 个主要性状进行聚类分析（图 1-5）。在欧氏距离 10.1 处，将 20 份优良的地毯草品系（种）分为三大类，Ⅰ类包括 8 份中间类型种质资源，故称之为中间型，该类型在品种选育或杂交育种上应视具体情况进行选择和利用；Ⅱ类共含有 8 份种质资源，该类种质资源相对比较耐盐，Ⅱ类又可分为两个小类，其中 A25、A64 和 A66 三份种质资源耐盐性强且在盐胁迫下坪用质量评分较高，故称之为耐盐型；Ⅲ类含有 4 份种质资源，主要表现为在盐胁迫下，坪用质量评分较低，故称之为敏盐型，其中 A5、A16 表现最差。

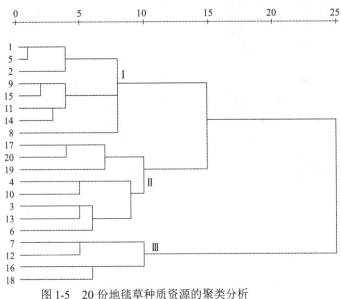

图 1-5　20 份地毯草种质资源的聚类分析

注：图中左列数字代表种质资源，与表 1-11 中的序号相同

4. 讨论

不同植物耐盐性各异，即便同一种植物其不同品种间也存在耐盐性差异。筛选培育耐盐品种，挖掘种质资源本身的耐盐能力，直接利用盐渍土，是盐渍土改良利用研究的重要途径（陈德明等，1998；方先文等，2004；杜中军等，2002；李卫欣等，2010）。目前，关于地毯草抗逆性方面的研究甚少（席嘉宾，2004；Uddin et al.，2009，2010），本书在实验室研究人员经过多年的筛选后，结合培育

的品种进行全面的鉴定，选取优良的地毯草种质资源作为潜在的育种材料。

种质资源是育种的物质基础，草坪草育种的重要突破均与优良种质资源的发现和利用有关（王志勇等，2009）。因此，基于前期多年观测的结果，对地毯草抗逆性进行评价研究，发掘其优良的基因资源，对其遗传改良具有重要意义。本书利用5个相关性状对20份优良的地毯草品系进行观测，发现同一指标中，材料间存在极显著差异（$P<0.01$）。变异系数在9.1%～50.9%（表1-12），说明地毯草种质资源间的抗逆性差异较大。本书选用的地毯草都是具有典型代表性的种质资源，它们分布在海南、广东、广西、云南等地，这些地区都具有典型生境，这可能是地毯草种质资源耐盐性差异较大的原因之一。这为今后的遗传选育和改良提供理论基础。

在不同的指标间，叶片枯黄率的变异范围最大，而根冠比的变异范围最小，其他指标处于两者之间（表1-12）。在盐处理过程中，部分植株随时间的延长受盐伤害的程度逐渐加深，尤其是最后一周的伤害程度显著高于前一周（数据未显示），这可能是导致叶片枯黄率的差异比根冠比变异更显著的原因所在。在盐处理过程中，不同的地毯草相对总茎长比和相对总二级分枝个数比差异极显著（$P<0.01$）。胁迫下的分枝数量能较好地说明该种质资源密度的情况，而密度的大小是影响地毯草品种抗性选育的重要性状之一。因此，可为将来草坪草的盐碱地管理提供较好的理论和实践指导。

在评价地毯草耐盐差异中，5个指标之间存在不同程度的正负相关性，其中相对总茎长比与相对总二级分枝个数比之间负相关性最大，相关系数为–0.927，且达极显著水平（$P<0.01$）；而相对总茎长比与根冠比之间相关系数仅为0.091，相关性最差（表1-13）。叶片枯黄率越大，草坪草的坪用质量越低，因为绿色叶片是影响草坪坪用价值之一，所以坪用质量与叶片枯黄率呈负相关关系。从表1-13还可以看出，在草坪草营养生长过程中叶片枯黄率对其他各指标的负向影响非常明显。在5个指标中，除根冠比外，其他各指标间都达到极显著相关（$P<0.01$）。在实际操作过程中，叶片枯黄率和坪用质量的观测相对于相对总茎长比和相对总二级分枝个数比的观测更加简洁快速，对今后地毯草规模化筛选和评价具有重要的实际意义。

通过聚类分析将材料分为三大类（图1-5），Ⅰ类种质资源有A8、A14、A18、A37、A38、A50、A69和A73，属中间型材料，这些材料在为今后新品种的系统选育或杂交育种方面提供优质的材料或对照；Ⅱ类是耐盐型，其中A25、A64和A66表现在盐胁迫下，坪用质量较为优良，综合评价较高，这为培育具有自主知识产权的优质抗逆地毯草品种提供优良材料和试验基础；Ⅲ类为敏盐型，包括4份种质资源（A5、A12、A16和华南地毯草），该类型主要表现为在盐胁迫下，草坪草坪用质量较低。席嘉宾（2004）运用土培法对不同地毯草种质资源进行耐盐性鉴定表明，华南地毯草耐盐性较强，与本结果有所偏差，这可能是不同的培养方法、评价指标和耐盐标准导致的，采集的地毯草资源环境不同也可能导致该结果的出现。

总之，我国幅员辽阔，生境复杂，气候条件多变，蕴藏丰富的地毯草资源。今后须进一步利用地毯草耐盐型和敏盐型的极端种质资源，从生理和分子两个水平对地毯草的耐盐机制进行深入研究。

第五节　基于分子标记对地毯草种质资源遗传多样性的分析

一、基于SRAP分子标记对地毯草种质资源遗传多样性的分析

相关序列扩增多态性（sequence-related amplified polymorphism，SRAP）分子标记是由 Li 等（2001b）在对芸薹属（*Brassica*）植物的研究中开发的，是一种基于聚合酶链反应（polymerase chain reaction，PCR）的新型分子标记。同物种及个体中的外显子、内含子、启动子含量及其间隔区的长度都存在差异，并且外显子中 GC 碱基对很丰富，而启动子和内含子中含大量 AT 碱基对，基于此特点，SRAP 分子标记得以产生。该分子标记采用长 17 bp 的正向引物和 18 bp 的反向引物对基因组 DNA 进行扩增，引物设计时无须知道引物序列，可直接对基因组中的可读框（open reading frame，ORF）进行扩增（Budak et al.，2004b；Wang et al.，2009）。SRAP 分子标记与其他分子标记相比，具有众多优点，如遗传多态性丰富，可重现性高，增产率高、稳定，容易得到分离条带等。

目前 SRAP 分子标记已广泛用于植物种质资源鉴定、基因指纹图谱、遗传多样性分析、基因克隆和基因辅助育种等多个方面。Budak 等（2004a）运用了 SRAP 分子标记鉴别 21 种常用草坪草（包含 C3 植物和 C4 植物两种）的亲缘关系，C3 植物和 C4 植物存在明显的亲缘差异，也说明 SRAP 分子标记可广泛运用于探讨草坪草的遗传关系。Wang 等（2009）对 24 种不同草坪型的狗牙根材料遗传多样性进行研究，结果表明，供试材料间存在丰富的遗传变异，且地理来源相近的材料更趋于聚于同一类；刘丹丹等（2012）对 22 份高丹草材料构建了 SRAP 指纹图谱，其结果可准确区分供试种质资源，为其品种的划分提供了理论基础。Zheng 等（2013）也运用此分子标记构建了假俭草种质资源的遗传指纹图谱。郭海林等（2014）运用 SRAP 分子标记，对江苏省中国科学院植物研究所从多年来收集的 170 余份假俭草中选育出的 6 个优良品系，以及引进的 2 个品种进行了分子水平上的品种鉴定。

利用 SRAP 分子标记对 64 份来源于中国、格林纳达和澳大利亚（表 1-1）的地毯草野生种质资源的多样性水平和亲缘关系进行分析和评估，以期为日后中国地毯草新品种选育提供试验依据。

地毯草基因组 DNA 的提取参照郑轶骑等（2009）改良的 CTAB 法，并做了适当的修改，参照 Li 等（2001b）提出的初始反应体系与合成引物原则合成引物，引物序列见表 1-14。每 20 μl 的 PCR 扩增反应体系中含 3 μl 10×buffer（100 mmol/L Tris-HCl pH 8.3，500 mmol/L KCl，15 mmol/L MgCl$_2$），2.5 mmol/L dNTP，50 ng/μl 模板 DNA，0.2 μmol/L 引物，1.0 U *Taq* DNA 聚合酶，每管加一滴矿物油覆盖。PCR 反应程序在 Biometra 公司生产的基因扩增仪上进行。扩增反应程序为 94℃ 预变性 5 min；94℃ 1 min，35℃ 1 min，72℃ 1 min，5 个循环；94℃ 1 min，50℃ 1 min，72℃ 1 min，35 个循环；最后 72℃ 延伸 10 min，4℃ 保存。电泳结束后银染、拍照。利用 Quantity One 软件（Bio-Rad）结合人工方法读带，将每个种质资源在电泳图上清晰且可重复出现的每个片段根据出现或缺失记为"1"或"0"，"1"表示存在一个特定的等位基因，"0"表示在同一位置无带或不易分辨的弱带。计算引物的多态性比率（多态性条带数/总条带数×100%）。根据供试种质资源的来源地以国内外分组，用 PopGen Ver1.32 计算各组内品种的多态性位点数、多态性位点的百分率、Nei's 基因多样性指数（*He*）和 Shannon 信息指数（*I*）。利用 NTSYS-pc 软件（版本 2.1）计算供试种质资源的 Jaccard 遗传相似系数矩阵，按 UPGMA 进行聚类分析，绘制亲缘关系树状图。具体分析结果如下。

表 1-14　SRAP 分子标记引物序列（5′-3′）

编号	正向引物	编号	反向引物
Me1	TGAGTCCAAACCGGAAA	Em1	GACTGCGTACGAATTAAT
Me2	TGAGTCCAAACCGGAAT	Em2	GACTGCGTACGAATTAAC
Me3	TGAGTCCAAACCGGAAC	Em3	GACTGCGTACGAATTATG
Me4	TGAGTCCAAACCGGAAG	Em4	GACTGCGTACGAATTACG
Me5	TGAGTCCAAACCGGATA	Em5	GACTGCGTACGAATTAGC
Me6	TGAGTCCAAACCGGACA	Em6	GACTGCGTACGAATTTAG
Me7	TGAGTCCAAACCGGACT	Em7	GACTGCGTACGAATTTGA
Me8	TGAGTCCAAACCGGACC	Em8	GACTGCGTACGAATTTGC
Me9	TGAGTCCAAACCGGACG	Em9	GACTGCGTACGAATTTCA
Me10	TGAGTCCAAACCGGAGA	Em10	GACTGCGTACGAATTTCG
Me11	TGAGTCCAAACCGGAGC	Em11	GACTGCGTACGAATTCAA
Me12	TGAGTCCAAACCGGAGG	Em12	GACTGCGTACGAATTCAT
Me13	TGAGTCCAAACCGGTAG	Em13	GACTGCGTACGAATTCAC
Me14	TGAGTCCAAACCGGTTG	Em14	GACTGCGTACGAATTCAG
Me15	TGAGTCCAAACCGGTCA	Em15	GACTGCGTACGAATTCTA
Me16	TGAGTCCAAACCGGTGT	Em16	GACTGCGTACGAATTCTT
Me17	TGAGTCCAAACCGGTGC	Em17	GACTGCGTACGAATTCTC
Me18	TGAGTCCAAACCGGCAG	Em18	GACTGCGTACGAATTCTG
Me19	TGAGTCCAAACCGGCTA	Em19	GACTGCGTACGAATTCCA
Me20	TGAGTCCAAACCGGGAC	Em20	GACTGCGTACGAATTCGA

1. SRAP 分子标记对地毯草种质资源扩增的多态性分析

用 3 个不同的 DNA 模板对 400 对 SRAP 引物进行筛选，共得到了 27 对多态性高、扩增条带清晰等多方面均表现良好的 SRAP 引物，并利用筛选出的引物对 64 份地毯草种质资源进行多态性分析。

从扩增结果来看（表 1-15），27 对 SRAP 引物对地毯草种质资源的扩增绝大多数表现了丰富的多态性。27 对 SRAP 引物共扩增出 691 条条带，其中多态性条带 668 条，多态性比率为 96.67%，扩增片段长度为 200～1500 bp。不同的引物组合扩增结果存在较大的差异，扩增的总条带数为 16～35 条，其中 Me11-Em20 扩增了 16 条带，多态性条带 14 条，属于多态性低的引物组合，而 Me10-Em12 扩增了 35 条带，多态性条带 35 条，多态性比率 100%，另外，多态性比率达到 100% 的引物组合还有 Me6-Em5、Me5-Em7、Me3-Em10、Me2-Em8、Me7-Em14、Me10-Em10、Me17-Em20、Me20-Em9、Me19-Em11、Me20-Em8 和 Me19-Em1。平均每对引物有 25.6 条带，平均多态性条带为 24.7 条，由此可以看出，SRAP 有较好的多态性。

表 1-15　不同的 SRAP 引物扩增结果

编号	引物组合	扩增条带总数/条	多态性条带数/条	多态性比率/%
1	Me1-Em10	28	25	89.29
2	Me1-Em12	27	26	96.30
3	Me2-Em8	21	21	100.00
4	Me3-Em10	29	29	100.00
5	Me4-Em6	19	18	94.74
6	Me5-Em7	25	25	100.00
7	Me6-Em5	32	32	100.00
8	Me6-Em11	35	34	97.14
9	Me6-Em20	22	20	90.91
10	Me7-Em9	22	21	95.45
11	Me7-Em14	21	21	100.00
12	Me8-Em4	29	28	96.55
13	Me8-Em20	32	30	93.75
14	Me9-Em10	20	18	90.00
15	Me10-Em3	31	30	96.77
16	Me10-Em4	31	30	96.77
17	Me10-Em10	25	25	100.00
18	Me10-Em12	35	35	100.00
19	Me11-Em9	34	32	94.12
20	Me11-Em20	16	14	87.50
21	Me12-Em14	24	23	95.83
22	Me13-Em2	25	23	92.00

续表

编号	引物组合	扩增条带总数/条	多态性条带数/条	多态性比率/%
23	Me17-Em20	21	21	100.00
24	Me19-Em1	20	20	100.00
25	Me19-Em11	33	33	100.00
26	Me20-Em8	17	17	100.00
27	Me20-Em9	17	17	100.00
总计	—	691	668	—
平均值	—	25.6	24.7	96.67

2. 遗传相似性分析

根据扩增条带的原始数据矩阵，用 NTSYS-pc 软件（版本 2.1）对 64 份地毯草种质资源进行遗传相似性分析，其结果显示，所供试材料样本间遗传相似系数（GS）的变化范围为 0.52～0.82，平均 GS 为 0.66。其中来自广西梧州的 A52 品系和来自海南琼中的 A139 品系的遗传相似系数最小，为 0.52，表明它们之间的遗传差异较大，相应的亲缘关系也最远。来自广西合浦的 A106 品系和来自广西合浦的 A107 品系遗传相似系数最大，为 0.82，表明它们之间的遗传差异较小，亲缘关系最近。

3. SRAP 分子标记的聚类分析

利用 UPGMA 法对 64 份地毯草种质资源进行聚类分析（图 1-6），在 GS=0.65 处将 64 份地毯草分为三大类。

Ⅰ类共 35 份材料，包括华南地毯草（1 份，为对照品种）、澳大利亚（1 份）、海南（13 份）、广西（5 份）、广东（3 份）、云南（5 份）、福建（6 份）和贵州（1 份），以海南省材料居多。

Ⅱ类有 17 份材料，包括海南（4 份）、广西（6 份）、广东（3 份）、云南（2 份）、福建（1 份）和格林约达（1 份），以广西壮族自治区材料居多。

Ⅲ类包括 12 份材料，分别来自海南（3 份）、广西（2 份）、广东（7 份），以广东省材料居多。

4. 讨论

SRAP 分子标记属于共显性标记，是一种基于 PCR 的新型分子标记，具有高效、简便、重复性好、多态性丰富、扩增效果好等特点；另外，SRAP 正反向引物可以两两组合，即采用很少的引物就可以组合出多个引物对，大大提高了 SRAP 引物的使用率，降低合成费用，是理想的分子标记。张伟丽等（2011）用 SRAP 分子标记对柱花草（*Stylosanthes* spp.）的遗传多样性进行研究，结果表明 SRAP 分子标记对柱花草属植物的遗传多样性具有较高的检出效率。李杰勤等（2013）对黑麦草（*Lolium*）品系的 SRAP 研究结果也表明 SRAP 分子标记适于黑麦草品系的遗传多样性分析，并且多态性也高于简单重复序列（simple sequence repeat，SSR）分子标记。本书利用 SRAP 分子标记对 64 份地毯草种质资源进行 SRAP 分析，结果表明 SRAP 分子标记对地毯草种质资源的研究也表现出了较高的稳定性和多态性。

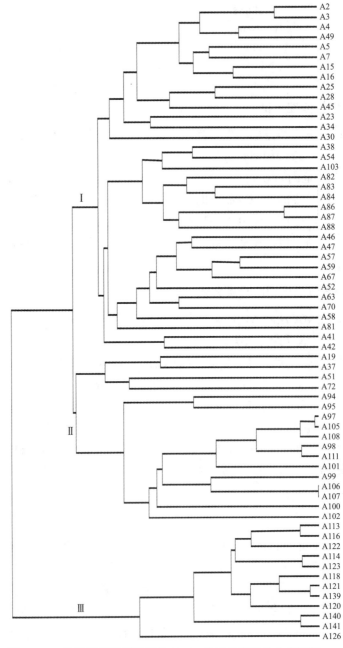

图 1-6　64 份地毯草种质资源的 SRAP 分子标记聚类分析结果

　　席嘉宾（2004）用优化的内部简单重复序列（inter simple sequence repeat，ISSR）反应体系分析中国地毯草野生种质资源，用 10 条 ISSR 引物对 244 个地毯草样品进行 PCR 扩增，共得到了 184 条带，165 条多态性条带，多态性比率为 89.67%；Wang 等（2010）用扩增片段长度多态性（amplified fragment length polymorphism，AFLP），分子标记对 59 份类地毯草的遗传多样性进行了分析研究，20 个引物组合共扩增 1046 条条带，其中多态性条带 469 条，多态性比率为 44.84%；本书用 27 对 SRAP 引物对 64 份地毯草种质资源进行扩增，共扩增出 691 条条带，其中多态性条带 668 条，多态性比率为 96.67%，高于 ISSR 和 AFLP 分子标记对地毯草野生种质资源和类地毯草所扩增出的多态性。这表明地毯草不同种质资源间存在着丰富的遗传多样性和遗传变异，同时也说明 SRAP 分子标记对地毯草种质资源的遗传多样性研究具有高的扩增效率。

　　聚类分析结果表明了供试地毯草种质资源的遗传多样性与其形态特征、地理分布等因素具有一定的关系。这与 Wang 等（2009）利用 SRAP 分子标记对 24 份狗牙根的遗传多样性分析得到的结论一致。从聚类图上能够看出，64 份种质资源并没有完全按照地理分布的特点进行聚类，而出现了各个不同地区交叉聚类的现象。虽然来自同一地区的材料大部分能够聚在一类，但由于种质资源间的杂交选择和交流导致了某些基因的渗透，使得不同来源地区的材料被聚在一起。最特别的是来自海南海口的 A38 和来自广东广州的 A58，在抗性方面，A38 是敏铝型，而 A58 是耐铝型（张静等，2012），但是它们却聚在了一类。从地理分布和外部形态上来看，聚类结果表现出了一定的规律性，Ⅰ类中主要是来自海南的材料，从外部形态上来看，垂直生长慢，而葡匐茎的数量和最多，可以用于繁殖和抗性的研究；Ⅱ类以来自广西的材料为主，属于高花序密度和相对低花序密度的中间型，在今后育种和品种的选育上视情况进行选择和利用；Ⅲ类以来自广东的材料为主，其种子数较少，花序密度小，但葡匐枝长度比较长，总分枝数比较多，成坪速度快；因此，在生产上可以视不同的目的进行选择。

二、基于ISSR分子标记对地毯草种质资源遗传多样性分析

　　ISSR 引物的设计主要是基于两个 SSR 引物间的基因序列差异。ISSR 引物可以直接且简便的进行扩增，无须知道序列信息，因此与开发 SSR 引物相比，更容易被开发特定的 ISSR 引物序列。与其他常用的分子标记如 AFLP 和 RAPD 相比，ISSR 分子标记试验耗费更低，操作更加简单、快速、高效，重复性更好，可靠性更高（Zietkiewicz et al.，1994；Huang et al.，2013）。

　　目前 ISSR 分子标记已在草坪草研究中得到广泛运用，如 Budak 等（2004b）对不同生态型野牛草（*Buchloe dactyloides*）的亲缘关系进行了研究，结果表明其种间遗传多态性极为丰富；席嘉宾（2004）对地毯草的反应体系做出了优化；胡

雪华等（2005）运用 ISSR 分子标记判定了上海结缕草 JD-1 与其他 3 种结缕草间亲缘关系；刘伟等（2007）的结果表明狗牙根供试材料遗传关系与其地理来源并不完全一致，与之不同的是，Wang 等（2013）的结果表明，具有相同或相近地理来源的狗牙根供试材料基本聚在了一类，相似结果也出现在曾亮等（2013）对冰草（*Agropyron cristatum*）的研究之中。ISSR 分子标记还可运用于 DNA 指纹图谱的建立，如 Huang 等（2010）对来自 17 个国家的 55 份狗牙根建立了 DNA 指纹图谱，可看出其种内存在丰富的遗传变异。

本书在此基础上，利用 ISSR 分子标记对国内外 63 份地毯草野生种质资源和1 份育成品种（表 1-1）的遗传多样性和亲缘关系进行研究，为今后地毯草种质资源的开发利用提供基础。

ISSR 反应体系（20 μl）为：3μl 10×buffer（100 mmol/L Tris-HCl pH8.3，500 mmol/L KCl，15 mmol/L MgCl$_2$），2.5 mmol/L dNTP，50 ng/μl 模板 DNA，0.2 μmol/L ISSR 引物，1.0 U *Taq* DNA 聚合酶。PCR 反应程序为：94℃预变性5 min，94℃变性45 s，45～55℃退火1 min，72℃延伸90 s，共45个循环；最后72℃延伸7 min，4℃保存，扩增结束后，在1.5%琼脂糖凝胶上电泳，电泳结束后取出凝胶，在凝胶成像仪上检测照相。

1. ISSR 分子标记对地毯草种质资源扩增的多态性分析

从 ISSR801～ISSR900 共 100 对引物中筛选出 25 对稳定性好、多态性高、条带清晰且重复性好的引物，用于 64 份地毯草种质资源的扩增。25 对引物共扩增出 208 条清晰条带，大小 300～1500 bp，其中多态性条带 196 条，25 对引物扩增条带数 4～15 条，平均每对引物 8.32 条，多态性比率为 94.23%（表 1-16）。

表 1-16 ISSR 分析所用的引物序列和扩增结果

引物名称	引物序列（5'-3'）	退火温度/℃	扩增条带总数/条	多态性条带数/条	多态性比率/%
ISSR807	(AG)$_8$T	52	9	9	100.00
ISSR809	(AG)$_8$G	52	11	10	90.91
ISSR811	(GA)$_8$C	52	15	15	100.00
ISSR815	(CT)$_8$G	52	4	4	100.00
ISSR816	(CA)$_8$T	52	6	6	100.00
ISSR823	(TC)$_8$C	52	5	4	80.00
ISSR824	(TC)$_8$G	52	6	5	83.33
ISSR825	(AC)$_8$T	52	9	8	88.89
ISSR826	(AC)$_8$C	52	6	5	83.00
ISSR827	(AC)$_8$G	52	7	5	71.00
ISSR836	(AG)$_8$YA	52	7	7	100.00
ISSR840	(GA)$_8$YT	52	7	7	100.00
ISSR844	(CT)$_8$RC	52	6	6	100.00

续表

引物名称	引物序列（5'-3'）	退火温度/℃	扩增条带总数/条	多态性条带数/条	多态性比率/%
ISSR851	(GT)$_8$YG	52	6	5	83.33
ISSR855	(AC)$_8$YT	55	15	14	93.33
ISSR856	(AC)$_8$YA	55	11	11	100.00
ISSR857	(AC)$_8$YG	55	12	11	91.67
ISSR859	(TG)$_8$RC	55	7	7	100.00
ISSR860	(TG)$_8$RA	55	6	4	66.67
ISSR873	(GACA)$_4$	55	14	14	100.00
ISSR878	(GGAT)$_4$	55	4	4	100.00
ISSR880	(GGAGA)$_3$	55	6	6	100.00
ISSR888	BDB(CA)$_7$	55	9	9	100.00
ISSR895	AGAGTTGGTAGCTCTTGATC	55	11	11	100.00
ISSR899	CATGGTGTTGGTCATTGTTCC	55	9	9	100.00
合计	—	—	208	196	94.23
平均值	—	—	8.32	7.84	—

2. 遗传相似性分析

遗传相似系数是用来比较群体或个体间亲缘关系的远近程度，遗传相似系数越高，说明材料间亲缘关系越近，遗传背景一致性越强。64 份地毯草种质资源遗传相似系数为 0.46~0.99。遗传相似系数最高的是来自广西合浦的 A107 和 A108 品系，相似系数为 0.99，表示亲缘关系最近；亲缘关系最远的是来自广东惠东的 A54 品系和广东遂溪的 A126 品系，其遗传相似系数为 0.46，表明这些种质资源具有比较高的遗传多样性。

3. ISSR 分子标记的聚类分析

用 UPGMA 法对 64 份地毯草材料进行聚类分析（图 1-7），从绘出的树状聚类图可以看出，在遗传相似系数 0.74 处，将 64 份地毯草种质资源分为 3 类：Ⅰ类由 25 份材料组成，1 份为对照（A2，华南地毯草），其余来自海南（A3、A4、A5、A7、A15、A16、A37、A30、A38、A102、A141），福建（A57、A59、A81、A83、A84），广东（A45、A58、A99），广西（A82），云南（A47、A63），贵州（A49）和澳大利亚（A46）；Ⅱ类也包括 25 份材料，分别来自海南（A19、A114、A139、A105），福建（A51），广东（A98、A113、A118、A116、A121、A123、A122、A126、A100），广西（A94、A101、A106、A107、A108、A111、A120、A140）、云南（A72、A97）和格林纳达（A95）；Ⅲ类包括 14 份材料，分别来自海南（A23、A28、A34、A42、A103），广东（A54），广西（A52、A87、A88、A25），云南（A41、A67、A70）和福建（A86）。从聚类结果来看，来自

相同采集地区的材料并没有完全聚在一类，从而使得供试材料间出现较大的遗传差异。

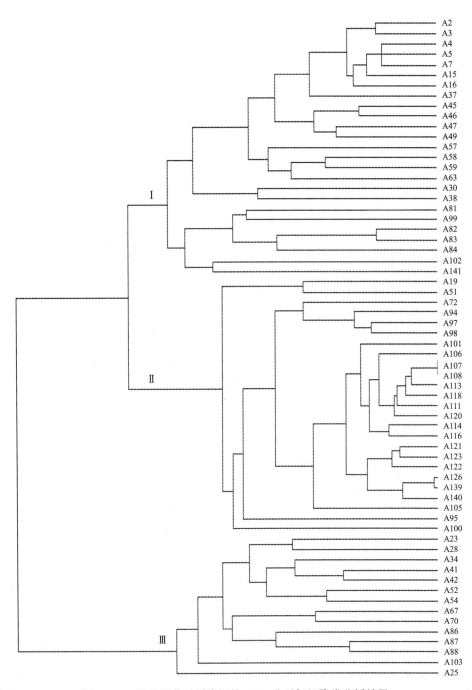

图 1-7　64 份地毯草种质资源的 ISSR 分子标记聚类分析结果

4. 讨论

由于具有较好的稳定性和多态性（Fang et al.，1997），ISSR 分子标记在研究植物遗传多样性方面被认为是一种非常有效的方法，具有很大的应用潜力（Zietkiewicz et al.，1994；Provan et al.，1996；Hodkinson et al.，2002；Kojoma et al.，2002）。本书通过 ISSR 分子标记分析了 64 份地毯草种质资源，显示出了丰富的多态性，这表明 ISSR 分子标记用于研究地毯草遗传多样性是可行的，这与席嘉宾（2004）对地毯草的研究结果一致。

本书 25 对 ISSR 引物共获得了 196 条多态性条带，多态性比率为 94.23%；席嘉宾（2004）用优化的 ISSR 反应体系分析中国地毯草野生种质资源，得到的多态性比率为 89.67%；Wang 等（2013）用 ISSR 分子标记分析狗牙根的遗传多样性，多态性比率为 86.7%，以上结果都显示了 ISSR 分子标记具有丰富的遗传多样性。

在遗传相似性分析实验组中，64 份地毯草种质资源遗传相似系数是 0.46~0.99。遗传相似系数最高的是来自广西合浦的 A107 和 A108 品系，相似系数为 0.99，表示亲缘关系最近；亲缘关系最远的是来自广东惠东的 A54 品系和广东遂溪的 A126 品系，其遗传相似系数为 0.46，表明这些种质资源具有比较高的遗传多样性。

从 64 份地毯草的聚类分析结果来看，具有相同或相近地理来源的材料被聚在了一类，但也有不同来源的材料被聚在一类。这种现象也出现在其他种类中（Wang et al.，2015a，2015b；Wang et al.，2013）。出现这种现象的原因主要有以下 4 个方面：①有相同地理来源的材料虽然来自相同的环境，但由于育种材料和选择方向的复杂性，就可能出现遗传差异比较大的类型，因此，相同地理来源的材料被归入不同的类群；②受环境的影响，在长期适应环境的过程中物种也会出现性状趋同的现象，造成不同性状间的交叉；③地毯草属于多倍体（Delay，1950），在决定遗传分化中起了重要作用（Wang et al.，2010），因此，为了进一步了解不同地毯草种质资源间的关系，需进一步分析地毯草的倍性，因为倍性分布可能取决于环境的影响，或者基因型的进化和历史发展，Wu 等（2006）和 Wang 等（2010）对狗牙根和类地毯草的遗传多样性和倍性的研究也得到了类似的结果；④地毯草是多年生禾本科植物和异型杂交繁育体系，也可导致丰富的遗传变异（Wang et al.，2010，2013）。此外，大的生态隔离也有影响，例如，琼州海峡就可导致海南省和其他省份种质资源间高的变异，这种地理的分布可以显著影响一个物种的遗传多样性。

三、基于SSR分子标记对地毯草种质资源遗传多样性分析

（一）地毯草种质资源 SSR 分子标记的开发

SSR 分子标记也称微卫星 DNA（microsatellite DNA），是近年发展起来的一

种以 PCR 为基础的分子标记技术，是一类由 $1\sim6$ bp 为重复单位组成的长达几十个核苷酸的序列，由于重复单位的次数或程度不完全相同，造成了 SSR 长度的高度变异性，由此产生了 SSR 分子标记。与其他分子标记相比，SSR 分子标记具有以下优点：①数量丰富，多态性高；②以孟德尔方式遗传，呈共显性；③重复性好，便于操作，结果可靠，利于实验室之间相互交流与合作。因此该分子标记目前已广泛用于遗传图谱的构建、指纹图谱的绘制和遗传多样性分析等研究中。但是，SSR 分子标记的开发需要了解微卫星两侧序列，并进行测序、合成引物、定位等一系列研究，因而该标记开发费用比较高。由于 SSR 分子标记具有很大的应用价值，且多态性高，目前已在一些暖季型草坪草上得到应用（Harris-Shultz et al.，2013；Madesis et al.，2014）。

目前对地毯草的研究主要集中在种质资源调查和生理特征方面（塞洪英等，2003；郭力华等，2004；黄小辉等，2012），野生种质资源遗传多样性研究较少。因此，开发一种可靠简便的分子标记分析野生种质资源的遗传多样性对将来育种工作的开展是非常有益的。

微卫星 DNA 或 SSR 在真核生物基因组中是普遍存在的（Zhang et al.，2010）。具有操作简便、稳定性好、共显性遗传、多态性高等特点，在分子遗传学研究中已经成为最广泛使用的分子标记之一（Sun et al.，2008）。在过去分离 SSR 分子标记研究中，重复序列快速扩增（FIASCO）已被证明是最有效的磁珠富集法（Yang et al.，2009；Wang et al.，2014a；Hou et al.，2011），但该方法的使用过程比较烦琐，还需构建和筛选基因组文库（Wang et al.，2014b）。随着技术的发展，开发新的 SSR 分子标记策略对优异种质资源的产生具有重要的作用（Huang et al.，2014；Kumar et al.，2014）。到目前为止，最常用的分离 SSR 方法是转录组测序和鸟枪测序法（Bai et al.，2014；Jenkins et al.，2013）。本书通过对地毯草 SSR 分子标记的开发，为今后开展地毯草遗传多样性、亲缘关系及分子辅助育种研究提供参考。24 份材料分别来源于中国的海南、广东、广西、云南、贵州及澳大利亚（表 1-17）。

表 1-17　24 份地毯草材料

品系名称及代码	来源
In1（A2）	海南儋州
In2（A3）	海南定安
In3（A4）	海南定安
In4（A5）	海南儋州
In5（A7）	海南白沙
In6（A15）	海南琼海
In7（A16）	海南三亚

续表

品系名称及代码	来源
In8（A19）	海南文昌
In9（A23）	海南万宁
In10（A25）	广西贵港
In11（A28）	海南澄迈
In12（A30）	海南琼中
In13（A34）	海南乐东
In14（A37）	海南儋州
In15（A38）	海南海口
In16（A41）	云南勐海
In17（A42）	海南乐东
In18（A45）	广东英德
In19（A46）	澳大利亚堪培拉
In20（A47）	云南河口
In21（A49）	贵州册亨
In22（A51）	福建漳浦
In23（A52）	广西梧州
In24（A54）	广东惠州

1. 地毯草 SSR 分子标记的开发

用试剂盒对事先已用硅胶干燥的叶片进行 DNA 提取。根据罗氏 454 测序方法，取 1 μg 基因组 DNA 构建 shotgun 测序文库，参考 Li 等（2007）的方法用 $(AG)_{10}$，$(AC)_{10}$，$(AAC)_8$，$(ACG)_8$，$(AAG)_8$，$(AGG)_8$，$(ACAT)_6$，$(ATCT)_6$ 对文库进一步富集，随后进行测序。通过 MISA 软件寻找 SSR 序列（Thiel，2001），引物设计用 PRIMER3 软件（Rozen et al.，2000），PCR 扩增片段长度为 100~400 bp。24 份地毯草材料用于 SSR 分子标记的开发，30 μl 扩增体系中含有 30 ng 的模板 DNA，0.2 mmol/L dNTP，0.3 μmol/L 引物，3 μl 10×buffer 和 1 U *Taq* 聚合酶。PCR 扩增程序为 95℃预变性 5 min；94℃ 30 s，退火温度 48~60℃ 30 s，72℃延伸 40 s，35 个循环；72℃延伸 8 min。反应结束后用 8%聚丙烯酰胺凝胶进行电泳检测，多态性数据的统计，包括基因序号、Nei's 指数和 Shannon 指数。根据 Nei's 指数得出 24 份地毯草种质资源的遗传关系（Nei，1978）并用 Shannon 指数进行 UPGMA 聚类。

2. 结果与分析

从 53 193 个序列中挑选 9735 个（占 18.3%）含 SSR 的序列，其中适于引物设计的有 1942 个（占 3.65%）。为了测试引物的扩增效率，随机选了 100 对微卫星序列进行引物设计并将这些序列保存在基因库中（KM110835～KM110934）。这 100 对引物中有 66 对由于扩增产物与 SSR 分子标记的特征不符，不能被用作 SSR 的引物，所以有 34 对用于 24 份材料的扩增测试，仅有 14 对引物扩增位点表现出多态性，其扩增结果见表 1-18。等位基因扩增位点 2～6 个，平均 3.5 个；Shannon 指数 0.169～0.650，平均 0.393；Nei's 指数 0.108～0.457，平均 0.271。用 UPGMA 法对 24 份地毯草种质资源进行聚类，其中 In1～In8，In11～In12，In14～In15，In18～In22 聚为一组，In9～In10，In13，In16～In17，In23～In24 聚在另一组（图 1-8），从图可知，来自澳大利亚的 In19 和来自海南定安的 In3 亲缘关系最近，可以利用这些不同来源种质资源的遗传关系在杂交育种中选择亲本。对地毯草进行 SSR 分子标记开发，为分子标记辅助育种和地毯草野生种质资源的鉴定提供重要的参考价值。

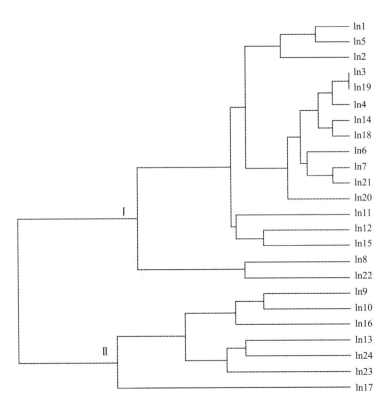

图 1-8　24 份地毯草种质资源的遗传关系聚类结果

表 1-18　用于扩增 24 份地毯草种质资源的 14 对引物信息

引物	引物序列	重复基元	退火温度/℃	等位基因长度/bp	等位基因扩增位点/个	Nei's 指数	Shannon 指数	基因库信息
Ac019	F: TTATAGGGCCTCACAAAGCG R: CTCCTGCTCCTGCTGCTACT	$(TAG)_5(GAG)_6A(AGG)_5$	60	184~205	2	0.248	0.345	KM110853
Ac021	F: TTGTTCTCAGTGGTTCTCGCT R: TAATGCACGCCCATAGAACA	$(AC)_{15}(AT)_7$	48	315~373	2	0.248	0.344	KM110855
Ac025	F: AGCATCGTCGAAAAACCTGT R: TTGCATGAAAGTAAAGCAATGAA	$(ATG)_{17}$	60	231~294	3	0.296	0.424	KM110859
Ac034	F: TGCTTGGCCTCTAGCCTACT R: ACCAGACAGATGTGGTTGATT	$(AAC)_{12}\cdots(AAC)_{11}(AAT)_5(CAT)_5$	60	198~252	4	0.375	0.520	KM110868
Ac041	F: GGTCCATCATCCTCCAAGAA R: ACTTGGAGGTCACTTGCGAT	$(AAG)_5\cdots(TGA)_6$	60	344~353	3	0.163	0.270	KM110875
Ac067	F: TGAAGTCAATTAGGATTTTTATGGG R: TGCGAGATGAGTTCGAGTATC	$(TATG)_{29}\cdots(TATG)_5$	60	304~400	3	0.108	0.169	KM110901
Ac073	F: TTCCCCACTAAAAATGACGG R: CAATCTTATCCGCCATGAAA	$(GT)_6(AT)_8(GT)_{13}$	56	173~189	3	0.300	0.428	KM110907
Ac079	F: GCTTTCTCGAGAGTCATCCG R: TGAATGATCAGAAATGTGGAGTTCT	$(TCT)_{16}$	56	137~188	4	0.413	0.602	KM110913
Ac084	F: AGGGCACCAGGGTTAAAGAT R: TCATGGAGGTGCCATGTAAA	$(CA)_6\cdots(CA)_7$	48	275~299	5	0.289	0.423	KM110918
Ac085	F: GCCCACGAACTTTTCTCAGT R: TGTTTGCTTGTCCCTTCTCA	$(TCTATC)_7$	48	244~305	5	0.301	0.455	KM110919
Ac087	F: AGGGGGCAGCTCATTTTTAT R: ATTCAGGACTCGGTTGATGC	$(AT)_6(AC)_{27}$	56	290~380	6	0.194	0.307	KM110921
Ac091	F: GCTCCACATCTTTCTGCGAT R:ACCATATGTACAAGGTGCTAGTTAGG	$(TATG)_{13}$	60	253~269	4	0.457	0.650	KM110925
Ac094	F: GGCCATATAAGGTGACGCAT R: TTTTCATGGTTGCCAAATCA	$(AAT)_{11}(AAC)_{15}$	60	329~389	2	0.237	0.334	KM110928
Ac096	F: GAGGGGGCTAGGCATTTTAG R: TGAAATGCAAGCACACACAA	$(TG)_8\cdots(TG)_9$	56	192~220	3	0.165	0.230	KM110930

（二）地毯草种质资源遗传多样性分析

1. SSR 分子标记对地毯草种质资源扩增的多态性分析

14 对 SSR 引物对 64 份地毯草种质资源的扩增结果表明，大部分 SSR 引物在地毯草种质资源间表现出较高的多态性（表 1-19）。14 对 SSR 引物共扩增出 49 条条带，其中 48 条为多态性条带，多态性比率 97.96%，平均每个引物对扩增 3.5 条条带，扩增片段长度为 137～400 bp，除了 ID19 之外，其余 13 对引物多态性水平都达到 100%。

2. 遗传相似性分析

根据扩增条带的原始数据矩阵，对 64 份地毯草品系进行遗传相似性分析，结果显示，所供试材料样本间遗传相似系数（GS）的变化范围在 0.24～0.97，平均 GS 为 0.61。其中来自福建厦门的 A83 品系和来自海南五指山的 A141 品系的遗传相似系数最小，为 0.24，表明它们之间的遗传差异较大，相应的亲缘关系也最远。来自广西合浦的 A106 品系和来自广西合浦的 A108 品系遗传相似系数最大，为 0.97，表明它们之间的遗传差异较小，亲缘关系最近。

3. SSR 分子标记的聚类分析

利用 UPGMA 法对 64 份地毯草种质资源进行聚类分析（图 1-9），在 GS=0.61 处可以把 64 份地毯草分为 3 大类。

Ⅰ类共 39 份材料，包括华南地毯草（1 份，为对照品种）、澳大利亚（1 份）、海南（14 份）、广西（5 份）、广东（4 份）、云南（7 份）、福建（6 份）和贵州（1 份），以海南省的材料居多。

Ⅱ类有 22 份材料，包括海南（5 份）、广西（7 份）、广东（8 份）、格林纳达（1 份）、福建（1 份），以广东省的材料居多。

Ⅲ类包括 3 份材料，分别来自海南（1 份）、广西（1 份）和广东（1 份）。

4. 讨论

SSR 分子标记具有操作简单、共显性遗传、多态性丰富等特点，目前已在多种植物的遗传多样性分析、亲缘关系鉴定、指纹图谱的构建等方面得到广泛应用，近年来，已经成为最广泛使用的分子标记之一（Pejic et al.，1998）。从 SSR 分子标记目前的研究来看，该标记已经在狗牙根（Wang et al.，2013）、结缕草（Li et al.，2009）、假俭草[Eremochloa ophiuroides（Munro）Hack]（Zheng et al.，2013）等草坪草和禾本科其他牧草上进行了研究。对地毯草种质资源进行 SSR 分析，有利于将来对地毯草种质资源进行深入研究和大规模的育种（Tang et al.，2007）。

表 1-19 地毯草种质资源分析所用的 SSR 引物及扩增多态性

引物	引物序列	重复基元	退火温度/℃	扩增片段长度/bp	扩增条带数/条	多态性条带数/条	基因库信息
ID19	F: TTATAGGGCCTCACAAAGCG R: CTCCTGCTCCTGCTGCTACT	$(TAG)_5(GAG)_6A(AGG)_5$	60	184~205	2	1	KM110853
ID21	F: TTGTTCTCAGTGGTTCTCGCT R: TAATGCACGCCCATAGAACA	$(AC)_{15}(AT)_7$	48	315~373	2	2	KM110855
ID25	F: AGCATCGTCGAAAAACCTGT R: TTGCATGAAAGTAAAGCAATGAA	$(ATG)_{17}$	60	231~294	3	3	KM110859
ID34	F: TGCTTGGCCTCTAGCCTACT R: ACCAGCAGATGTGGTTGATT	$(AAC)_{12}\cdots$ $(AAC)_{11}(AAT)_5(CAT)_5$	60	198~252	4	4	KM110868
ID41	F: GGTCCATCATCCTCCAAGAA R: ACTTGGAGGTCACTTGCGAT	$(AAG)_5\cdots(TGA)_6$	60	344~353	3	3	KM110875
ID67	F: TGAAGTCAATTAGGATTTTATGGG R: TGCGAGATGAGTTCGAGTATC	$(TATG)_{29}\cdots(TATG)_5$	60	304~400	3	3	KM110901
ID73	F: TTCCCCACTAAAAATGACGG R: CAATCTTATCCGCCATGAAA	$(GT)_6(AT)_8(GT)_{13}$	56	173~189	3	3	KM110907
ID79	F: GCTTTCTCGAGAGTCATCCG R: TGAATGATCAGAATGTGGAGTTCT	$(TCT)_{16}$	56	137~188	4	4	KM110913
ID84	F: AGGGCACCAGGGTTAAAGAT R: TCATGGAGGTGCCATGTAAA	$(CA)_6\cdots(CA)_7$	48	275~299	5	5	KM110918
ID85	F: GCCCACGAACTTTTCTCAGT R: TGTTTGCTTGTCCCTTCTCA	$(TCTATC)_7$	48	244~305	5	5	KM110919
ID87	F: AGGGGGCAGCTCATTTTTAT R: ATTCAGGACTCGGTTGATGC	$(AT)_6(AC)_{27}$	56	290~380	6	6	KM110921

续表

引物	引物序列	重复基元	退火温度/℃	扩增片段长度/bp	扩增条带数数/条	多态性条带数/条	基因库信息
ID91	F: GCTCCACATCTTTCTGCGAT R: ACCATATGTACAAGGTGCTAGTTAGG	$(TATG)_{13}$	60	253~269	4	4	KM110925
ID94	F: GGCCATATAAGGTGACGCAT R: TTTTCATGGTTGCCAAATCA	$(AAT)_{11}(AAC)_{15}$	60	329~389	2	2	KM110928
ID96	F: GAGGGGGCTAGGCATTTTAG R: TGAAATGCAAGCACACACAA	$(TG)_8\cdots(TG)_9$	56	192~220	3	3	KM110930
总计	—	—	—	—	49	48	—
平均值	—	—	—	—	3.5	3.4	—

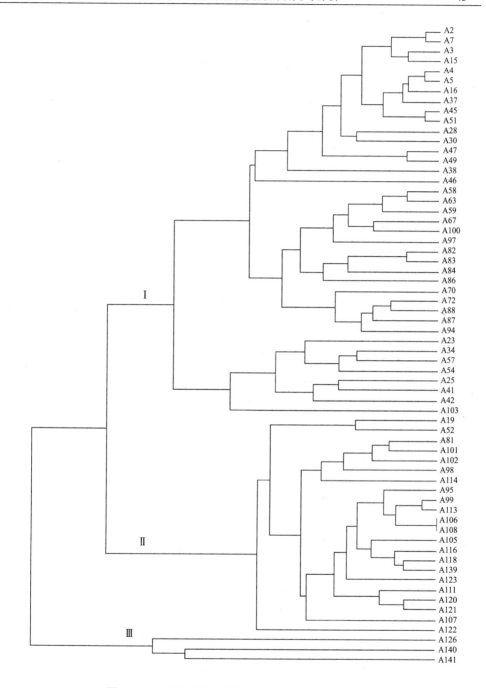

图 1-9　64 份地毯草种质资源的 SSR 聚类分析结果

　　本书用 SSR 分子标记对 64 份地毯草种质资源进行遗传多样性分析，其遗传相似系数为 0.24～0.97，平均 0.61。这表明被分析的种质资源具有丰富的遗传多样性，很大程度上也代表种质资源的遗传多样性（Chen et al., 2006）。Wu 等（2006）

用 AFLP 分子标记对 119 份狗牙根种质资源进行遗传分析,遗传相似系数为 0.65～0.99,平均 0.82;Wang 等(2010)用 AFLP 分子标记对 59 份类地毯草种质资源的遗传多样性进行分析,遗传相似系数为 0.807～0.98,平均 0.89;研究结果表明地毯草种质资源具有很大的遗传变异。其原因可能是地毯草属于多倍体植物(2n=40,50 和 60)(Delay,1951),在决定遗传分化方面具有重要的作用(Wang et al.,2010),另外,倍性分布的不同也可能取决于环境因素、基因型的进化和历史的发展(Johnson et al.,1998),为将来进一步通过倍性水平去研究它们的关系打下基础。Wu 等(2006)和 Wang 等(2010)对狗牙根和类地毯草的遗传多样性和倍性关系的研究也得到了相似的结果。

14 对 SSR 引物共扩增出 49 条条带,其中 48 条为多态性条带,多态性比率为 97.96%,平均每对引物扩增 3.5 条条带;Wang 等(2013)用 ISSR 和 SSR 分子标记对源自不同国家的狗牙根种质资源遗传多样性进行对比分析,结果显示多态性比率为 97.7%;席嘉宾(2004)用改良的 ISSR 分子标记分析中国地毯草野生种质资源的遗传多样性,其多态性比率为 89.67%;同时也在假俭草(60.8%)(Zheng et al.,2013)、结缕草(23.1%)(Li et al.,2009)等暖季型草坪草上进行了对比。研究结果都显示地毯草遗传多样性水平高于其他暖季型草坪草。

64 份地毯草种质资源聚类分析结果表明,地理来源相同的种质资源并没有完全聚在一组,这种现象也出现在其他植物种质资源的聚类中(Godwin et al.,1997;Blair et al.,1999;Bornet et al.,2002;Wang et al.,2010;Wang et al.,2013)。原因主要有以下几个方面:①地理来源虽然不同,但是它们在长期适应环境的过程中也出现了一些性状交叉趋同的现象,所以被聚在一起;②地毯草属于多年生异型杂交植物,地理来源相同的种质资源也可导致丰富的遗传变异;③倍性水平也会导致这种现象的发生。

四、SRAP、ISSR和SSR分子标记检测地毯草遗传多样性的比较研究

在地毯草传统的起源演化及分类基础上,结合分子手段,探讨地毯草遗传多样性及其亲缘关系,在众多分子标记手段中,SRAP、ISSR 和 SSR 分子标记以其相似的技术手段和操作的简单性,在遗传多样性及系统发育关系研究中得到了广泛的应用。过去的研究一般采用一种分子标记进行此类相关的研究。SRAP、ISSR 和 SSR 分子标记技术的原理不同,前两者采用随机引物而后者是采用特异性引物,因此,三者所检测的基因组 DNA 位点不同。只有当引物数量足够多,能够覆盖到整个基因组,所得出的信息才能较全面地反映出个体间遗传差异和亲缘关系,目前只有全基因组测序才能达到。基于技术、成本与效率的考虑,可采用多个分子标记手段,整合现有数据,提高检测位点在基因组中的覆盖程度,为系统发育关系研究提供更丰富的遗传信息。鉴于此,将国内外具有代表性的 63 份地毯草野

生种质资源和 1 份育成的品种的 SRAP 分子标记数据、ISSR 分子标记数据和 SSR 分子标记数据进行了整合比较分析。

拟对 SRAP、ISSR 和 SSR 分子标记在检测地毯草种质资源间遗传相似性的效率、异同点和国内外地毯草多样性上进行比较，为有效利用这 3 种分子标记评价地毯草遗传多样性及系统分类研究奠定理论基础。

1. SRAP、ISSR 和 SSR 分子标记相关性分析

用 NTSYS-pc 软件（版本 2.1）中 Graphics 模块下的 Matrix Comparison Plot 程序，对 64 份地毯草材料的 SRAP、ISSR 和 SSR 分子标记的遗传相似系数矩阵的相关性分别进行 Mantel 检测，得到 SRAP 和 ISSR、SRAP 和 SSR、ISSR 和 SSR 分子标记之间的相关系数 r 分别为 0.7541、0.7253 和 0.8367。根据张俊卫（2010）在基于 ISSR、SRAP 和 SSR 分子标记的梅种质资源遗传多样性研究中所述的 Mantel 检测标准：$r \geqslant 0.9$ 说明两者很匹配；$0.8 \leqslant r < 0.9$ 说明两者匹配良好；$r < 0.7$ 说明两者匹配差。从相关性分析结果可以看出 64 份地毯草种质资源 ISSR 和 SSR 分子标记分析的结果匹配良好，表明这 2 种分子标记所得到的结果具有高度的一致性，但也不是完全没差异。而 SRAP 和 ISSR、SRAP 和 SSR 匹配性一般，说明 SRAP 分析得到的结果与 ISSR 和 SSR 结果之间存在比较大的差异。

2. SRAP、ISSR 和 SSR 分子标记综合聚类分析

用 NTSYS-pc 软件（版本 2.1）综合 ISSR、SRAP 和 SSR 分子标记对 64 份地毯草种质资源的分析数据进行 UPGMA 聚类分析（图 1-10），在 GS=0.67 处，64 份地毯草种质资源被分为 3 类，遗传相似系数为 0.516～0.829，平均 0.672。I 类包括 23 份种质资源，分别来自广西（8 份）、广东（8 份）、海南（4 份）、云南（1 份）、格林纳达（1 份）和 A2 华南地毯草（对照）；II 类包括 3 份种质资源，海南（1 份）、福建（1 份）、云南（1 份）；III 类包括 38 份种质资源，分别来自海南（15 份）、广西（5 份）、广东（5 份）、云南（5 份）、福建（6 份）、贵州（1 份）、澳大利亚（1 份）。利用 NTSYS-pc 软件（版本 2.1），对 SRAP、ISSR 和 SSR 3 个分子标记的遗传相似系数矩阵相关性进行 Mantel 检测，得到结果为 0.7216，说明此聚类结果反应的种质资源间的遗传关系一般。

基于 SRAP、ISSR 和 SSR 分子标记的 Jccard's 遗传相似性系数及 UPGMA 聚类显示，所选种可明显的分为不同的类群。3 种分子标记都可在一定程度上将不同地理来源的种质资源区分开来，同一地区的种质资源又进一步形成不同亚类群。本书 64 份地毯草种质资源，SRAP、ISSR 和 SSR 分子标记均表现出较高的多态性，基于 3 种分子标记的种内聚类状况与物种地区差异相似程度又存在较高的一致性，表明 3 种分子标记在地毯草种内分析是有效的。分子标记的应用性评价是开展遗传多样性分析的基础工作之一（王志勇，2009）。由于所用标记技术和材料的不同，得出的结论不尽一致。64 份地毯草种质资源间 SRAP、ISSR 和 SSR 分子标记间的相关性检验表现为极显著，通过标记效应分析发现，在不同亲缘关系水平上 3 种分子标记表现出不同多态性检测能力。

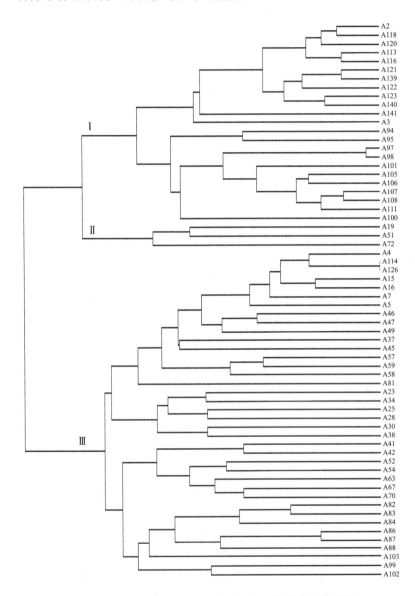

图 1-10　ISSR、SRAP 和 SSR 3 个分子标记的综合聚类分析

将 3 个分子标记数据进行综合分析，并进行 UPGMA 聚类分析，其结论与前文基本一致，可将 64 份地毯草分为 3 个类群。聚类结果大致与各分子标记聚类相类似，但结果不如各分子标记自行聚类时细化明显。

第二章 地毯草种质资源耐铝机制研究

第一节 地毯草对铝胁迫的响应及临界浓度研究

酸性土壤在全世界热带、亚热带及温带地区广泛存在，据统计，全世界约有 39.5 亿 hm^2 酸性土壤，其中可耕地面积约为 1.79 亿 hm^2。土壤中铝的存在状态对其理化性质好坏有重要影响。当土壤 pH 大于 5.5 时，铝被土壤胶体吸附或与磷酸等化合物结合而被固定，水溶性铝一般很少，但在酸性条件下，即当土壤 pH 小于 5.0 时，铝的溶解度几乎呈直线上升，使一部分固相铝转变为可溶性铝，使高活性铝[Al^{3+}、$Al(OH)^{2+}$ 和 $Al(OH)_2^+$]的含量增加，且随着 pH 的进一步降低，其含量会迅速上升，严重制约植物生长，铝毒害是酸性土壤中植物生长发育的主要限制因子（Foy，1988；Foy et al.，1998；Kochian et al.，2004；Baldwin et al.，2005；阎君等，2008）。早在 1918 年 Hartwell 等（1918）就已经报道了有关铝对植物毒害的研究。酸雨的频繁沉降，加速了土壤酸化。酸性土壤中铝毒害是植物生长发育的主要限制因子。在世界很多地区，尤其是我国华南热带地区，土壤酸化是草坪建植养护及牧草生产过程中的一个重要问题（Murray et al.，1978）。目前，国内外学者对玉米、大麦、水稻、大豆等大宗作物的耐铝性已有较为深入的研究（Delhaize et al.，1993；刘尼歌等，2007；张启明等，2011），而关于草类植物的耐铝性研究相对甚少（Campbell et al.，1994；Yan et al.，2009；阎君，2010），尚处于初步阶段。

目前，农业生产上主要通过改良土壤和选育耐铝性品种两个方面来缓解酸性土壤对植物生长发育所造成的影响，改良土壤主要采用在土壤中加入石灰等措施。然而，由于成本较高，且酸土地区的酸性大环境使这种改良难以持久，尤其对于环境绿化及生态建设而言，改土措施并不现实，而且如果施用不当，会降低土壤中锌、铁等微量元素的有效性，引起土壤有机质过度分解等，破坏农业生态环境。耐铝性植物的开发利用及改良可以从根本上解决酸性土壤中植物生长问题。草类植物大多是多年生植物，种植后很难对其进行栽培措施的改良，因此种植耐铝性品种是提高酸性土壤中牧草产量及草坪质量的根本途径。在开展华南地区本土地毯草野生种质资源的收集、整理和评价的基础上，开展地毯草耐铝方面的研究，为筛选优异耐铝地毯草新品种选育提供基础。本书通过不同的评价指标来研究地毯草对铝胁迫的响应及临界浓度，为今后大批地毯草种质资源快速鉴定奠定基础。

　　试验地位于中国热带农业科学院热带作物品种资源研究所温室大棚内。地毯草是多年选育的优良品系（A37），具有较强抗逆性和坪用价值。具体试验处理方法参考陈静波等（2009）和胡化广等（2010）的方法，并对该方法进行了改进。在处理结束后，选用叶片颜色、坪用质量和叶片枯黄率为观测指标（Wu，2004；王志勇等，2009；Marcum et al.，1998；Qian et al.，2000；陈静波等，2008b，2009）。耐铝阈值：用SPSS16.0软件对每个处理的叶片枯黄率 LF 和铝离子浓度 X(mmol/L)之间进行一元二次曲线回归分析（回归方程为 $LF=a+bX+cX^2$，其中系数 a、b 和 c 因处理而异），并根据回归方程求解出叶片枯黄率 LF 为50%时的铝离子浓度 X，表示为 $X_{50\%}$（mmol/L）（陈静波等，2008a，2008b，2008c，2009）。得到如下研究结果。

1. 铝胁迫对地毯草坪用质量的影响

　　地毯草在不同铝浓度胁迫下（28 d）坪用质量的变化如表 2-1 所示。地毯草在不同铝浓度胁迫下，坪用质量呈抛物线状，在低浓度铝胁迫下（0.24 mmol/L 和 0.48 mmol/L），坪用质量略低于中等浓度铝胁迫（0.72 mmol/L、0.96 mmol/L 和 1.20 mmol/L）的坪用质量，而比高浓度（1.44 mmol/L、1.68 mmol/L、1.92 mmol/L 和 2.16 mmol/L）的坪用质量高。地毯草在 0.72 mmol/L、0.96 mmol/L 和 1.20 mmol/L 铝胁迫下，坪用质量变化不显著，比其他浓度胁迫的坪用质量评分高且达到显著（$P<0.05$）或极显著（$P<0.01$）差异；在 0.24～1.44 mmol/L 浓度胁迫下，地毯草的坪用质量评分要高于或略高于对照处理，而在 1.68～2.16 mmol/L 浓度胁迫下，坪用质量评分极显著（$P<0.01$）低于对照胁迫。在 0.24～1.44 mmol/L 浓度胁迫下，坪用质量评分都高于 6 分，是可接受的景观价值，而在 1.68～2.16 mmol/L 浓度胁迫下，地毯草坪用质量评分都低于 6 分，且浓度为 2.16 mmol/L 时，坪用质量评分最低。

表 2-1　铝胁迫（28 d）对地毯草叶片颜色、坪用质量和叶片枯黄率的影响

序号	铝浓度/(mmol/L)	叶片颜色/分	坪用质量/分	叶片枯黄率/%
1	0	6.25 bC	6.1 cD	1.3 eE
2	0.24	6.25 bC	6.4 cCD	3.8 eDE
3	0.48	6.50 bBC	6.9 bBC	2.5 eE
4	0.72	8.00 aA	7.5 aA	0.0 eE
5	0.96	7.50 aAB	7.3 abAB	1.3 eE
6	1.20	7.25 aABC	7.3 abAB	5.0 eDE
7	1.44	6.50 bBC	6.3 cD	10.0 dDE

续表

序号	铝浓度/(mmol/L)	叶片颜色/分	坪用质量/分	叶片枯黄率/%
8	1.68	4.50 cD	5.3 dE	35.0 cC
9	1.92	3.25 dE	4.8 eE	47.5 bB
10	2.16	2.50 eE	3.3 fF	63.8 aA

2. 铝胁迫对地毯草叶片颜色的影响

不同铝浓度对地毯草叶片颜色的影响见表 2-1 和图 2-1，在不同浓度下，地毯草的叶片颜色变化趋势与坪用质量表现一致。经铝浓度为 0.72～1.20 mmol/L 胁迫的叶片颜色比其他浓度色泽要深，达到显著（$P<0.05$）或极显著（$P<0.01$）差异，但此浓度之间不表现出显著差异，与对照相比，达到显著（$P<0.05$）或极显著（$P<0.01$）差异。在 1.68～2.16 mmol/L 浓度胁迫下，地毯草的叶片颜色表现出黄绿或枯黄，与其他浓度或对照相比，都达到极显著（$P<0.01$）差异。0.24 mmol/L、0.48 mmol/L 和 1.44 mmol/L 浓度胁迫下，与对照之间差异不显著。

图 2-1　地毯草耐铝浓度梯度筛选试验（0～2.16 mmol/L）（后附彩图）

3. 铝胁迫对地毯草叶片枯黄率的影响

从表 2-1 可以看出，用高浓度（1.68 mmol/L、1.92 mmol/L 和 2.16 mmol/L）胁迫，叶片枯黄率都高于 30%，最高达到 63.8%，且它们之间差异达到极显著（$P<0.01$）；其他胁迫浓度，除 1.44 mmol/L 外，0～1.20 mmol/L 浓度胁迫，都不存在显著差异，叶片枯黄率在 0～5%。在铝浓度为 0～2.16 mmol/L 的胁迫中，铝浓度为 0.72 mmol/L 最有利于地毯草的生长。

4. 耐铝阈值的计算

试验分别以地毯草在不同铝浓度胁迫 28 d 时的叶片枯黄率作为因变量，以铝浓度作为自变量建立回归方程，求得 28 d 时的铝浓度相对于叶片枯黄率的一元二次回归方程：$LF=0.5337744+0.05121566X-0.0004226399X^2$（$R=0.8661^{**}>R_{0.01}=0.8555$）。以其他草坪草耐盐方面的研究（陈静波等，2009；胡化广等，2010；Kitamura，1970）为参考，以叶片枯黄率下降 50% 作为地毯草存活临界铝浓度，算出地毯草50% 存活临界铝浓度为 2.04 mmol/L。

5. 结论

筛选耐铝的植物资源是遗传改良工作的基础，通常筛选耐铝植物主要有两类方法：土培法和水培法。前者包括田间试验、小盆钵土培等；后者包括大容积溶液培养和小容积溶液培养。土培法是直接将所要筛选的植物种植于存在铝毒的酸性土壤上，从植物地上部分的生长状况和生物量积累来判断其耐铝能力的高低。这种方法虽然比较接近实际生产，但土壤中未控因素较多，不易控制试验处理的单一差异，且需时长、工作量大，所以对耐铝植物的筛选更多采用水培法，即在溶液中加入一定量的单体铝，观察并记录根系和地上部分的生长状况，筛选出耐铝性强的植物品种。大容积溶液培养是在同一溶液里种植多个品种（系），同一处理不同品种（系）的培养条件可以控制一致，操作简单、快速，但此方法没有考虑耐铝植物在铝处理下分泌有机酸、磷酸、黏胶及根际 pH 提高等生理生化反应对其他植物带来的间接影响。针对这个问题，现在耐铝筛选多用小容积溶液培养，即隔离培养（阎君等，2008；杨建立，2004）。本书以此理论为基础，采用大塑料盆进行集中培养，而后用小塑料桶进行分开处理，消除不同铝浓度处理间的误差。

本书以坪用质量、叶片颜色和叶片枯黄率为指标，初步评价了地毯草对铝胁迫的响应差异，结果表明，在不同铝浓度胁迫下，地毯草耐铝性差异非常显著，其中叶片枯黄率变异系数高达 135.74%，叶片颜色和坪用质量变异系数也分别达34.88% 和 21.63%。这些结果基本上与 Liu 等（1995，1996）、Baldwin 等（2005）及阎君等（2010）对早熟禾、狗牙根、地毯草、假俭草等草坪草的耐铝性的研究结果一致。地毯草在我国主要分布在华南地区 1～1350 m 海拔范围内，自然种群主要分布于潮湿的河滩地、沟旁、路边、田坎、丘陵山地、山坡疏林地及山谷地带，土壤 pH 3.5～7.43，但多分布在贫瘠且呈酸性的土壤中。

耐铝性的筛选指标主要是根系的生长状况，幼苗筛选多用相对根系伸长量，成熟植株用相对根系干重，根尖苏木精、铬花青染色程度也是有效的筛选指标。有试验表明地上部分的生长状况（叶片枯黄率、相对株高、相对地上干重等）也可用来判断植物的耐铝性（林咸永等，2002）。相对于大批量筛选草坪草或其他植物的种质资源而言，如何利用低成本且劳动强度低的指标来快速鉴定成为科研工作者首要目标，前人已通过叶片枯黄率来快速鉴定狗牙根、结缕草、海滨雀稗、钝叶草等草坪草的耐盐性差异（陈静波等，2009），这为本书提供理论参考。

目前，国内外学者已对部分牧草和草坪草进行了耐铝性评价，筛选出一批优质耐铝的亲本材料（Baldwin et al.，2005；Yan et al.，2009；Wheele et al.，1995；Пайвин et al.，1998；Wenzl et al.，2006）。Пайвин 等（1998）对红车轴草（*Trifolium pratense*）栽培种和野生种进行了鉴定，结果表明，栽培种对土壤酸性耐性更强。Wenzl 等（2006）对贝斯莉斯克俯仰臂形草（*Brachiaria decumbens*）、刚果臂形草（*B. ruziziensis*）、信号臂形草（*B. brizantha*）及贝斯莉斯克俯仰臂形草和刚果臂形草的杂交后代对铝的敏感性进行了评价，结果表明，贝斯莉斯克俯仰臂形草的耐铝性最强，信号臂形草耐铝性中等，刚果臂形草耐铝性最差，杂交后代间的耐铝性差异显著。阎君等（2010）对假俭草研究结果表明，不同地域性的种质资源耐铝性存在显著差异。以上研究都为今后鉴定地毯草种质资源耐铝性差异提供参考，为选育出耐铝性强的草坪草新品种和耐铝育种的亲本材料提供试验依据。

前人对百喜草（*Paspalum notatum*）、野牛草（*Buchloe dactyloides*）、海滨雀稗（*Paspalum vaginatum*），假俭草（*Eremochloa ophiuroides*）、近缘地毯草（*Axonopus affinis*）、狗牙根（*Cynodon dactylon*）、结缕草（*Zoysia japonica*）、沟叶结缕草（*Zoysia matrella*）、测钝叶草（*Stenotaphrum secundatum*）和杂交狗牙根（*Cynodon dactylon×C.transvaalensis*）等 10 种暖季型草坪草的耐铝性研究表明，不同草坪草耐铝性存在显著差异，其中地毯草的耐铝性较强，在 1.44 mmol/L 浓度胁迫下，根系相对生长量增加了 15%，而其他草坪草正好相反（Baldwin et al.，2005）。本书以此为基础，设立相应的浓度胁迫，结果表明，不同浓度胁迫下，地毯草耐铝性在中等浓度胁迫下，要比对照、低浓度和高浓度胁迫下的坪用质量和叶片颜色要好，叶片枯黄率更低，其中在 0.72 mmol/L 处理下，叶片枯黄率为零，坪用价值最高（表 2-1）。这些结果基本上与 Christian 等（2005）的结果一致，也与其他草坪草耐铝性鉴定的结果一致（Yan et al.，2009；Liu，2005；

Duncan et al.，1993）。

中国地毯草分布区地域广阔，拥有丰富气候、土壤和植被类型，在长期的环境适应中形成各种具有应用价值的生态型，从而构成我国特有的地毯草种质资源。本书的研究结果（$X_{50\%}$=2.04 mmol/L），为今后开展大量地毯草种质资源的耐铝性筛选提供依据。有助于在对地毯草种质资源耐铝性系统评价的基础上，进一步研究地毯草的耐铝机制。

第二节　地毯草种质资源耐铝性评价

铝在地壳中的含量仅次于氧和硅，是地壳中含量最丰富的金属元素。在中性或碱性土壤中，铝主要以不溶性的硅酸盐和氧化物形式存在，对植物生长无危害，但当土壤酸化，pH 降至 5.5 以下时，铝离子就会从硅酸盐或氧化物中释放出来，以 Al^{3+} 形式呈现，对植物具有毒害作用（Ma et al.，2003）。研究表明，铝毒害是酸性土壤中植物生长的主要限制因子（肖厚军等，2006；沈宏等，2001；吴道铭等，2013）。在我国，酸性土壤分布于 14 个省（自治区），主要集中在浙江、江西、福建、广东、广西、海南、云南和贵州等南方省（自治区），面积达 203 万 hm^2，约占耕地面积的 21%（杨志敏等，2003）。近年来，由于大气污染引起的酸沉降，工业生产酸性废弃物的排放，农业生产中生理酸性肥料的广泛使用，使得土壤的酸化面积和酸化程度日益加剧，活性铝的溶出日益增多，铝毒害日益严重（姜应和等，2004）。在酸性土壤广泛分布的中国，鉴定并筛选出耐铝性较强的植物，对酸土治理和改良，酸土绿化有着现实意义。

自 1918 年，Hartwell 等（1918）首次发现了铝对植物的毒害作用以来，学者们开始对其进行广泛研究。其中，经济作物成为研究主流，包括玉米（*Zea may*）（许玉凤等，2004）、小麦（*Triticum aestivum*）（李洋等，2006）、大麦（*Hordeum vulgare*）（郭天荣等，2002）、花生（*Arachis hypogaea*）（周蓉，2003）、大豆（*Glycine max*）（应小芳等，2005）等。20 世纪 90 年代以来，人们生活日渐富足，对环境要求日益提高，广泛用于绿化的草类植物成为研究热点，其中包括狗牙根（*Cynodon dactylon*）（陈振，2015）、竹节草（*Chrysopogon aciculatus*）（张静等，2014b）、假俭草（*Eremochloa ophiuroides*）（褚晓晴等，2012）、黑麦草（*Lolium perenne*）（潘小东，2005；宫家珺，2007；刘影，2011）等。Baldwin 等（2005）对 10 种暖季型草坪草研究表明，铝胁迫抑制了大部分草坪草的生长和营养吸收，而地毯草的耐受性最强，这为筛选培育耐铝的草类植物指明方向。

野生种质资源常带有栽培物种缺乏的抗逆基因，可以利用远缘杂交及其他技术转移至栽培物种，是培育抗逆性物种的重要基础材料（Yan et al.，2009；齐波等，2007；徐阿炳等，1991）。地毯草（*Axonopus compressus*）作为我国重要的热带草坪草种之一，分布范围广泛，种质资源多样，种内变异丰富，且为常异交植物，存在天然杂种和丰富的遗传变异（张静等，2012）。地毯草在沙质和酸性土壤（pH 4.5～5.5）中也能生长，将耐铝性较强的地毯草种植于酸性土壤中，可以缓解酸性土壤对植物生长发育所造成的影响。鉴定和筛选出耐铝性较强的地毯草野生种质资源，对开发具有自主知识产权的耐铝优质地毯草新品种，地毯草耐铝性遗传改良，解决酸土绿化、酸土栽培管理问题，具有重要的理论指导意义、生态效益和社会意义。

从我国多省（自治区）搜集的 140 份地毯草种质资源中，筛选出 85 份优良材料，并以国内外广泛种植的地毯草（A2）品种为对照，根据廖丽等（2011a，2011b）的研究结果，选择 2.1 mmol/L 的铝溶液对地毯草种质资源进行铝胁迫处理，并通过测定坪用质量、相对总二级分枝个数比、相对总茎长比和叶片枯黄率等 6 个指标对地毯草种质资源进行耐铝性评价研究（廖丽等，2011b；阎君等，2010；王志勇等，2009；陈静波，2007，2008a），为日后鉴定筛选及选育耐铝地毯草种质资源奠定研究基础。该试验的基地位于中国热带农业科学院热带作物品种资源研究所温室，该试验所用的地毯草种质资源为多年收集的来自广东、广西、云南、海南和福建的 85 份优良种质资源和 1 份华南地毯草（A2，为对照品种）（表 2-2）。

表 2-2　供试验地毯草的来源

编号	来源	编号	来源	编号	来源
A1	海南定安	A22	海南海口	A53	广西梧州
A2	海南儋州	A23	海南万宁	A54	广东惠州
A3	海南定安	A24	海南海口	A56	云南保山
A4	海南定安	A25	广西贵港	A57	福建漳州
A5	海南儋州	A26	海南海口	A58	广东广州
A7	海南白沙	A27	海南海口	A59	福建南靖
A8	海南琼海	A28	海南澄迈	A63	云南芒市
A9	海南万宁	A29	海南琼中	A64	云南芒市
A10	海南琼海	A30	海南琼中	A67	云南芒市
A11	海南儋州	A31	海南儋州	A68	云南芒市
A12	海南万宁	A32	海南儋州	A69	云南芒市
A13	海南万宁	A33	海南白沙	A70	云南瑞丽
A14	海南定安	A34	海南乐东	A71	云南瑞丽
A15	海南琼海	A36	海口澄迈	A72	云南瑞丽
A16	海南三亚	A37	海南白沙	A73	海南五指山
A17	海南定安	A38	海南海口	A74	广西横县
A18	海南三亚	A39	海南三亚	A75	广东四会
A19	海南文昌	A43	海南保亭	A76	海南昌江
A20	海南琼海	A47	云南河口	A81	福建长泰
A21	海南海口	A52	广西梧州	A82	广西凭祥

编号	来源	编号	来源	编号	来源
A83	福建厦门	A106	广西合浦	A120	广西博白
A84	福建漳浦	A109	广西合浦	A121	广东雷州
A85	福建漳浦	A110	广西合浦	A122	广东徐闻
A87	广西大新	A111	广西博白	A123	广东廉江
A88	广西天等	A112	广西合浦	A134	海南陵水
A90	广西龙州	A113	广东雷州	A137	海南临高
A93	广西大新	A114	海南海口	A139	海南琼中
A100	广东佛岗	A117	广东茂名	A141	海南五指山
A103	海南五指山	A118	广东电白		

1. 供试材料各指标间的综合形态特征变异分析

从表 2-3 可以看出，86 份地毯草种质资源 6 个指标间的变异范围分别为 13.1%～84.3%、4.5%～95.3%、0.6%～85.8%、5.4%～93.3%、1.3%～7.8%和 4.8%～69.2%，变异系数分别为 46.6%、42.8%、61.8%、50.2%、34.1%和 78.6%。说明不同指标的筛选能力不同，对新品种选育过程中指标筛选有一定的参考价值，尤其对耐铝地毯草新品种的选育具有指导意义。相对于对照品种 A2（华南地毯草），部分种质资源耐铝性较强，不同品系地毯草耐铝性差异较大。

表 2-3　86 份地毯草综合形态特征变异分析

编号	相对总二级分枝个数比/%	相对地上部干重比/%	相对地下部干重比/%	相对总茎长比/%	坪用质量/分	叶片枯黄率/%
A1	20.1±5.6	36.8±2.4	32.4±12.3	20.2±4.5	5.3±0.1	8.9±0.6
A2（华南地毯草）	22.9±2.1	23.1±4.2	31.3±10.8	24.9±6.0	4.8±0.4	20.1±2.1
A3	29.6±4.5	40.8±3.9	45.9±5.5	22.6±10.5	4.6±0.1	7.9±0.6
A4	28.4±2.2	29.9±1.7	33.8±6.3	43.3±1.1	5.7±0.1	14.4±0.3
A5	29.0±1.6	37.7±4.4	19.6±11.9	19.5±3.4	5.3±0.1	10.9±0.8
A7	46.8±7.1	34.8±3.6	11.6±1.1	33.6±3.0	3.0±0.2	24.8±1.9
A8	28.7±4.1	32.5±3.3	25.5±9.2	71.4±11.3	3.6±0.1	11.0±0.8
A9	60.3±12.9	47.2±6.5	18.3±10.6	26.3±12.5	5.0±0.0	19.4±0.3
A10	52.8±10.7	46.9±7.3	21.0±14.4	30.1±9.0	3.4±0.1	36.7±1.9
A11	24.8±2.2	35.0±5.1	15.0±7.1	18.3±6.9	4.8±0.1	25.6±1.6
A12	33.0±0.8	39.1±1.6	15.1±1.4	31.8±0.6	4.8±0.3	13.0±0.3
A13	31.2±4.5	53.8±5.6	49.7±19.2	31.5±1.2	3.5±0.1	28.7±2.2
A14	48.6±1.7	42.4±4.8	13.9±5.8	43.7±2.2	1.9±0.1	52.2±1.5
A15	20.5±6.7	45.9±5.7	29.4±5.0	9.1±7.4	4.7±0.1	22.2±1.1
A16	21.0±3.3	35.5±7.1	17.3±6.0	27.8±4.1	5.6±0.1	11.6±0.3

续表

编号	相对总二级分枝个数比/%	相对地上部干重比/%	相对地下部干重比/%	相对总茎长比/%	坪用质量/分	叶片枯黄率/%
A17	27.5±7.2	54.7±8.5	20.0±3.5	27.6±5.9	3.9±0.1	5.7±0.2
A18	68.2±15.9	54.0±7.8	33.5±3.7	50.0±9.2	5.7±0.1	11.1±0.3
A19	45.6±6.4	35.5±1.6	18.3±1.5	22.5±2.7	4.7±0.2	22.6±2.4
A20	19.6±1.5	18.5±0.5	5.1±1.6	18.7±1.4	4.6±0.3	19.4±1.1
A21	23.0±5.0	41.0±1.5	22.8±7.0	29.0±2.4	5.4±0.2	20.4±0.6
A22	15.8±3.1	21.8±2.2	8.8±1.6	18.7±3.5	4.2±0.1	20.9±1.7
A23	21.6±2.7	27.1±1.4	4.9±2.1	37.4±4.6	2.7±0.2	17.9±2.1
A24	21.3±8.8	29.8±7.8	12.0±10.3	23.8±6.7	2.6±0.0	27.8±1.9
A25	27.4±4.5	17.1±1.8	27.6±9.7	93.3±12.8	3.1±0.1	16.0±1.8
A26	21.1±4.3	27.9±7.6	11.6±5.6	22.1±5.7	3.1±0.0	17.1±0.8
A27	13.3±1.6	11.2±1.1	3.2±0.3	16.5±3.5	2.6±0.1	10.1±0.8
A28	20.3±4.6	36.3±5.5	47.9±19.1	10.8±5.8	2.2±0.2	8.7±0.7
A29	13.9±1.7	15.8±0.7	26.2±6.6	22.2±9.1	2.7±0.1	13.9±0.7
A30	20.1±3.0	18.0±1.0	25.1±10.8	19.9±4.4	2.9±0.5	50.4±1.7
A31	24.6±3.2	14.4±0.2	11.6±4.1	21.6±12.5	4.1±0.1	31.1±2.8
A32	52.7±3.8	17.8±0.2	24.7±4.6	67.7±6.5	4.4±0.1	11.4±0.6
A33	38.7±1.7	36.0±2.5	19.5±7.2	24.4±4.2	3.1±0.1	37.2±2.4
A34	47.5±0.1	31.6±2.6	68.3±25.4	41.8±4.1	2.5±0.3	22.3±5.4
A36	30.7±0.9	31.7±0.6	24.3±1.9	36.4±2.8	6.3±0.1	6.5±0.5
A37	39.8±1.2	30.3±0.4	23.0±3.5	41.7±2.5	4.3±0.2	25.9±2.1
A38	38.2±0.7	49.1±2.1	12.3±3.1	50.8±4.6	3.3±0.2	33.3±0.5
A39	16.8±3.9	16.8±1.3	16.9±3.8	18.5±2.4	4.4±0.2	16.2±0.4
A43	25.9±4.7	17.8±2.2	19.1±10.9	39.6±5.9	1.7±0.1	14.8±1.1
A47	29.5±3.5	95.3±14.8	0.6±0.2	26.9±4.3	5.7±0.2	9.8±0.2
A52	20.8±3.9	23.5±4.1	15.5±7.6	30.5±7.3	2.4±0.1	18.3±1.1
A53	26.6±4.0	36.8±3.2	17.3±4.0	39.3±8.8	3.6±0.1	50.0±1.0
A54	29.7±3.2	31.5±2.7	58.3±14.3	23.6±3.6	2.8±0.4	17.8±1.4
A56	34.4±0.2	41.8±1.9	35.3±10.1	46.8±9.1	3.9±0.2	6.6±0.3
A57	18.8±4.3	22.0±6.6	19.1±18.4	26.4±7.9	6.0±0.1	5.1±0.1
A58	31.5±3.4	42.6±2.2	39.2±6.1	33.3±4.1	6.2±0.2	13.4±0.9
A59	22.4±2.7	40.8±4.3	53.9±12.3	36.5±5.7	5.3±0.2	13.3±0.5
A63	57.0±3.0	38.3±2.3	16.3±3.2	10.3±2.7	3.1±0.1	57.8±2.4
A64	25.5±4.1	27.1±2.0	25.8±5.3	32.4±8.4	7.7±0.1	6.6±0.1
A67	36.2±4.6	38.3±5.3	35.8±6.3	28.2±1.2	4.8±0.2	32.8±2.2

续表

编号	相对总二级分枝个数比/%	相对地上部干重比/%	相对地下部干重比/%	相对总茎长比/%	坪用质量/分	叶片枯黄率/%
A68	27.0±2.6	31.6±5.3	22.4±4.2	52.7±9.7	4.2±0.1	23.9±0.9
A69	31.3±5.0	32.7±0.8	40.9±29.2	26.6±4.7	5.0±0.1	13.2±0.9
A70	32.4±0.5	19.8±4.8	9.1±1.6	11.2±6.5	4.9±0.1	7.4±0.8
A71	84.3±10.8	33.2±2.4	26.8±10.1	43.2±16.4	2.4±0.2	62.8±1.7
A72	70.4±6.2	61.3±1.4	61.8±2.4	55.3±13.8	4.1±0.1	11.2±1.6
A73	33.3±5.3	36.6±3.0	27.1±1.7	64.5±11.3	3.3±0.1	19.4±2.3
A74	24.6±2.2	28.3±1.1	35.7±4.5	19.5±3.1	5.8±0.1	6.5±0.1
A75	21.8±1.8	29.9±0.6	10.3±3.1	43.2±2.3	3.3±0.2	34.7±2.2
A76	33.3±3.2	26.6±1.7	28.5±4.1	31.6±1.7	5.3±0.3	5.4±0.1
A81	17.5±0.2	39.9±1.7	85.8±54.9	24.9±4.9	4.9±0.1	6.2±0.3
A82	13.7±1.4	14.0±0.7	6.3±3.8	27.2±4.9	2.8±0.3	27.8±0.7
A83	17.9±5.7	23.5±5.4	52.8±24.2	8.0±4.3	2.1±0.0	11.4±0.6
A84	15.7±3.8	23.9±2.8	18.4±2.0	21.7±1.1	2.0±0.1	22.1±2.0
A85	40.5±12.5	32.2±7.2	28.4±23.6	33.7±0.3	2.7±0.1	52.2±4.5
A87	14.3±7.4	25.4±5.6	10.8±9.1	37.5±12.9	2.7±0.5	17.9±1.0
A88	34.5±6.8	42.3±6.3	45.3±2.6	36.5±6.7	2.3±0.2	69.2±1.8
A90	32.4±2.9	33.5±3.5	46.3±34.5	40.0±6.2	1.3±0.1	10.1±0.1
A93	28.1±0.9	33.8±1.1	29.0±9.9	5.4±2.0	4.6±0.1	12.9±1.5
A100	13.1±1.1	29.1±1.5	31.4±1.1	17.4±1.1	5.2±0.3	21.6±1.7
A103	19.0±0.7	22.5±1.7	29.7±9.9	30.5±2.8	5.2±0.3	6.2±1.1
A106	20.8±1.5	20.8±1.6	24.3±4.0	23.8±4.7	7.0±0.0	5.2±0.1
A109	14.2±1.1	13.8±2.1	0.8±0.3	6.3±4.9	4.7±0.2	10.6±0.3
A110	14.8±4.2	31.1±11.3	36.7±25.7	26.6±8.0	7.8±0.1	8.0±0.5
A111	14.4±5.6	18.7±3.1	27.3±5.7	15.4±3.8	7.2±0.2	5.2±0.1
A112	28.7±3.8	33.4±2.9	21.4±13.7	35.9±2.4	6.8±0.2	4.8±0.2
A113	19.7±3.4	18.8±1.3	19.8±3.9	24.0±1.2	7.6±0.1	6.3±0.2
A114	32.8±6.6	25.7±3.3	13.5±1.6	53.3±8.4	5.7±0.2	7.1±0.8
A117	23.1±2.5	28.8±2.7	22.6±7.2	20.4±1.9	4.2±0.1	9.2±0.7
A118	36.6±16.7	4.5±0.6	32.1±31.8	37.0±8.4	4.5±0.2	6.6±0.4
A120	23.1±0.4	22.5±0.9	23.2±4.2	21.2±0.1	6.7±0.1	6.1±0.2
A121	31.8±2.5	8.4±1.1	27.0±4.7	28.5±3.7	6.6±0.1	7.6±0.3
A122	32.3±3.3	32.5±2.0	40.3±13.4	28.0±1.5	7.3±0.1	7.7±0.5
A123	17.3±4.2	14.8±3.0	26.9±5.3	24.1±5.8	5.3±0.1	6.8±0.2
A134	17.6±2.8	19.2±2.1	17.1±5.3	12.7±1.6	4.1±0.2	5.9±0.3

编号	相对总二级分枝个数比/%	相对地上部干重比/%	相对地下部干重比/%	相对总茎长比/%	坪用质量/分	叶片枯黄率/%
A137	19.0±2.1	22.3±1.9	15.0±4.2	19.9±4.1	3.9±0.2	6.2±0.5
A139	38.5±10.7	27.4±5.2	73.1±35.7	65.7±15.5	6.7±0.1	4.9±0.1
A141	16.5±4.5	13.6±1.8	4.2±1.2	25.8±9.8	3.5±0.2	13.3±2.5
F 值	6.5**	7.4**	4.6**	5.2**	75.7**	88.0**
平均数	29.2	30.8	26.2	30.7	4.4	18.2
变异范围/%	13.1~84.3	4.5~95.3	0.6~85.8	5.4~93.3	1.3~7.8	4.8~69.2
标准差	13.6	13.2	16.2	15.4	1.5	14.3
变异系数/%	46.6	42.8	61.8	50.2	34.1	78.6

2. 供试材料各指标间的相关性分析

从表 2-4 可以看出，供试验材料的 6 个指标之间具有一定的相关性，部分指标间可达到显著（$P<0.05$）相关或极显著（$P<0.01$）相关。相对总二级分枝个数比与相对地上部干重比相关达极显著（$P<0.01$）；相对地上部干重比与相对地下部干重比、相对总茎长比的相关达极显著（$P<0.01$），与叶片枯黄率达显著（$P<0.05$）；坪用质量与叶片枯黄率呈极显著负相关（$P<0.01$）；相对地下部干重比、相对总茎长比与除相对地上部干重比外的其他 4 个指标间相关性不显著（$P>0.05$）。

表 2-4　各指标间的相关系数

指标	相对总二级分枝个数比(C1)	相对地上部干重比(C2)	相对地下部干重比(C3)	相对总茎长比(C4)	坪用质量(C5)	叶片枯黄率(C6)
C1	1.000					
C2	0.356**	1.000				
C3	0.138	0.197**	1.000			
C4	−0.065	−0.221**	0.057	1.000		
C5	0.052	0.008	0.131	0.053	1.000	
C6	0.132	0.170*	−0.123	−0.089	−0.411**	1.000

3. 聚类分析

通过聚类将材料分为三大类，Ⅰ类为敏铝型，包括 A1、A2（对照品种）等 50 份品系（种），该类种质资源在铝胁迫下坪用价值较低，综合指标表现最差；Ⅱ类为中间型，包括 A33、A67、A14、A53、A85、A30、A88、A7、A19、A9、A10、A63、A71 和 A47，该类种质资源在铝胁迫下坪用价值表现较好，这些材料可成为今后新品种的系统选育或杂交育种的材料；Ⅲ类为耐铝型，包括 A8、A73、A37、A68、A114、A25、A32、A18、A72、A54、A59、A13、A4、A90、A56、A69、A122、A3、A58、A34、A139 和 A81，该类种质资源在铝胁迫下，相对总二级分枝个数比、相对地上部干重比、相对地下部干重比、相对总茎长比、坪用质量和叶片枯黄率均表现为最优质，这可为选育优质耐铝地毯草品种提供优良的实验材料和实验基础（图2-2、图2-3）。

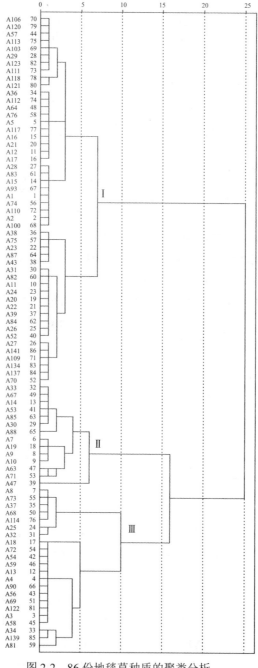

图2-2 86份地毯草种质的聚类分析

　　（a）T58（对照组）　　　　　　　　　（b）T58（处理组）

　　（c）S38（对照组）　　　　　　　　　（d）S38（处理组）

图 2-3　铝处理 28 d 后耐铝型地毯草（T58）和敏铝型地毯草（S38）（后附彩图）

4. 讨论

　　种质资源是植物育种的物质基础，草坪草育种的重要突破均与优良种质资源的发现和利用有关。我国虽然有着草种类型多样，种质资源丰富的巨大优势，但目前对草类植物铝毒害的研究报道表明，很多有潜力的草类资源并没有得到深入研究与开发利用，研究深度仍然需要提升（吴道铭等，2013）。地毯草作为耐铝性较强、广泛分布于酸土地区、种内遗传变异丰富的暖季型草坪草种（Baldwin et al.，2005；张静等，2012），其潜力并没有得到完全开发与利用。

　　在地毯草的耐铝性差异评价中，并不是 6 个性状指标都能客观地反映地毯草耐铝的能力，各指标之间存在着相互影响。对 6 个指标进行相关性分析，为下一轮地毯草耐铝性试验寻找最适宜的指标，排除互相影响深刻的多余指标，减少工作量。相关性分析结果表明，相对地上部干重比与相对总二级分枝个数比、相对地下部干重比的相关性达极显著正相关，相关系数分别为 0.356 和 0.197。因为在培养方式和外部条件相同的情况下，地毯草相对总二级分枝个数越多，与之对应，地上干重也就越大。而坪用质量与叶片枯黄率呈极显著（$P<0.01$）负相关，相关系数为–0.411，这是由于坪用质量得分以 NTEP 为标准，草坪颜色为评分标准之

一，叶片颜色对草坪坪用质量有着直观影响。叶片枯黄率增大，很大程度上降低了草坪草的坪用质量，从而使两者之间呈负相关。6 个指标中，相对总二级分枝个数对草坪坪用质量趋向于正向的影响，这是因为随着草坪草的二级分枝数增多，草坪密度增大，坪用质量得分以 NTEP 为标准，草坪密度为评分标准之一，对草坪坪用质量得分有着直观影响。指标中相对地下部干重比与除叶片枯黄率外的 4 个指标呈正相关，造成这个结果的可能原因为：铝毒害主要表现为抑制植物根系的生长（俞慧娜等，2009；唐剑锋等，2005；潘建伟，2002；尤江峰等，2005），影响水分和养分的吸收，根系受铝胁迫严重，但随着试验时间增长，根系适应铝胁迫，生长良好后，地毯草养分、水分得到足够的供养和吸收利用，地上部分进行旺盛生长，进而影响其他指标。根据 6 个指标间相关性分析，下一轮地毯草耐铝性试验，可以选择相对地上部干重比、相对地下部干重比、坪用质量作为观测指标，客观地反映地毯草耐铝的能力。

　　本书选取来自南方各省（自治区）的 85 份地毯草野生种质资源，以华南地毯草作为对照，对地毯草耐铝性进行研究。86 份参试地毯草种质资源主要分布在广东、广西、福建、云南、海南等地区，根据聚类分析结果，探索其耐铝性与生境有无联系。与生境地对照，发现 50 份敏铝型地毯草种质资源中，28 份种质资源来源于海南省，占 56.0%；22 份耐铝型地毯草种质资源中，地毯草主要分布于云南（4 份，18.2%）、广西（2 份，9.1%）、福建（2 份，9.1%）、广东（3 份，13.6%）和海南（11 份，50.0%）；14 份中间型地毯草种质资源中，地毯草主要分布于广西（2 份，14.3%）、海南（7 份，50.0%）、福建（1 份，7.1%）、云南（4 份，28.6%）。显示出不同地区的地毯草种质资源耐铝性存在一定的差异，因此地理分布可能是地毯草种质资源耐铝性存在差异的原因之一。

　　目前，地毯草的抗逆评价和育种体系正在逐步完善，其中包括耐盐性（黄小辉等，2012；廖丽等，2012）、耐旱性（席嘉宾等，2006；葛晋纲等，2004；张利等，2001）、耐阴性（罗耀等，2013）等，而其耐铝性并没有得到完全开发。与张静等（2012）、廖丽等（2011b）关于地毯草铝胁迫的研究相比，本书野生种质资源数量更多，来源更加广泛，分析结果更加精确，通过测定地毯草在铝胁迫下的形态变化，能较为系统地研究和筛选出耐铝性较强的地毯草品系，为综合评价和研究地毯草的抗逆性提供参考和借鉴。与阎君（2010）、唐剑锋等（2005）、尤江峰等（2005）种质资源耐铝性评价相比，由于测定的指标都是相对简单的形态指标，难以揭示地毯草的耐铝机制，故进一步研究地毯草的耐铝性还应更深入全面地研究和分析与耐铝性有关的分子指标。以本书的研究为基础，有利于进一步从多方面对地毯草的耐铝机制进行更深入研究，利用现代分子生物学技术，发掘新的耐铝基因，将会给草类植物铝毒害育种提供很好的依据和方法借鉴。

第三节　铝毒对地毯草种质资源营养元素吸收的影响

铝对植物养分吸收和代谢的毒害作用表现在两个方面。首先，在铝胁迫下根的伸长和根毛的形成受抑制，植物根系对营养元素的吸收受阻。其次，Al^{3+} 可与果胶质结合或与植物根表、质外体发生吸附-沉淀反应，降低根系对 $P_2O_3^{3+}$、Mg^{2+}、K^+、Ca^{2+} 的吸收（Yan et al., 2012），引发缺铁症（Fe^{3+} 向 Fe^{2+} 转变），最终降低植物对阳离子的吸收量（罗献宝等，2003；张芬琴等，1999a；Christian et al., 2005）。

前人研究结果表明，铝毒使植物对钾、钙、镁、磷等营养元素的吸收能力明显受到抑制（Foy et al., 1998）。铝胁迫分别对匍匐翦股颖（*Agrostis stolonifera*）、一年生早熟禾（*Poa annua*）和一年生黑麦草（*Lolium multiforum*）吸收钙、磷和钾的影响较大（Kuo, 1993；Rengel et al., 1992）。Rengel 发现不同基因型的一年生黑麦草对根系阳离子交换量与铝的敏感性呈显著负相关，耐铝基因型一年生黑麦草排斥 Al^{3+}，阳离子交换量较少。特别是在细胞壁的果胶质上减少了根系细胞膜上铝对吸附位点的结合，从而减轻铝对植物的毒害作用（Rengel, 1989；陈振，2015）。

根据地毯草种质资源耐铝性评价结果，选取耐铝极端类型种质资源 A58，记作 T58，敏铝极端类型种质资源 A38，记作 S38。本书以这 2 份极端类型地毯草种质为试验材料，对其耐铝性进行评价，研究耐铝及敏铝地毯草种质资源在铝胁迫下的生长状况、营养元素的吸收情况。铝处理方法与本章第二节中地毯草种质资源耐铝性评价的相同。参考 Chen 等（2009）的方法测定铝、磷、镁、钙、钾的含量。

1. 植株体内营养元素差异分析

对 T58 和 S38 进行铝胁迫研究发现，铝胁迫会抑制植株对营养元素磷、镁、钙、钾的吸收。铝胁迫后，地毯草耐铝植株和敏铝植株的相对磷、镁、钙、钾含量均发生显著下降；耐铝植株与敏铝植株地上部分的相对磷、钙、钾含量存在显著差异（$P<0.05$）（表 2-5），说明地毯草耐铝种质资源在铝胁迫下可以输送较多的磷、钙、钾到地上部分，其根系对磷、镁、钙、钾的吸收受铝毒的影响小于敏铝种质资源。

T58 相比 S38 吸收了更多的营养元素（表 2-5），在铝胁迫下，其根系可以吸收转运较多的镁、钙、钾到地上部，对营养元素的吸收受铝毒害影响较小。T58 和 S38 根系相对磷含量较高，可能是由于 Al-P 沉淀减少了磷向地上部分的运输。铝胁迫下 T58 和 S38 根系的铝含量显著高于对照，且根系的铝含量显著大于植株地上部分（表 2-6），说明铝进入植株体内后主要在根系积累，向地上部运输较少；耐铝极端类型种质资源 T58 地上部分和根系的铝含量都明显小于敏铝极端类型种质资源 S38，说明耐铝种质资源存在对铝的排斥，减少了其对铝的吸收和运输。

表 2-5 铝胁迫对 T58 与 S38 植株体内磷、镁、钙、钾含量的影响

种质资源	相对磷含量/%		相对镁含量/%		相对钙含量/%		相对钾含量/%	
	地上部	根系	地上部	根系	地上部	根系	地上部	根系
T58	78.43a	86.92a	73.96a	71.31a	80.43a	76.42a	80.45a	76.32a
S38	57.32b	85.64a	68.28a	70.08a	66.82b	63.89a	65.32b	70.89a

表 2-6 铝胁迫对 T58 与 S38 植株体内铝含量的影响（mg/g DW）

种质资源	地上部分			根系		
	对照	处理	处理/对照	对照	处理	处理/对照
T58	0.217±0.057a	0.279±0.034a	1.13	0.406±0.082a	2.263±0.408b	5.57
S38	0.225±0.064a	0.432±0.128b	1.92	0.426±0.122a	5.284±1.223b	12.41

2. 讨论

章爱群等（2010）曾采用水培法研究低磷和铝毒条件下不同基因型玉米苗期的生长状况及对磷、钾、钙、镁、铁、锌的吸收，结果表明铝胁迫下敏铝基因型玉米品种各种营养元素的吸收累积明显受抑制，且根伸长受到铝的抑制作用远大于耐铝基因型玉米品种，相对干重显著下降。耐铝基因型玉米品种地上部分和根系相对干重下降较少，其结果可与地毯草的研究结果相印证。根系是植物与环境接触的初始部位，也是受到铝胁迫的初始位点，根系铝的含量要远远大于地上部分（Kochian et al., 2004）。王水良等（2010）对马尾松体内铝积累量进行研究，结果表明活性铝通过根系进入植株后，由于植物运输和吸收的不同，铝的分布出现差异，铝多数积累于根部，根部铝含量明显高于地上部分。铝胁迫下，不同的铝浓度处理，T58 根系铝浓度均小于 S38。不同铝浓度处理下，耐铝极端类型种质资源 T58 根系的铝积累量为对照的 4～7.8 倍，敏铝极端类型种质资源 S38 根系的铝积累量为对照的 5.6～11 倍，耐铝种质资源地上部分和根系的铝含量都显著小于敏铝种质资源，表明地毯草为非铝超积累植株，推测其主要耐铝机制为体内存在的对铝的外部排斥机制，以此减少铝直接进入根系对植株造成危害。

第四节　铝胁迫下苏木精对地毯草
根尖染色差异分析

根尖外部保护鞘在植物外部排斥铝中起着很大作用。近年来，铝胁迫下根尖黏液的分泌情况逐渐受到重视。吴韶辉（2009）研究了铝胁迫下大豆根冠黏液分泌特性和耐铝机制，结果表明采用悬空培养法培养收集根冠黏液，"浙秋2号"（耐铝种质资源）相较于"浙春3号"（敏铝种质资源），可有效阻止铝经由细胞壁进入细胞内对植物产生毒害。蔡妙珍等（2008）以耐铝性有明显差异的"浙秋2号"和"浙春3号"为材料，研究根尖边缘细胞黏液分泌和比活率的变化，其中"浙秋2号"在 Al^{3+} 浓度为 $100\sim400$ μmol/L 时，"浙春3号"在 Al^{3+} 浓度为 300 μmol/L 和 400 μmol/L 时，边缘细胞比活率均呈显著差异（$P<0.05$）。随着 Al^{3+} 浓度增加和处理时间延长，两个大豆基因型的根尖黏液层增厚，边缘细胞分泌的黏液对抵抗铝毒害有着重要的生态学意义（吴韶辉，2009）。

本书以2份极端类型种质资源为试验材料，研究了铝胁迫下耐铝型及敏铝型地毯草种质资源根尖生长差异，为今后深入开展研究提供基础。试验材料同第二章第三节。

取带有一个芽的地毯草匍匐茎，用海绵包裹后插于表面打有 4 孔的泡沫板上，泡沫板架在盛有 1L 霍格兰（Hoagland）营养液的烧杯上，营养液需浸没茎节，使其水培生根。地毯草生长条件为相对湿度 75%，光照 30℃/16 h，无光照 27℃/8 h。地毯草茎段水培根长为 3.0 cm 左右时开始铝处理，将生根苗移入 0.5 mmol/L $CaCl_2$ 溶液（pH 4.0）中渗透平衡 2 h，然后进行铝胁迫，处理溶液分别为含 0 和 2.1 mmol/L $AlCl_3·6H_2O$ 的 0.5 mmol/L $CaCl_2$ 溶液（pH 4.0），12.0 h 后，采用杨野（2011）的方法进行测定。用蒸馏水漂洗地毯草根系 20 min 后，放入配置好的苏木精溶液中染色 15 min，再次用蒸馏水漂洗 20 min，使用奥林巴斯显微镜 SZX16 在 32 倍下观察染色后的根尖并拍摄图片。

1. 苏木精染色差异分析

地毯草根尖铝的积累量不同，苏木精染色程度亦不同，T58（耐铝极端类型种质资源）和 S38（敏铝极端类型种质资源）苏木精染色程度差异明显。铝胁迫 12 h 后，用显微镜在 32 倍下拍摄苏木精染色图片（图 2-4），T58 根尖顶端部分有染色，顶端向上部分染色很浅，而 S38 根尖顶端向上部分染色较深，说明此时 T58 和 S38 铝的积累主要位于根尖顶端部位；铝胁迫 24 h 后，用显微镜在 32 倍下拍摄苏木精染色图片，发现 T58 根尖染色加深，顶端向上也有着色（图 2-5），S38 整条根尖全部染色，说明耐铝极端类型种质资源 T58 的铝积累量明显小于敏铝极端类型种质资源 S38，且铝初始时积累于地毯草根尖顶端，随着铝胁迫时间的延长逐渐向上蔓延，但根尖铝积累量始终高于根的其他部位，而耐铝种质资源铝积累的数量和速度远小于敏铝种质资源。

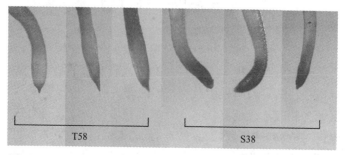

图 2-4　T58 和 S38 铝胁迫 12 h 后苏木精染色情况（后附彩图）

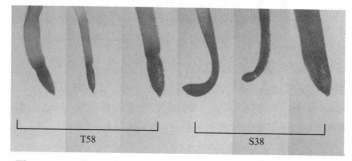

图 2-5　T58 和 S38 铝胁迫 24 h 后苏木精染色情况（后附彩图）

2. 讨论

苏木精是一种十分重要的生物学染色剂。当苏木精遇到某些二价或三价金属盐如铝盐、铁盐后，会与金属离子结合形成沉淀。试验采用苏木精染色，就是利用氧化后的苏木精与根系中的铝易形成蓝紫色沉淀的原理。地毯草根尖铝的积累量不同，苏木精染色程度亦不同，根系的染色程度越深，说明根尖积累的铝越多。

地毯草在受到铝胁迫时，铝在根系内的积累量变大，地毯草根系吸收的铝最初积累于根尖顶端。通过苏木精对根系染色发现，根尖的染色程度最深，并且随着铝处理时间的延长染色逐渐由根尖向上蔓延，染色程度加大。耐铝种质资源在铝胁迫下铝积累的数量和速度远小于敏铝种质资源。本书地毯草耐铝极端类型种质资源 T58 苏木精染色程度明显低于敏铝极端类型种质资源 S38，表明地毯草耐铝种质资源根尖铝含量明显低于敏铝种质资源，说明耐铝种质资源根尖对铝具有排斥机制，可以通过自身的耐铝机制减少铝的积累。

前人的研究也得到类似的结论。陈振（2015）对狗牙根的研究表明，根尖是植株受到铝胁迫的初始位点，铝胁迫下通过苏木精染色，发现其根尖顶端最先染色且染色程度最深，随着铝处理浓度的增加，染色范围从根尖顶端向上延伸，染色程度加大。夏龙飞等（2015）对几种豆科植物研究表明，耐铝性较强的大豆根系铝含量小于敏铝性较强的苜蓿，大豆根尖经苏木精染色后颜色很浅。

第五节　铝胁迫下有机酸的分泌

有机酸除了参与呼吸作用和光合作用外，还可以作为代谢活性物质，使渗透压和阴阳离子保持平衡。有机酸还广泛参与了各种生物胁迫和非生物胁迫（汪建飞等，2006）。分泌有机酸是植物耐受铝胁迫的机制之一（赵宽等，2016）。

铝胁迫下植物分泌有机酸，通过铝与有机酸发生螯合作用，使其生成毒性较小的结合物来减轻其毒害。铝胁迫下植物普遍分泌的有机酸种类有草酸、苹果酸和柠檬酸等（阎君，2010）。不同种类的植物分泌的有机酸种类也不尽相同。多数植物如大豆、小麦、黑麦草、柱花草等在铝处理条件下以根系大量分泌草酸、柠檬酸等来减轻铝的毒害（杨振明等，2005）。铝胁迫能明显促进小麦根苹果酸的分泌，相同铝处理浓度下敏铝种质资源根系分泌苹果酸速率显著低于耐铝种质资源（杨野等，2010）。凌桂芝等对黑麦草研究结果表明，铝浓度在 300 μmol/L以下时，根尖分泌柠檬酸、苹果酸，且随着铝处理浓度的提高，黑麦草的柠檬酸、苹果酸分泌量也显著增加（凌桂芝等，2010）。凌桂芝等对柱花草研究结果表明柱花草根系分泌柠檬酸，并且随着铝处理浓度（0～50 μmol/L）和时间（0～24 h）的增加，柠檬酸分泌量逐渐增加，表明在铝胁迫下，柱花草耐铝的重要机制之一是根系分泌有机酸（凌桂芝等，2006）。

本书在前人对地毯草的耐铝半致死浓度（廖丽等，2011b）和部分种质资源进行耐铝性评价（张静等，2012）的基础上，通过对耐铝极端类型种质资源和敏铝极端类型种质资源开展根系有机酸的分泌研究，为今后开展测序、相关基因克隆提供参考。试验材料同本章第三节。

取带有一个芽的地毯草匍匐茎，用海绵包裹后插于表面打有 4 孔的泡沫板上，泡沫板架在盛有 1 L Hoagland 营养液的烧杯上，营养液需浸没茎节，使其水培生根。地毯草生长条件为相对湿度 75%，光照 30℃/16 h，无光照 27℃/8 h。将生根后的茎段移植于装有 1 L1/5 Hoagland 营养液的塑料烧杯内，每杯 9 株，继续培养，培养期间不间断通气，2 d 更换一次营养液。28 d 后将 T58 和 S38 的植株移入 0.5 mmol/L CaCl$_2$ 溶液（pH 4.5）中培养 2 h 以平衡渗透压，在不同的处理时间后收集根系分泌液，以确定有机酸分泌种类（处理时间：24 h）、特异性分泌有机酸（处理时间：24 h）和有机酸分泌特性（处理时间：0 h、3 h、6 h、12 h、24 h 和 36 h）。具体测定步骤、方法和统计分析参考 Yan 等（2012）的方法。收集的含根系分泌物处理液用 0.45 nm 微孔滤膜过滤，利用高效液相色谱法测定。

1. 根系有机酸分泌差异分析

铝诱导根系有机酸的分泌是地毯草耐铝机制之一（李德华等，2004）。耐铝极端类型种质资源 T58 和敏铝极端类型种质资源 S38 在铝胁迫下自主分泌柠檬酸（图 2-6）和苹果酸（图 2-7），且存在 6 h 滞后期，属于有机酸分泌模式 2——延迟释放。T58 和 S38 开始分泌柠檬酸和苹果酸后，任何时期的柠檬酸和苹果酸含量差异均显著，且 T58 的分泌量始终大于 S38。铝处理 6 h 后，T58 分泌的苹果酸和柠檬酸含量迅速增加，24 h 达到最大后趋于稳定。S38 分泌的苹果酸含量在 24 h 后达到最大后趋于稳定，此时耐铝种质资源的苹果酸含量约为敏铝种质资源的 1.1～1.2 倍。铝处理 24 h 后，稳定期耐铝种质资源的柠檬酸含量约为敏铝种质资源的 2.6 倍。说明铝处理后两种类型地毯草种质资源均有柠檬酸的分泌，但是耐铝种质资源的分泌量大于敏铝种质资源。

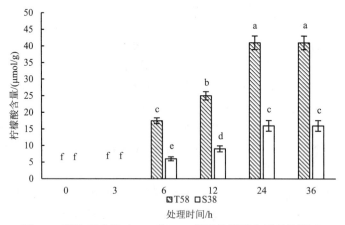

图 2-6　铝处理时间对 T58 和 S38 根系柠檬酸分泌量的影响

注：不同字母表示差异显著，下同

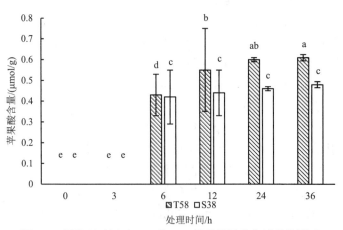

图 2-7　铝处理时间对 T58 和 S38 根系苹果酸分泌量的影响

2. 讨论

铝诱导根系有机酸的分泌，根际的铝与有机酸发生螯合作用，导致较少的铝进入细胞，降低了铝对植株的毒害作用，这是地毯草耐铝机制之一。研究结果表明，地毯草根系分泌有机酸存在 6 h 滞后期，耐铝种质资源有机酸的分泌量大于敏铝种质资源，属于有机酸分泌模式 2。T58 和 S38 开始分泌柠檬酸和苹果酸后，任何时期的柠檬酸和苹果酸含量差异均显著，且 T58 的分泌量始终大于 S38。铝处理 6 h 后，T58 分泌的苹果酸和柠檬酸含量迅速增加，24 h 达到最大后趋于稳定。S38 分泌的柠檬酸含量 24 h 后达到最大后趋于稳定。

根据铝胁迫下有机酸分泌时间的不同，有机酸分泌模式被分为快速释放（模式 1）和延迟释放（模式 2）（左方华等，2010；田聪等，2017）。左方华等（2010）采用水培方法对柱花草进行了研究，结果表明铝胁迫下柱花草根系迅速分泌柠檬酸，且与铝浓度提升和处理时间加长呈正相关。阎君等（2010）对假俭草的铝胁迫研究发现，假俭草有机酸分泌存在 6～12 h 滞后期。于力等（2013）对豇豆研究发现，豇豆根系有机酸的分泌存在 6 h 的滞后期，同地毯草一样属于有机酸分泌模式 2。

研究表明，植物有机酸分泌时间上的差异主要在于，模式 1 植物可以直接通过根尖细胞质膜的阴离子通道（杨列耿等，2011），迅速分泌有机酸到根际，而模式 2 植物存在着新蛋白质的合成或已有蛋白质活性的提高等过程。左方华等（2010）对铝胁迫下模式 1 植物柱花草根系有机酸分泌研究发现，柠檬酸分泌受阴离子通道抑制剂影响。有研究发现 AP+ 能激活小麦质膜阴离子通道（Ryan et al.，1997；刘洋，2017），使用阴离子通道抑制剂能抑制铝处理下植物根系有机酸的快速分泌（Zhang et al.，1998），推测模式 1 植物有机酸的分泌极有可能与激活质膜阴离子通道有关（陈海霞等，2017）。

模式 2 植物有机酸的分泌与新蛋白质的合成或已有蛋白质活性的提高有关（杨列耿等，2011）。尤江峰等（2005）以萹蓄和饭豆为试验材料，从对铝胁迫的响应时间、体内有机酸含量变化及阴离子通道抑制剂的影响等方面，研究铝诱导根系分泌有机酸的差异，以进一步明确铝诱导植物根系有机酸分泌的过程。其研究结果表明，铝处理不改变萹蓄根系草酸的含量，但提高饭豆根系柠檬酸的含量。萹蓄为模式 1 植物，根系在铝处理 30 min 内分泌出草酸。而饭豆为模式 2 植物，铝胁迫下，饭豆根系分泌柠檬酸存在至少 4 h 滞后期。蛋白质合成抑制剂放线酮（cycloheximide，CHM）不影响模式 1 植物萹蓄根系草酸的分泌，但抑制了铝诱导模式 2 植物饭豆根系 84% 柠檬酸的分泌，表明萹蓄不需要新蛋白质的合成，饭豆却必须有新蛋白质的合成。成酶（CS）活性的显著升高，柠檬酸分泌量持续增加。莫丙波等（2009）的研究结果也表明相同铝处理条件下，模式 2 植物大豆耐铝种质资源根尖细胞 CS 活性较高，柠檬酸分泌量高于敏铝种质资源。

第六节　铝胁迫下根系铝积累

根尖外部保护鞘在植物外部排斥铝中起着很大作用。植物根生长受抑制是受铝毒害的直接症状（黎晓峰等，2002）。铝胁迫会引起植物根尖短小膨大，根毛减少（刘洋，2017），活力下降，养分和水分吸收能力下降，从而使植物生长发育受限制（吴韶辉，2009）。从微观上看，植物根尖细胞的细胞器及细胞内代谢过程受铝毒影响。铝可以导致细胞壁硬化，质膜过氧化，与细胞质结合后还将对细胞器产成毒害，从而影响细胞内代谢活动，严重时造成细胞死亡，最终使根系生长受抑制（杨野，2011）。

本书对耐铝极端类型种质资源和敏铝极端类型种质资源开展根尖铝离子含量研究，以期为今后开展相关研究提供技术支持。试验材料同本章第三节。

取带有一个芽的地毯草葡匐茎，用海绵包裹后插于表面打有 4 孔的泡沫板上，泡沫板架在盛有 1 L Hoagland 营养液的烧杯上，营养液需浸没茎节，使其水培生根。地毯草生长条件为相对湿度 75%，光照 30℃/16 h，无光照 27℃/8 h。将生根后的茎段移植于装有 1 L 1/5 Hoagland 营养液的塑料烧杯内，每杯 9 株，继续培养，培养期间不间断通气，2 d 更换一次营养液。28 d 后将 T58 和 S38 的植株移入 0.5 mmol/L $CaCl_2$ 溶液（pH 4.5）中培养 2 h，以调节根系渗透压，最后将植株移入 0、1.5、2.5 和 3.5 mmol/L 铝处理溶液中 24 h，分别测定其根系中 Al^{3+} 的含量（黎晓峰等，2002）。

1. 根系铝含量差异分析

耐铝极端类型种质资源 T58 和敏铝极端类型种质资源 S38 在铝处理后根系铝含量均显著增加（图 2-8），且随着处理浓度的增高和处理时间的延长，积累量逐渐增大，耐铝极端类型种质资源根系铝含量增幅小于敏铝极端类型种质资源。不同的铝浓度处理，T58 根系铝含量均小于 S38 且二者均达到显著差异。耐铝极端类型种质资源在 3.5 mmol/L 铝浓度处理 36 h 后根系的铝含量约为敏铝极端类型种质资源的 73%，试验结果与铝处理后地毯草根尖苏木精染色程度互相印证，T58 根尖染色始终浅于 S38。铝胁迫下，耐铝极端类型种质资源 T58 根系的铝含量为对照的 4～7.8 倍，敏铝极端类型种质资源 S38 同浓度处理下根系的铝含量为对照的 5.6～11 倍。

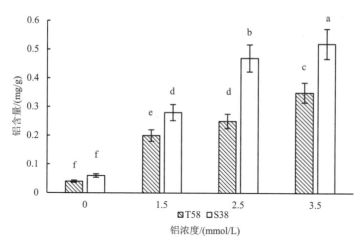

图 2-8　不同铝浓度处理后 T58 和 S38 根系铝含量

2. 讨论

陈振（2015）对狗牙根的研究表明，狗牙根在铝处理 24 h 后在皮层区域积累的铝最多，且耐铝基因型根尖的铝含量明显小于敏铝基因型。于力等（2013）对豇豆的研究结果表明，敏铝豇豆品种"S3"根尖的铝含量大于耐铝豇豆品种"T6"。夏龙飞等（2015）对几种豆科植物研究表明，耐铝性较强的大豆根系铝含量小于敏铝性的苜蓿。陈荣府等（2015）对酸性土壤中木本植物生长情况的研究结果表明，耐铝植物油茶根系高效累积铝。这些试验结果与本书试验结果保持一致，证明了耐铝种质资源根系铝积累量小于敏铝种质资源根系铝积累量。

第七节　酸性土壤种植对地毯草种质资源抗氧化系统的影响

抗氧化酶是植物体内抗氧化系统的重要组成部分，可以消除植物体内的活性氧，以避免活性氧的过量积累对植物造成伤害。其活性是植物受胁迫程度及抗氧化能力的重要指标（单长卷，2010）。细胞内的重要抗氧化酶类包括超氧化物歧化酶（SOD）、过氧化物酶（POD）、丙二醛（MDA）等。SOD 是细胞内清除活性氧系统中的重要酶，对维持植物体内活性氧的产生和清除的动态平衡起着重要的作用，从而使植物细胞免受伤害（Rubinstein et al.，2010）。POD 可有效地清除各种逆境胁迫下植物体内产生的过氧化产物（如 H_2O_2），以降低其对植物自身的毒害（Su，2015）。MDA 是膜脂过氧化作用的一种产物。由于植物在逆境条件下，细胞受自由基的毒害会发生膜脂的过氧化作用，因此 MDA 含量可以表示植物遭受铝毒害的程度。正常情况下，细胞线粒体内的活性氧代谢酶类：SOD、POD、MDA 能有效地还原细胞内产生的活性氧，使细胞内活性氧的产生和清除处于平衡状态，细胞免受活性氧伤害（张芬琴等，1999b）。植物在受逆境胁迫时，细胞内产生的活性氧含量增大，改变了活性氧的清除酶 SOD、POD、MDA 等酶类的活性，最终破坏了细胞内氧化系统平衡，使产生的活性氧对植物造成伤害（周媛等，2011；王丹等，2011）。有研究表明，通过改变活性氧代谢相关酶的活性方式，清除活性氧，最终减轻活性氧伤害是可行的。杨野等（2010）对铝胁迫下不同耐铝小麦品种活性氧代谢差异研究结果，以及李刚等（2009）对铝胁迫下不同耐铝性小麦基因型根尖抗氧化酶活性的影响研究结果都表明了铝胁迫下植物体内活性氧代谢酶类含量发生变化，氧化系统的平衡被破坏，累积的活性氧不能及时被消除，破坏了植物组织结构与功能。

本书在前人对地毯草研究的基础上（廖丽等，2011b；张静等，2012），开展地毯草植株在铝胁迫下，极端类型的种质资源耐铝性强弱与抗氧化系统的关系研究，以期分析抗氧化系统差异所在。材料同本章第三节。

取带有 3 个节的地毯草匍匐茎种入杯底穿孔的塑料杯中，每杯 4 株小苗。将种有材料的塑料杯悬于底部有 4 孔的泡沫板上，泡沫板放在蓝色小桶（6 L）上，4 个塑料杯即 4 个重复，每份品系的 4 个重复种植一个小桶，每桶盛放 5 L Hoagland 营养液，营养液需浸没杯底（陈振，2015）。营养液配比根据张静等（2012）的试验方法，去离子水配置。生长 28 d 后处理，采用廖丽等（2011b）的试验方法，以 2.1 mmol/L 的 Al^{3+} 为处理组浓度（pH 4.0±0.2），0 mmol/L 的 Al^{3+} 为对照组浓度，再次生长 28 d 后，从植株顶端向下取第 2、3 片完全展开叶进行超氧化物歧化酶（SOD）、过氧化物酶（POD）、丙二醛（MDA）和超氧阴离子自由基产生速率分析。

1. POD、MDA、SOD、超氧阴氧子自由基含量差异分析

在铝处理条件下，耐铝极端类型种质资源 T58 和敏铝极端类型种质资源 S38 的过氧化物酶（POD）（图 2-9）、超氧化物歧化酶（SOD）（图 2-10）、丙二醛（MDA）（图 2-11）含量和超氧阴离子自由基产生速率（图 2-12）均增加，其中 T58 的 SOD 含量和超氧阴离子自由基产生速率相比对照差异显著，S38 的超氧阴离子自由基产生速率相比对照差异显著。T58 的 SOD 和 POD 活性比 S38 略高，SOD 减少超氧阴离子自由基的产生，从而降低氧化胁迫产生的伤害，更能抵抗铝毒侵害。铝处理后，S38 的 MDA 含量相对较高，是由于其膜脂过氧化作用程度大，细胞受到的伤害较大，铝耐受能力减弱。

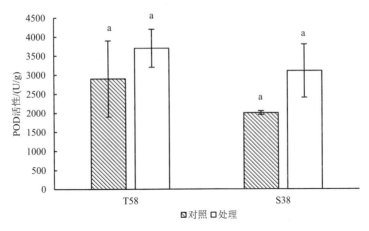

图 2-9 铝胁迫下 T58 和 S38 过氧化物酶（POD）含量的变化

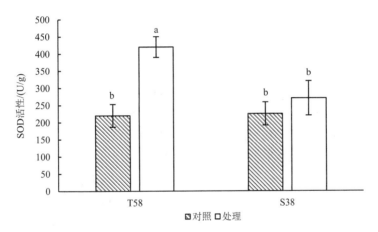

图 2-10 铝胁迫下 T58 和 S38 超氧化物歧化酶（SOD）含量的变化

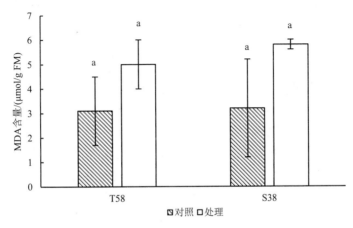

图 2-11 铝胁迫下 T58 和 S38 丙二醛（MDA）含量的变化

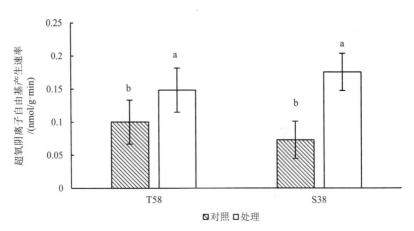

图 2-12　铝胁迫下 T58 和 S38 超氧阴离子自由基产生速率的变化

2. 讨论

超氧化物歧化酶（SOD）、过氧化物酶（POD）、丙二醛（MDA）等酶之间是相互协调的。SOD 是植物体内抗氧化胁迫的第一道防线，是反映植物的抗氧化胁迫能力的重要指标之一，作用是催化超氧阴离子自由基发生化学反应，产生 H_2O_2 和 O_2，除去超氧阴离子自由基。POD 是调控 H_2O_2 含量重要的酶，可以催化 H_2O_2 产生 H_2O 和 O_2，使植物体内 H_2O_2 含量降低，是植物体内抗氧化胁迫的第二道防线，其活性越高，植物抗氧化胁迫能力越强（单长卷，2010）。MDA 是脂质过氧化产物。细胞膜，特别是类囊体膜，含有高浓度的不饱和脂肪酸，因此很容易发生脂质过氧化反应（del Buono et al.，2011；Zhang et al.，2015），而不饱和脂肪酸能够被完全降解为乙烷和 MDA。因此，MDA 可以作为细胞膜结构完整性的良好标志（Cobb et al.，2010；Hess，2000），其含量的高低可以用来表示细胞膜脂过氧化及膜受损害程度，通常作为衡量植物抗逆性的重要指标。

若细胞活性氧代谢系统的协调性发生变化，系统失去平衡，膜脂的过氧化加剧，从而导致铝对植株伤害加重。如细胞活性氧代谢系统中 SOD 增长幅度同 POD 的增长幅度不平衡时，由 SOD 分解产生的 H_2O_2 和 O_2 无法被及时清除，导致 H_2O_2 和 O_2 结合产生毒性更大的 OH^-，从而增强了对细胞的伤害作用（刘洋，2017）。周媛等（2011）关于酸铝胁迫对栝楼根系生长及铝积累影响的研究结果表明，随着铝处理浓度升高，根系活力增大，根系质膜透性无显著变化。POD、过氧化氢酶（CAT）活性升高，SOD 活性降低，根尖相对铝含量升高。彭艳等（2006）对铝胁迫下不同小麦的 SOD、CAT、POD 活性变化进行研究，结果表明，铝胁迫条件下小麦 3 种酶活性在一定范围内随铝处理浓度的增加而上升，超出范围的高浓度铝处理会使酶活性有所下降。于力（2012）对豇豆进行研究，结果表明铝胁迫下 SOD、POD 活性都有所上升，活性氧物质大量积累，使细胞膜脂过氧化，最终严重影响根系的生长。说明 SOD、POD 活性的提高与维持是植物在铝胁迫下生存的重要生理基础（周媛等，2011）。

本书研究结果表明，在铝处理条件下，耐铝极端类型种质资源 T58 和敏铝极端类型种质资源 S38 的 SOD、POD、MDA 含量和超氧阴离子自由基产生速率均增加。T58 的 SOD 和 POD 活性相对 S38 较高，SOD 催化超氧阴离子自由基发生歧化反应生成 H_2O_2 和 O_2，从而清除超氧阴离子自由基，减少超氧阴离子的产生，减小或避免其对细胞的伤害作用，从而降低氧化胁迫产生的伤害，更能抵抗铝毒侵害。铝处理后，S38 的 MDA 含量相对较高，是由于其膜脂过氧化作用程度大，细胞受到的伤害较大，铝耐受能力减弱。说明铝胁迫导致敏铝极端类型种质资源 S38 根尖细胞过氧化，并使其质膜结构受到伤害，其 MDA 含量高于耐铝极端类型种质资源 T58。这结论与刘鹏等（2004）研究结果一致，铝处理可以显著提高大豆根 MDA 含量和质膜透性。唐新莲等（2006）研究结果也印证了这点，复合有机酸使小麦幼根电解质渗漏率下降，根尖 POD、CAT、H^+-ATPase 活性提高，且随着复合有机酸浓度的增加（浓度范围 25～200 μmol/L）影响效果增强。

第三章 竹节草种质资源的研究与评价

第一节 竹节草种质资源遗传多样性研究

竹节草（*Chrysopogon aciculatus*）又名黏人草，属于暖季型草坪草，是一种禾本科（Poaceae）金须茅属（*Chysopogon*）多年生草本，分布于世界热带和亚热带地区，纬度在 18°08′～26°59′N（胡化广等，2006），其分布主要受纬度、海拔、气候类型、降水量及年最低气温所限制，海拔 10～1000 m（白利国等，2014），在我国主要分布在海南、广东、广西等热带及南亚热带气候区域，纬度为 18°45′～26°05′N，98°05′～119°02′E，喜潮湿的热带和亚热带气候。现今世界上约有 20 种金须茅属植物，中国分布有刺金须茅（*C. echinulatus*）、金须茅（*C. orientalis*）和竹节草（2n=20）3 种。其中，竹节草因其根系发达、具葡匐茎、植株低矮、弹性好、易繁殖、蔓延快、地面覆盖能力强、成坪性好等优良特性，作为金须茅属中唯一适合作草坪草的草种，常被用于庭院、运动场和公路及水土保持的草坪建植（白昌军等，2002；白利国等，2014；陈光等，2006；陈龙兴，2007；陈守良，1997；陈小红，2007；陈煜等，2006；董厚德，2001；葛颂，1994；苟文龙等，2002）。在我国宝岛台湾，竹节草除了用在草坪外，还用在滑草场（苟文龙等，2002）。

近年来，国内外均对竹节草的一些方面进行了研究，在国外，主要从竹节草的形态学特征、生态分布及生物入侵防治等方面做了研究。在国内，陈守良（1997）调查了竹节草在中国的分布范围，郑玉忠等（2005）通过研究国内 15 份种质资源的形态多样性得出：不同形态指标间的差异显著。尽管国内外都对竹节草的形态多样性进行了研究，但我们仍需在广泛收集竹节草种质资源的基础上，进行更深层次的探讨，为培育新的优良品种提供基础。

本书采用田间试验的形式，在系统调查国内竹节草野生种群生态的基础上（图 3-1），对 86 份来源不同的竹节草野生材料的 24 个形态学性状在大田进行观察测定（表 3-1），从而明确不同来源地的竹节草种质资源之间的形态差异，为未来竹节草引种试验、品种选育及其开发利用提供参考依据。根据第一章第一节中的测定方法测定葡匐茎节间叶片长（C1）、葡匐茎节间叶片宽（C2）、直立茎节间叶片长（C3）、直立茎节间叶片宽（C4）、草层高度（C5）、葡匐茎节间长（C6）、葡匐茎节间宽（C7）、生殖枝高（C8）、花序轴长（C9）、穗柄长（C10）、花序直径（C11）、花序分层数（C12）、花序分枝数（C13）、单枝小穗数（C14）、小穗长（C15）、小穗宽（C16）、花序密度（C17）、坪用质量（C18）、密度（C19）、盖度（C20）、均一性（C21）、弹性（C22）、叶片颜色（C23）、匍匐枝长（C24）。运用 Excel 2003 对试验数据进行初步整理和分析，再用 SPSS 16.0 统计分析软件对其进行平均数差异显著性分析（LSD 检验），最后对竹节草不同材料进行聚类分析。

图 3-1　竹节草种质资源形态（后附彩图）

表 3-1　供试材料

序号	品系名	来源	序号	品系名	来源
1	CA01	海南海口	14	CA14	海南定安
2	CA02	海南琼海	15	CA15	海南儋州
3	CA03	海南东方	16	CA16	海南定安
4	CA04	海南琼海	17	CA17	海南文昌
5	CA05	海南琼海	18	CA18-1	海南儋州
6	CA06	海南琼海	19	CA18-2	海南儋州
7	CA07	海南儋州	20	CA19	海南琼海
8	CA08	海南琼海	21	CA20	海南海口
9	CA09	海南万宁	22	CA21	海南东方
10	CA10	海南万宁	23	CA22	海南昌江
11	CA11	海南万宁	24	CA23	海南三亚
12	CA12	海南儋州	25	CA25	广西岑溪
13	CA13	海南万宁	26	CA26	广东英德

序号	品系名	来源	序号	品系名	来源
27	CA27	广西贵港	57	CA58	海南五指山
28	CA28	广西北海	58	CA59	海南琼中
29	CA29	海南三亚	59	CA60	海南五指山
30	CA31	海南澄迈	60	CA61	海南五指山
31	CA32	广西来宾	61	CA62	海南琼中
32	CA33	广东肇庆	62	CA63	广西梧州
33	CA34	海南屯昌	63	CA64	海南琼中
34	CA35	云南芒市	64	CA65	广西梧州
35	CA36	广西崇左	65	CA66	海南琼中
36	CA37	海南文昌	66	CA67	福建上杭
37	CA38	海南陵水	67	CA68	广西梧州
38	CA39	广西北海	68	CA69	广西合浦
39	CA40	海南屯昌	69	CA70	广东徐闻
40	CA41	海南海口	70	CA71	广东茂名
41	CA42	海南海口	71	CA72	广西博白
42	CA43	广东英德	72	CA73	广东遂溪
43	CA44	广西龙州	73	CA74	广西合浦
44	CA45	广西大新	74	CA75	云南普洱
45	CA46	海南琼中	75	CA76	云南普洱
46	CA47	广西龙州	76	CA77	云南宁洱
47	CA48	福建长泰	77	CA78	广东廉江
48	CA49	福建平和	78	CA79	广东徐闻
49	CA50	广东翁源	79	CA80	广东遂溪
50	CA51	海南临高	80	CA81	海南临高
51	CA52	广西桂平	81	CA82	海南临高
52	CA53	广西钦州	82	CA84	海南琼中
53	CA54	广西合浦	83	CA85	海南海口
54	CA55	海南琼中	84	CA86	海南海口
55	CA56	广西合浦	85	CA87	广西岑溪
56	CA57	广西合浦	86	CA88	海南琼中

1. 竹节草形态学性状多样性

从表 3-2 可以看出，供试竹节草 24 个测定指标间的变异系数为 10.31%～98.75%，其中，C1 变异系数最高（98.75%），而 C17 的变异系数最低（10.31%），平均为 40.31%。变异系数都高于 10%，介于 10%～20% 的有 10 个指标，分别是 C10（19.59%）、C12（18.25%）、C15（16.35%）、C16（11.45%）、C17（10.31%）、C18（12.31%）、C19（11.41%）、C20（13.19%）、C21（16.26%）和 C22（19.52%）；

介于 20%~30% 的有 3 个指标，分别是 C13（23.19%）、C14（22.58%）和 C23（27.34%）；变异系数大于 30% 的有 C1（98.75%）、C2（72.12%）、C3（79.55%）、C4（63.48%）、C5（67.98%）、C6（72.18%）、C7（75.76%）、C8（79.21%）、C9（36.09%）、C11（48.18%）和 C24（52.37%）共 11 个指标。变异系数显示样本之间的差异，变异系数大于 10% 表明样本之间有较大的差异（王志勇等，2009a），本书竹节草种质资源测定指标的变异系数均在 10% 以上，表明竹节草种质资源大部分指标具有较大的变异性。以上分析说明不同指标的筛选能力不同，这为新品种选育过程中指标的筛选提供了参考。结果表明，花序密度、草层高度和花序轴长可通过系统地选育加以改良，而匍匐茎节间直径、密度、弹性、匍匐茎叶片宽等性状则相对较难改良。

表 3-2　竹节草供试材料形态学性状及其变异

编号	C1	C2	C3	C4	C5	C6	C7	C8
平均值	2.03	0.45	10.13	0.78	2.20	18.03	30.26	12.46
标准差	0.40	0.06	4.07	0.21	0.20	16.40	7.59	2.43
变异系数/%	98.75	72.12	79.55	63.48	67.98	72.18	75.76	79.21
F 值	4.49**	12.02**	7.90**	5.21**	15.59**	3.91**	8.72**	39.13**
编号	C9	C10	C11	C12	C13	C14	C15	C16
平均值	20.95	0.97	26.92	8.82	0.69	5.27	1.04	6.81
标准差	7.56	0.19	12.97	1.61	0.16	1.19	0.17	0.78
变异系数/%	36.09	19.59	48.18	18.25	23.19	22.58	16.35	11.45
F 值	40.73**	12.87**	24.12**	21.78**	21.94**	45.92**	1.12	17.64**
编号	C17	C18	C19	C20	C21	C22	C23	C24
平均值	5.72	6.74	7.01	6.52	6.21	2.10	15.80	7.16
标准差	0.59	0.83	0.80	0.86	1.01	0.41	4.32	3.75
变异系数/%	10.31	12.31	11.41	13.19	16.26	19.52	27.34	52.37
F 值	1.01	8.02**	8.83**	9.26**	7.96**	—	9.21**	12.73**

**表示极显著（$P<0.01$）（LSD），下同

2. 供试材料各指标间的相关性分析

通过对竹节草 24 个指标进行相关性分析，得到其形态学性状间的相关系数（表 3-3），可以得知，种质资源各指标间具有很高的相关性，大部分指标间的相关性均达到显著（$P<0.05$）或极显著（$P<0.01$）相关。

3. 形态学性状间的聚类分析

利用 SPSS 19.0 统计分析软件根据 24 个外部形态学性状的相关性或相似性指标进行聚类。聚类结果如图 3-2 所示，在欧氏距离 20.0 处将竹节草种质资源分为Ⅰ、Ⅱ、Ⅲ三大类。

表 3-3　竹节草形态学性状间的相关系数

	C1	C2	C3	C4	C5	C6	C7	C8	C9	C10	C11	C12	C13	C14	C15	C16	C17	C18	C19	C20	C21	C22	C23	C24
C1	1.000																							
C2	0.447**	1.000																						
C3	0.196	0.129	1.000																					
C4	−0.029	−0.006	−0.025	1.000																				
C5	0.118	0.115	0.118	−0.020	1.000																			
C6	−0.123	−0.154	−0.083	0.155	−0.140	1.000																		
C7	0.125	−0.063	0.281**	−0.026	−0.019	0.243*	1.000																	
C8	−0.014	0.158	0.151	−0.019	0.062	0.192	0.228*	1.000																
C9	0.148	0.042	0.044	−0.027	0.016	0.050	0.535**	0.266*	1.000															
C10	0.014	−0.027	−0.065	0.033	−0.027	0.104	0.091	0.336**	−0.030	1.000														
C11	0.000	0.076	0.144	−0.037	−0.071	0.128	0.051	0.118	0.034	0.133	1.000													
C12	0.091	−0.040	0.218*	−0.073	0.067	0.025	0.382**	0.297*	0.205	0.348*	0.246*	1.000												
C13	−0.074	−0.098	0.081	0.198	0.036	0.253*	0.334**	0.083	−0.046	0.249*	0.247*	0.367**	1.000											
C14	−0.024	0.015	0.212*	−0.044	−0.105	0.437**	0.366**	0.300**	0.008	0.275*	0.349*	0.402**	0.481**	1.000										
C15	−0.044	−0.021	0.008	−0.022	0.051	0.186	0.232*	0.387**	0.153	0.558**	0.242*	0.415**	0.389**	0.482**	1.000									
C16	0.051	−0.019	0.226*	0.182	−0.021	0.279*	0.278*	0.007	0.054	0.047	0.087	0.019	0.137	0.107	0.107	1.000								
C17	−0.088	−0.030	0.256*	0.179	−0.284**	0.219*	0.147	0.062	−0.042	0.044	−0.015	−0.008	0.048	0.071	−0.071	0.494**	1.000							
C18	0.071	0.044	0.219*	0.166	0.101	0.144	0.109	0.078	−0.044	0.075	0.248*	0.116.	0.283**	0.170	0.196	0.524**	0.272*	1.000						
C19	−0.027	−0.174	0.101	0.201	−0.140	0.321*	0.364*	0.028	0.047	0.214	0.207	0.216*	0.222*	0.143	0.109	0.702**	0.584**	0.404**	1.000					
C20	0.010	0.016	0.274*	0.196	0.208	0.041	0.104	0.041	0.034	−0.023	0.113	0.153	0.152	0.066	0.139	0.367*	0.179	0.774**	0.242*	1.000				
C21	0.128	0.013	0.356**	0.258*	−0.056	0.169	0.295*	−0.001	−0.007	0.086	0.147	0.186	0.274*	0.123	0.107	0.787**	0.508**	0.630**	0.724**	0.527**	1.000			
C22	−0.065	−0.022	0.022	−0.023	−0.028	0.305**	0.227*	−0.317*	0.075	0.329**	0.241*	0.396**	0.300**	0.324**	0.429**	0.100	−0.069	0.156	0.218	0.023	0.120	1.000		
C23	−0.321*	−0.217*	0.122	0.213*	−0.054	0.119	0.222*	−0.043	−0.049	−0.035	0.002	0.034	0.096	−0.066	−0.065	0.293*	0.269*	0.234*	0.381*	0.201	0.326*	0.132	1.000	
C24	−0.337*	−0.224*	−0.137	0.034	−0.075	0.125	0.131	0.087	−0.071	0.081	0.078	0.118	0.028	−0.005	0.092	0.100	−0.019	0.117	0.196	−0.051	0.021	0.341**	0.543**	1.000

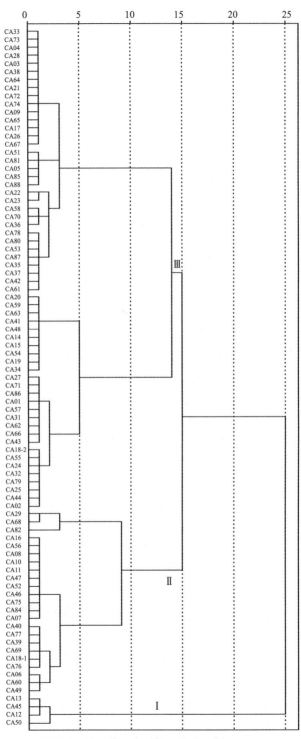

图 3-2 竹节草形态学性状聚类分析

4. 讨论

竹节草是常异交品种，种内遗传变异丰富，存在自然杂交种，不同地理来源的竹节草在形态特征和农艺性状上表现出较大的遗传变异。竹节草作为我国重要的暖季型草坪草之一，对其形态多样性的研究，可以对该草种的优良性状进行选育改良，从而得到更加适于建植草坪的草种。

形态学标记是草坪草的坪用性状，如叶长、叶宽、节间长度、草层高度、花序密度等，是利用可以观察到的性状来检测生物遗传变异。运用形态学标记来检测遗传变异最简单可行。从对种质资源外部形态指标的相关性分析和差异性分析结果中，可以看出材料间存在显著（$P<0.05$）或极显著（$P<0.01$）差异。其形态指标间均存在不同程度的相关性，其中，均一性与小穗宽之间的相关性最大，相关系数为 0.787，达极显著相关（$P<0.01$）。

目前国内外学者已对结缕草、狗牙根、竹节草等暖季型草坪草形态多样性开展大量的研究（Wang et al.，2013；王志勇，2009；黄春琼等，2010；刘建秀等，2003a，2003b，2004；廖丽等，2015），本研究中草层高度、花序直径、匍匐枝长等 14 个指标的变异系数都超过了 20%，表现出较大的变异性。廖丽等（2011a）对 28 份竹节草种质资源形态多样性的研究中大部分指标的变异系数都超过 10%，与本研究的结果一致。

聚类分析可知，此分类的主要依据为花序密度，第一类为高花序密度型（即Ⅰ类），有 CA13、CA12、CA45、CA50 共 4 份材料，这类主要特征是花序密度大，生殖枝高，匍匐枝长度较长，蔓延速度较快，能较快成坪，其在单位面积上产量潜能高；第二类为相对低花序密度型（即Ⅱ类），有 CA29、CA68、CA82 等共 23 份材料，这类主要特征是花序密度小，但种子数较多；第三类为中间型，其花序密度介于高花序密度和相对低花序密度之间（即Ⅲ类），其种质资源数量最多（59 份），这类特征主要是介于第一类和第二类之间，属于中间型。从聚类图中可以看出，不同来源地的品系出现了交叉遗传的现象，环境因素、人为因素和天气原因，都会影响聚类分析结果。

第二节　竹节草种质资源克隆生长研究

在国内，对草坪草的研究相对滞后，对暖季型草坪草研究较少，而关于适应南方地区的暖季型草坪草的研究更是显有报道（吕静等，2010）。对于草坪草的研究主要集中在草坪草抗盐抗旱性评价、引种、草坪建植技术、生态适应性评价等应用方面的研究（张彦山等，2013）。胡化广等（2005）利用生物鉴定法和叶片水分代谢指标对草坪草抗旱性做出了评价，提出在抗旱性与外部性状的关系、抗旱机制的研究、抗旱性的分子生物学研究及种质资源的抗旱性改良方面都需要加强；李珊等（2012）在前人研究的基础上以相对绿叶盖度和相对枝叶修剪干重为指标，对中国的结缕草属野生种质资源和引进的少部分国外结缕草进行了耐盐性研究，发现了很多耐盐性较强的品种，对耐盐性草坪草品种的进一步改良具有重要意义；在国外，对竹节草的研究主要集中于形态学特征、生态分布及防治入侵等。例如，Stone（1970）研究过竹节草形态学特性；Smith（1979）曾研究过竹节草的生态分布，指出竹节草主要在大洋洲、中国南部、东南亚及其他亚热带地区分布。

选育优良草坪草新品种是我国草坪业发展的一个主要方向，具有巨大的经济效益和社会效益，中国是竹节草的分布中心之一，种质资源丰富，对其种质资源的研究，对草坪的培育及经济价值有着重要的意义。本书采用盆栽法，通过分布于 5 个省（自治区）的 85 个品系和 2 个对照品系（表 3-4）的盖度、一次分枝数、二次分枝数和总分枝数 4 个指标对竹节草种质资源进行特性研究，从而确定不同品系的竹节草的差异，其中以假俭草"翠绿 1 号"（*Eremochloa ophiuroides* cv.cuilv No.1）和"TifBlair"（*E. ophiuroides* cv.TifBlair）为对照，在 2014 年 7 月 15 日到 2014 年 10 月 15 日三个月的时间通过上述 4 个指标的变化，分析不同种质资源的竹节草的生长速率，为筛选成坪速率较快的竹节草品系提供理论依据。采用 Excel 2003 和 SPSS16.0 分析软件进行数据分析。

表 3-4　85 份竹节草的来源信息

材料	来源	材料	来源
CA01	海南海口	CA20	海南万宁
CA02	海南琼海	CA21	海南定安
CA04	海南三亚	CA22	海南琼海
CA05	海南琼海	CA23	海南琼海
CA06	海南昌江	CA24	海南三亚
CA07	广西贵港	CA25	广西岑溪
CA08	海南琼海	CA26	广东英德
CA09	海南万宁	CA27	海南儋州
CA10	海南海口	CA28	海南琼中
CA11	海南白沙	CA29	广西岑溪
CA12	海南儋州	CA30	广西梧州
CA13	海南万宁	CA31	海南琼中
CA14	海南定安	CA32	广西来宾
CA15	海南儋州	CA33	广东肇庆
CA16	海南东方	CA35	云南芒市
CA18-1	海南儋州	CA36	福建长泰
CA18-2	海南儋州	CA38	海南陵水
CA19	海南琼中	CA39	广西北海

续表

材料	来源	材料	来源
CA40	海南屯昌	CA66	海南琼中
CA41	海南海口	CA67	福建上杭
CA42	海南海口	CA68	广西梧州
CA43	海南琼中	CA69	广西合浦
CA44	广西龙州	CA70	广东徐闻
CA46	海南琼中	CA71	广东茂名
CA47	广西龙州	CA72	广东博白
CA48	广西崇左	CA73	广东遂溪
CA49	福建平和	CA74	广西合浦
CA50	广东翁源	CA75	云南普洱
CA51	海南临高	CA76	云南普洱
CA52	广西桂平	CA77	云南宁洱
CA53	广西钦州	CA78	广东廉江
CA54	广西北海	CA79	广东徐闻
CA55	广西合浦	CA80	广东遂溪
CA56	广西合浦	CA81	海南临高
CA57	广西合浦	CA82	海南临高
CA58	海南五指山	CA83	海南海口
CA59	海南琼中	CA84	海南澄迈
CA60	海南五指山	CA85	海南海口
CA61	海南五指山	CA86	海南海口
CA62	海南琼中	CA87	海南三亚
CA63	广西梧州	CA88	海南琼海
CA64	广东英德	CA89	海南万宁
CA65	广西梧州		

1. 相关性分析

表 3-5 中各指标均呈现极显著相关，说明各指标总的变化趋势是一致的，一次分枝数、二次分枝数、总分枝数和盖度之间呈现极显著正相关，其中相关系数最高值为 0.970，说明二次分枝数与总分枝数相关性最大，主要是由于二次分枝数在满盆后数量增长较多，对满盆影响较大，即二次分枝数越多总分枝数越多；相关系数最低值为 0.476，说明一次分枝数与二次分枝数在极显著正相关的关系中相关性最小，为培育草坪草成坪速率提供了相关依据。

表 3-5　各指标间相关性分析

项目	一次分枝数	二次分枝数	总分枝数	盖度
一次分枝数	1.000			

续表

项目	一次分枝数	二次分枝数	总分枝数	盖度
二次分枝数	0.476**	1.000		
总分枝数	0.677**	0.970**	1.000	
盖度	0.727**	0.709**	0.796**	1.000

2. 聚类分析

采用欧式距离平均法对供试材料的 4 个主要性状进行距离分析。在欧式距离 8.5 处，可将 87 份试验材料分为Ⅰ、Ⅱ、Ⅲ三大类，Ⅰ类包括 42 份材料，所占比例最大，该类分枝数多、盖度大、成坪速度快，故可称之为快速繁殖型，此类又可分为两个小类，其中 CA14、CA18-1、CA81 三个品种的 4 个指标均表现最优，在培育竹节草草坪时可选用此类，经济价值较高。Ⅱ类包括 23 份材料，各指标均表现一般，故称之为一般繁殖型。Ⅲ类包括 22 份材料，其中含有 2 份对照竹节草品系，此类中 4 个品种各指标均表现较差，分枝数普遍较少且盖度低，Ⅲ类可分为两个小类，其中 CA61、CA67、CA70、CA87 4 个品种各指标表现最差，故Ⅲ类称之为慢速繁殖型。在培育草坪草选择品种时不推荐选用此类竹节草，经济价值较低。

3. 讨论

竹节草属于热带地区常见的草坪草品种，尤其是在海南，更为多见，种质资源优良，多用于居民区、校园及边坡绿化（Wang et al.，2015a）。本书研究的 87 份品系（包含 2 个对照品系）采集范围广，跨越热带和亚热带 5 个省（自治区），确保了研究对象的多样性。通过三个月的试验研究，发现不同品种的竹节草生长状况有所差异，同一品种内部也会存在着较小的差异。在试验过程中，可通过不同时期的草坪草的图片对比，看出不同时期生长最快、最慢和一般的竹节草品种的差别。草坪培育的优良与否与其种质资源密切相关，竹节草种质资源的克隆生长研究对培育快速繁殖型草坪有着重要的意义，因此，根据三个月对竹节草盖度、一次分枝数、二次分枝数、总分枝数 4 个指标的观察、记录和分析，为选育快速繁殖型竹节草品系提供了一定的依据。表现最优的 3 个品系分别分布在海南定安（CA14）、海南儋州（CA18-1）、海南临高（CA81），纬度相近；表现最差的 4 个品系分别分布在海南五指山（CA61）、福建上杭（CA67）、广东徐闻（CA70）、海南三亚（CA87），经纬度及海拔均有较大差异。

在相关性分析中，4 个性状间均为极显著相关，相关性系数为 0.476～0.970，说明竹节草的一次分枝数、二次分枝数、总分枝数与盖度总体变化趋势一致，相互影响极为显著，其中，二次分枝数与总分枝数相关系数最高为 0.970，说明二次分枝的数量多少对总分枝数的影响最大，在竹节草满盆的过程中，特别是满盆的后期，二次分枝数的增长最快，变化幅度大，相对于一次分枝数量的增长量而言，二次分枝数量的多少对总分枝数的影响更大，所以相关性系数也较高，其数量变化对竹节草满盆的影响也十分明显。一次分枝数与二次分枝数在极显著正相关的关系中相关性最小，相关性系数值最低，为 0.476，在竹节草满盆的过程中，一次分枝数的增长量与二次分枝数的增长量相比变化较慢，且在满盆过程中，一次分枝前期生长相对较快，但数量变化不明显，在满盆后期一次分枝增长量仍然较低但是不断伸长，且一次分枝越长生出的二次分枝数越多，直接影响总分枝数，盖度也越大，所以二次分枝数的多少与一次分枝数的相关性较小。

通过对所有供试材料进行聚类分析可以将其分为Ⅰ、Ⅱ、Ⅲ三大类，分别为快速繁殖型、一般繁殖型、慢速繁殖型。在相同条件下，Ⅰ类快速繁殖型，所占比例最大，有 42 个品种，生长力旺盛，各个指标均呈现出非常良好的生长状态，试验过程中，繁殖快速，盖度增长率高，第一次大批量竹节草出现满盆时Ⅰ类的竹节草品系种植的匍匐枝基本全部成活，一次分枝数均在 5 以上，基本出现二次分枝，且二次分枝数最高为 10，总分枝数最高为 25，盖度大，该类竹节草品系最低的盖度也高达 76%，其中 CA14、CA18-1、CA81 三个品种一次分枝数、二次分枝数、总分枝数最多，且满盆速度最快，为繁育竹节草草坪提供了优良的种质资源。Ⅱ类为一般繁殖型，在整个试验过程中，生长较为稳定，在试验第一次出现满盆现象时，该类竹节草品系的盖度在 60%～72%，一次分枝数大多为 4 或 5，二次分枝数少，大多品系二次分枝数为 0，总分枝数为 4～17，这些品系的竹节草为今后新品种的选育提供了优质的对照材料。Ⅲ类为慢速繁殖型，生长速度慢，且种植的匍匐枝成活率低，一次分枝数 3～7，只有 CA07 和 CA65 两个品系的二次分枝数为 5，其余品系二次分枝数均为 0，总分枝数最高值为 10，盖度最高为 55%（CA65），最低值仅有 25%（CA87），该类型竹节草的特点是分枝数普遍低，盖度小，繁殖速度慢，草坪坪用质量得分较低。

在试验过程中，前期进行顺利，试验进行到中期，进度缓慢。首先，摆放在试验基地大棚最边缘石台上的竹节草产生边缘效应，在长时间光照过强，温度过高，湿度过低的情况下，这些品系的竹节草出现生长密度稀疏、部分叶片发黄、生长缓慢等现象；其次，为保证所有品系的竹节草可以健康成长，在试验过程中需要对供试品种进行施肥以保证其生长过程中所需要的营养，但是由于施肥不均匀，部分竹节草因为施肥过量，出现"烧苗"现象，影响其正常生长；最后，竹节草品系生长过程中，大棚内温度过高、湿度过低，导致部分竹节草品系产生虫害，影响竹节草的正常生长，影响试验进程。这些都会导致部分竹节草生长较慢，盖度较低，影响正常的试验结果，使数据有所偏差。针对试验过程中所出现的问题，需要将处在边缘位置的供试品种移到中间位置，避免边缘效应的影响；在施肥的过程中，一定要少量多次，这样既可以保障所有品系在生长过程中的营养成分，也可以避免"烧苗"现象的发生，在施肥结束后进行充分灌溉，保证养分被吸收；要及时观察竹节草的生长情况并避免虫害的发生，发生虫害时，需要按剂量进行配置杀虫剂，对准叶片进行喷洒杀虫，保证供试品种的良好生长环境。

城市的绿化离不开草坪草的种植，而优质的种质资源对于培育草坪草品种有着极其重要的作用，不仅可以为人们提供更优质的草坪草，同时也可以创造巨大的经济价值，因此研究竹节草种质资源的克隆生长有着极大的意义。我国地理环境复杂，植物分布范围广，种质资源丰富，蕴含着丰富优质的竹节草资源，在今后的研究进程中，可以继续通过其他指标对竹节草的种质资源做进一步研究。

第三节　竹节草对铝胁迫响应及临界浓度研究

竹节草作为一种暖季型草坪草，因其具有较强的匍匐能力，一直在我国南方被用作水土保持植被和路边的护坡草（郑玉忠等，2005；廖丽等，2011a）。由于南方地区是我国酸性土壤的主要分布区，竹节草在生长过程中可能会遭受一定程度的铝毒害。为使得竹节草得到更大程度的利用，在前人研究竹节草和其他草类植物耐铝性的基础上，本书开展了竹节草铝浓度梯度的筛选和临界浓度的试验研究，以期为后期竹节草耐铝品种选育提供一定的数据参考。试验地位于中国热带农业科学院热带作物品种资源研究所热带牧草科技展示示范基地，试验为期 3 个月：4 月和 5 月为培养期，平均气温 29℃；6 月为处理期，平均气温 31℃。试验所用材料为多年选育的优良竹节草品系（CA10）。试验方法参考廖丽等（2011a，2012）、黄小辉等（2012）、张静等（2012），在处理结束后，选用叶片颜色、坪用质量和叶片枯黄率作为耐铝性评价指标。

临界浓度：用 SPSS16.0 软件对每个处理的叶片枯黄率 LF 和铝离子浓度 X（mmol/L）之间进行一元二次曲线回归分析，求解出叶片枯黄率 LF 为 50%时的铝离子浓度 X，表示为 $X_{50\%}$（Chen et al.，2009；陈静波等，2008c；胡化广等，2010）。

1. 铝胁迫对竹节草叶片颜色的影响

随着铝浓度的提高，竹节草的叶片颜色评分呈现下降趋势（表 3-6）。在0.6～2.7 mmol/L 的铝浓度胁迫下，竹节草叶片颜色评分均低于 3 分（浅绿），在1.8～2.7 mmol/L 的铝浓度胁迫下，竹节草叶片颜色评分开始低于 1.5 分，但是2.1 mmol/L 浓度下的评分是 1.6 分；在 0.3～2.7 mmol/L 浓度下，竹节草叶片颜色评分极显著低于对照组（$P<0.01$）。

2. 铝胁迫对竹节草坪用质量的影响

竹节草的坪用质量随着铝浓度的逐渐提高呈现不断下降趋势（表 3-6），其中，1.2～1.8 mmol/L 铝浓度处理组之间，2.1～2.7 mmol/L 铝浓度处理组之间，竹节草坪用质量无显著差异（$P>0.05$）。用 0.6～2.7 mmol/L 铝浓度胁迫竹节草，坪用质量评分低于 6 分，在 1.8～2.7 mmol/L 铝浓度胁迫下的竹节草坪用质量评分大都低于 4 分，2.1 mmol/L 铝浓度胁迫下的坪用质量评分虽为 4.43 分，但坪用质量也未达到可接受分数（6 分）。

表 3-6　铝胁迫 28 d 时竹节草的叶片颜色、坪用质量和叶片枯黄率

铝浓度/(mmol/L)	叶片颜色/分	坪用质量/分	叶片枯黄率/%
0	4.50±0.50aA	8.00±0.00aA	1.67±0.58fH
0.3	3.10±0.36bB	7.00±0.00bB	3.33±1.53fGH
0.6	2.43±0.40cC	5.77±0.25cC	15.00±5.00efFGH
0.9	1.93±0.12dCD	5.17±0.29dCD	21.67±2.89eEFG
1.2	1.87±0.12deD	4.83±0.29deDE	28.33±2.89deDEF
1.5	1.77±0.25deD	4.67±0.29deDE	38.33±7.64cdCDE
1.8	1.50±0.00eDE	3.77±0.25eEF	57.77±9.50bcCD
2.1	1.60±0.53deD	4.43±0.40fFG	55.00±5.00bBC
2.4	1.00±0.00fEF	3.50±0.50fG	68.33±8.08aAB
2.7	0.93±0.12fF	3.27±0.46fG	75.00±5.00aA

3. 铝胁迫对竹节草叶片枯黄率的影响

随着铝浓度的提高，竹节草叶片枯黄程度逐渐加深（表 3-6、图 3-3）。在 0～0.6 mmol/L 铝浓度胁迫下，竹节草叶片枯黄率未超过 15%。在 0～1.5 mmol/L 铝浓度胁迫下，叶片枯黄率普遍低于 40%。1.8～2.7 mmol/L 铝浓度胁迫下的竹节草叶片枯黄率超过 50%，最高达 75%，且与对照组呈极显著（$P<0.01$）差异，但在 2.1 mmol/L 浓度下叶片枯黄率为 55%。

4. 各指标间的相关性分析

各指标间相关性均达到极显著水平（$P<0.01$）（表 3-7）。其中，叶片颜色与坪用质量呈正相关性（$r=0.978$）；叶片颜色与叶片枯黄率呈极显著（$P<0.01$）负相关（$r=-0.869$）；坪用质量与叶片枯黄率呈极显著负相关（$r=-0.931$）（$P<0.01$）。

表 3-7　各指标之间的相关系数

指标	叶片颜色	坪用质量	叶片枯黄率
叶片颜色	1.000		
坪用质量	0.978**	1.000	
叶片枯黄率	−0.869**	−0.931**	1.000

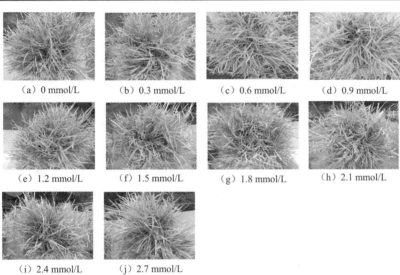

（a）0 mmol/L　　（b）0.3 mmol/L　　（c）0.6 mmol/L　　（d）0.9 mmol/L

（e）1.2 mmol/L　　（f）1.5 mmol/L　　（g）1.8 mmol/L　　（h）2.1 mmol/L

（i）2.4 mmol/L　　（j）2.7 mmol/L

图 3-3　10 个铝浓度处理梯度下的竹节草生长状况（28 d）（后附彩图）

5. 临界浓度计算

以竹节草在不同铝浓度胁迫 28 d 后的叶片枯黄率为因变量，以铝浓度作为自变量建立回归方程：$LF=0.0345+21.2541X+2.6010X^2$（$r=0.9915$，$r_{0.01}=0.9979$）。参照黄小辉等（2012）、Chen 等（2009）和张淑侠等（2004）试验，以叶片枯黄率为 50% 作为竹节草存活的临界铝浓度，得出竹节草具有 50% 存活的临界铝浓度为 1.909 6 mmol/L。

6. 讨论

在我国南方，红壤地中本身含有大量金属元素，为植物铝毒害创造了先天条件（褚晓晴等，2012）。减轻铝对植物的影响，更大程度地利用、改良酸性土壤，成为越来越多研究者关注的焦点。关于植物耐铝方面的研究显示，铝毒害首先作用于根部，大量的铝积累在根系上，影响根系的伸展，阻碍营养分子的运输，最终作用于地上部分，从而使得光合作用等受影响，然后又反作用于地下部分，往复循环（褚晓晴等，2012）。本书在参考廖丽等（廖丽等，2011a）、胡化广等（2010）的试验方法基础上，采用外观质量评定法（叶片颜色、坪用质量、叶片枯黄率）较为直观地对植物耐铝性进行分析。相比较其他草坪草的耐铝性方面的研究，竹节草还未开展此类研究，因此，本书对竹节草种质资源的临界浓度进行了筛选。

研究表明，在不同浓度的铝胁迫下评定竹节草的不同指标存在显著（$P<0.05$）或极显著（$P<0.01$）差异。在从低到高的铝浓度梯度处理下，叶片枯黄率呈上升走势，叶片颜色、坪用质量的评分都是呈现下降走势。叶片枯黄率作为影响植物生长优劣的主要指标，可以较为直观地评价不同铝浓度对竹节草的影响程度。但叶片颜色和坪用质量也会影响叶片枯黄率的目测打分，如 1.8 mmol/L 铝浓度胁迫下的竹节草视觉上优于 2.7 mmol/L 铝浓度胁迫下的竹节草（图 3-3）。因为1.8 mmol/L 铝浓度胁迫下的竹节草属于扩张式生长，分枝数相对较多，叶片颜色评分接近浅绿等级；2.7 mmol/L 铝浓度胁迫下的竹节草集中式生长，叶片颜色评分在黄绿等级，从而使得视觉效果存在一定的差异，此外这也佐证了此次试验所采用的各指标间存在相关性。各指标（叶片颜色、坪用质量和叶片枯黄率）之间相关性均达到极显著水平（$P<0.01$），叶片枯黄率与叶片颜色、坪用质量分别呈负相关，相关系数分别为–0.869 和–0.931。临界铝浓度的确定（$X_{50\%}$=1.9096 mmol/L）可为后期竹节草大量种质资源耐铝性评价奠定基础。

第四节　竹节草种质资源水分利用效率评价

由于人口数量的增长，城市规模的不断扩张，经济迅速发展和气候的急剧变化，水资源短缺这一问题已在全球范围内加剧，成为全球关注的焦点。干旱胁迫也严重影响了草坪草的生长。在这种背景下，筛选出具有高水分利用效率的优良草坪草野生种质资源，培育出具有优良节水抗旱性状的草坪草品种，以应对目前水资源的匮乏，就成了我国草坪业发展的一个主要方向（郑玉忠等，2006）。

以水分利用效率（water use efficiency，WUE）为测定指标对竹节草品系的抗旱性进行测定，具有方便快捷的优点。水分利用效率是最具节水能力的性状指标之一（王志勇，2009）。中国工程院院士山仑指出，提高水分利用效率及挖掘植物自身的抗旱节水潜力可视为实现节水增产的关键环节和潜力所在。在选育节约灌溉用水的草坪草种时，WUE 是关键参数之一（Condon et al.，2004），目前已有许多关于草坪草水分利用效率的研究。韩建国等（2001）对 5 种常见草坪草的蒸散量及抗旱性进行对比试验，发现在水分胁迫时，暖季型草坪草的抗干旱能力较强；胡化广等（2006）研究结果表明供试材料蒸散量差异显著；孙莉（2011）采用持续断水干旱胁迫的方法，从 403 份狗牙根种质资源中筛选出 10 份优良品种，进一步测定其各项生理生化指标，进而对其作出综合评价；郑玉忠（2004）在竹节草资源调查和收集时，发现竹节草抗旱能力高于地毯草、假俭草等暖季型草种，且竹节草种质资源抗旱能力存在显著差异。

本书主要研究了竹节草种质资源的抗旱性。以 WUE 为测定指标对竹节草品系的抗旱性进行初步评价，研究其种内变异情况，并初步筛选出具有优良抗旱性的品种。为进一步培育节约灌溉用水这一重要特点的竹节草品种提供理论基础。

参考胡化广等（2006）对结缕草蒸散量评价的试验，将 67 份剪下的试验材料的葡匐茎段种植于高 23 cm、直径 24 cm 的圆柱体塑料盆中，底部有圆孔以排水，每盆内种植的葡匐茎段均为 5 个，并填充适量的基质。整个生长周期为三个半月，以保证试验材料的盖度均达到 100%。在此期间，每两天充分浇水一次，保证浇湿浇透，直至有水从底部圆孔渗出。由于基质能够提供的营养物质有限且肥力逐渐减弱，因此不定期的喷施复合肥，撒施氮肥，以保证竹节草的正常生长。另外，由于基地大棚内温度较高，会导致蚜虫的滋生，对竹节草的生长产生较大的影响，需定期喷施农药啶虫脒以杀灭蚜虫。整个试验期间的温度变化范围为 20.0～50.0℃，平均为 29.0℃，湿度变化范围为 16.0%～72.0%，平均为 59.5%。

对供试材料进行修剪至距盆口 4 cm 处，将剪下的叶片移出后再浇水，直到底部渗透，即达到基质土壤最大持水量。以 3 d 为一个测定周期，两次称重，第一次于第一天上午 8 点，第二次于第三天下午 4 点，两次重量的差值即为这 3 d 的蒸散水的质量。第二次称量结束后，充分浇水，直至达到基质土壤最大持水量为止，为下一次的试验周期做好准备。试验共进行 10 个周期，结束后再将供试材料修剪至距盆口 5 cm 处。然后将剪下的叶片，放入 75℃烘箱中充分烘干，称量干物质重量（DW）进行记录。WUE 的计算公式如下：WUE=DW/W，DW 表示干物质重量，W 表示一段时间内的水分蒸散量（张欣怡，2016）。使用 SAS 软件及 SPSS19.0 软件进行方差分析，新复极差法（SSR）进行多重比较及回归分析。

1. 水分利用效率分析

供试竹节草品系间的 WUE 变异范围为 0.28%（CA23）～1.22%（CA23），平均为 0.67%，变异系数 14.68%（表 3-8），以方差分析和新复极差法（SSR）进行多重比较，如表 3-9。结果表明：供试材料的 WUE 差异显著。

2. 供试材料水分利用效率变异分析

各省份供试竹节草品系间水分利用效率平均值为：海南（0.59%）>福建（0.53%）>广西（0.49%）=广东（0.49%）>云南（0.48%）；变异系数的顺序为：广东（14.29%）>海南（13.56%）>广西（12.24%）>福建（9.43%）。海南省的优良品系的水分利用效率变异范围为 0.28%～1.22%，而其他省的品种变异范围为 0.28%～0.78%，海南的优良品系的变异系数（13.56%）略大于广西的品系（12.24%）（表 3-10）。

3. 供试竹节草水分利用效率与经纬度的二元回归分析

二元回归分析结果表明，测试的竹节草水分利用效率与经纬度没有显著的相关关系：$Y=1.456-0.009X_1$（$R=0.131^{NS}$）；$Y=0.687-0.009X_2$（$R=0.153^{NS}$）。X_1 代表经度；X_2 代表纬度；Y 代表水分利用效率；NS 代表无相关性，即竹节草水分利用效率与其地理位置无显著相关性。

表 3-8　供试材料地理分布及其水分利用效率

材料	来源	水分利用效率 WUE/%	材料	来源	水分利用效率 WUE/%
CA01	海南海口	0.64±0.15FCKEJGIDH	CA40	海南屯昌	0.41±0.13MLNKSQRPO
CA02	海南琼海	0.53±0.07MFLNKJGIQRPHO	CA41	海南海口	0.36±0.01SQRPO
CA03	海南东方	0.72±0.06FCEGD	CA42	海南海口	0.28±0.02S
CA04	海南三亚	0.42±0.06MLNKSJQRPO	CA43	海南琼中	0.62±0.04FLCKEJGIDH
CA05	海南琼海	0.35±0.05SQRPO	CA44	广西龙州	0.63±0.14FLCKEJGIDH
CA06	海南昌江	0.55±0.05MFLNKEJGIQDPHO	CA46	海南琼中	0.47±0.14MLNKSJIQRPHO
CA07	广西贵港	0.28±0.00S	CA47	广西龙州	0.53±0.07MFLNKJGIQRPHO
CA08	海南琼海	0.52±0.09MLNKJGIQRPHO	CA48	广西崇左	0.35±0.05SQRPO
CA09	海南万宁	0.69±0.04FCEGDH	CA49	福建平和	0.51±0.04MLNKSJGIQRPHO
CA10	海南海口	0.57±0.09MFLNKEJGIDHO	CA50	广东翁源	0.30±0.00SR
CA11	海南白沙	0.48±0.07MLNKSJIQRPHO	CA51	海南临高	0.73±0.06FCEGD
CA12	海南儋州	0.84±0.05CB	CA52	广西桂平	0.36±0.05SQRPO
CA13	海南万宁	0.35±0.05SQRPO	CA53	广西钦州	0.36±0.04NSQRPO
CA14	海南定安	0.60±0.06MFLKEJGIDH	CA54	广西北海	0.63±0.15FLCKEJGIDH
CA15	海南儋州	0.61±0.07FLCKEJGIDH	CA55	广西合浦	0.60±0.12MFLNKEJGIDH
CA18-1	海南儋州	0.76±0.12FCEBD	CA56	广西合浦	0.78±0.11CBD
CA18-2	海南儋州	0.61±0.05MFLKEJGIDH	CA57	广西合浦	0.35±0.00SQRPO
CA19	海南琼中	0.64±0.01FCKEJGIDH	CA58	海南五指山	0.39±0.12MLNSQRPO
CA20	海南万宁	0.63±0.13FLCKEJGIDH	CA59	海南琼中	0.68±0.16FCEGIDH
CA21	海南定安	1.15±0.18A	CA60	海南五指山	0.43±0.02MLNKSJQRPO
CA22	海南琼海	0.32±0.07SQRP	CA61	海南五指山	0.56±0.03MFLNKEJGIDPHO
CA23	海南琼海	1.22±0.20A	CA62	海南琼中	0.37±0.02NSQRPO
CA24	海南三亚	0.52±0.15MLNKSJGIQRPHO	CA63	广西梧州	0.44±0.04MLNKSJIQRPO
CA26	广东英德	0.55±0.11MFLNKEJGIQDPHO	CA64	广东英德	0.44±0.04MLNKSJIQRPO
CA28	海南琼中	0.77±0.09CEBD	CA65	广西梧州	0.48±0.03MLNKSJIQRPO
CA29	广西岑溪	0.35±0.07SQRPO	CA67	福建上杭	0.55±0.09MFLNKEJGIQDPHO
CA31	海南琼中	0.55±0.04MFLNKEJGIQPHO	CA68	广西梧州	0.68±0.03FCEGIDH
CA32	广西来宾	0.61±0.03MFLCKEJGIDH	CA69	广西合浦	0.66±0.06FCEJGIDH
CA33	广东肇庆	0.32±0.04SQR	CA70	广东徐闻	0.63±0.09FLCKEJGIDH
CA35	云南芒市	0.48±0.07MLNKSJIQRPHO	CA71	广东茂名	0.49±0.12MLNKSJGIQRPHO
CA36	福建长泰	0.54±0.02MFLNKJGIQPHO	CA72	广西博白	0.51±0.05MLNKSJGIQRPHO
CA39	广西北海	0.34±0.01SQRPO	CA73	广东遂溪	0.48±0.05MLNKSJIQRPHO

续表

材料	来源	水分利用效率 WUE/%	材料	来源	水分利用效率 WUE/%
CA74	广西合浦	0.64±0.07FCKEJGIDH	CA80	广东遂溪	0.70±0.06FCEGDH
CA78	广东廉江	0.49±0.07MLNKSJGIQRPHO			
平均值	—	—	—	—	0.67
变异系数	—	—	—	—	14.68

注：不同字母表示差异极显著（$P<0.01$）

表 3-9　供试材料水分利用效率方差分析

变异来源	自由度	平方和	均方	F 值	$F_{0.05}$	$F_{0.01}$
区组间	2	0.01	0.005	0.65	1.59	4.78
处理间	68	6.81	0.097	12.45**	1.41	1.65
误差	136	1.09	0.008			
总变异	206	7.91				

表 3-10　供试材料水分利用效率变异分析

地区	数量/份	WUEL 平均值/%	变异范围/%	变异系数 CV/%
海南省	35	0.59	0.28～1.22	13.56
广西壮族自治区	19	0.49	0.28～0.78	12.24
广东省	9	0.49	0.32～0.63	14.29
福建省	3	0.53	0.51～0.55	9.43
云南省	1	0.48	—	—
全部供试材料	67	0.54	0.28～0.95	33.8

4. 讨论

目前，随着草坪草绿化面积的不断增大，城市绿化用水变得越来越紧张，因此，开展草坪草的节水性及其优良抗逆的种质资源筛选显得尤为重要。竹节草广泛生长在中国热带地区，生态环境复杂，导致了多种生态类型的形成，以及丰富的遗传基因多样性（郑玉忠，2004）。草坪草的蒸散过程是一个非常复杂的过程，不同的研究条件下会得出不同的结论，甚至结论之间可能会有很大的偏差。本试验是在相对封闭的塑料大棚内进行的，相比于开放的大田环境，温度偏高，湿度偏低，而且人为管理的方式保证了竹节草品系的水分供应充足，病虫害的及时防治，营养元素的适量补给，有效地降低了开放大田环境中逆境对竹节草品系蒸散量的影响，因而，本试验所测得的蒸散量可能会比大田的要高一些。另外，在水分充足条件下测得的蒸散量并不能等同于大田间的实际蒸散量，而是草坪草的潜在蒸散量。因此，竹节草品系在大田环境中，或在不同水分管理条件下的水分利用效率还有待于进一步的研究（白昌军等，2002）。影响蒸散量的气象因子有很多，如温度、降水、太阳辐射、风等，因而草坪草的蒸散量是会随着这些气候因素的变化而变化的（胡化广等，2006）。据此，我们可以把灌水时间定在傍晚时分，因为傍晚时分温度较低，湿度较高，蒸散量较小，并在高温低湿日照强的气候条件时加大灌水量，以这种方式对草坪进行养护，不仅可以保证草坪草对水分的充分利用，保障草坪草的正常生长，还能达到节水、高效用水的目的。WUE 仅作为选择抗旱性品种的重要参考指标之一（胡化广等，2006），由此得出的试验结论显然还存在着讨论空间。

结果显示出，竹节草品种之间的水分利用效率变异系数很大，来自海南省的供试材料的水分利用效率比来自其他省（自治区）的高，变异系数更大。不同省（自治区）的竹节草材料水分利用效率存在显著差异，由于 WUE 和遗传物质基础相关（Farquhar et al.，1984），我们可以通过节水性状的评价和筛选，培育出优良且节水性强的品种，进而在生产上加以推广应用。

回归分析结果表明：竹节草水分利用效率与经纬度无显著相关性。这可能和供试材料样本数不充分，地理跨度不够有关。CA23、CA21、CA28 等表现出较高的水分利用效率，适合作为培育抗旱品种的材料。

本书测定了竹节草蒸散量及干物质量，通过计算，进而初步评定了竹节草品种间的水分利用效率差异，为竹节草高水分利用效率的遗传改良提供了理论信息，具有重要的参考价值和意义。

第五节　竹节草对盐胁迫响应及临界浓度研究

土地盐渍化是一个全球性的生态问题，是土地荒漠化和耕地退化的主要原因之一，是人类目前面临的危机之一。近年来，随着建坪地的不断扩大，人们越来越多地关注草坪草对盐胁迫的适应性，以及提高草坪草的耐盐能力和草坪质量方面的研究（陈静波等，2008b；Chen et al.，2009）。目前，国内外学者对植物的耐盐性有了一定的研究，主要体现在盐分对植物的伤害、植物耐盐机制、克隆与耐盐相关的基因并进行基因转化和部分冷季型草坪草耐盐性等方面（李辉等，2007），而对于热带草坪草的研究甚少（黄小辉等，2012）。

在开展竹节草种质资源的收集、整理和评价的基础上，开展竹节草耐盐性方面的研究，可为筛选耐盐竹节草新品种选育提供基础。本书通过不同的评价指标研究竹节草对盐胁迫的响应及临界浓度，为今后大批竹节草种质资源的鉴定和筛选奠定了一定的基础。试验所用竹节草是多年选育的优良品系（CA10），具有较高的抗逆性和坪用价值。参考黄小辉等（2012）、胡化广等（2010）的试验方法，在处理结束后，选用叶片颜色、坪用质量和叶片枯黄率作为观测指标。

1. 盐胁迫对竹节草叶片颜色的影响

竹节草在不同盐浓度胁迫下，随着浓度的提高，竹节草的叶片颜色评分呈现下降趋势（表3-11）。在0~105 mmol/L的盐浓度胁迫下，竹节草叶片颜色评分均高于140~315 mmol/L的盐浓度胁迫下的竹节草叶片颜色评分。在70~315 mmol/L盐浓度胁迫下，竹节草叶片颜色评分与对照差异显著（$P<0.05$）或极显著（$P<0.01$）；在315 mmol/L盐浓度胁迫下，叶片颜色评分低于对照，95%的叶片变为黄色或褐色，远低于可接受的评分标准。

2. 盐胁迫对竹节草坪用质量的影响

竹节草的坪用质量随着盐浓度的逐渐提高呈现不断下降趋势（表3-11）。35~315 mmol/L盐浓度处理组的竹节草坪用质量与对照呈极显著（$P<0.01$）差异，盐浓度高于70 mmol/L时坪用质量分数低于6.0分。280~315 mmol/L盐浓度胁迫下的竹节草死亡率较高，坪用质量评分低于3分（表3-11）。

表3-11 盐胁迫（28 d）对竹节草叶片颜色、坪用质量和叶片枯黄率的影响

盐浓度/(mmol/L)	叶片颜色/分	坪用质量/分	叶片枯黄率/%
0	6.4±0.00aA	6.8±1.04aA	5.0±0.00fE
35	6.1±0.29abAB	6.4±0.50bB	4.0±1.00fE
70	6.1±0.25bAB	5.7±0.29cC	14.3±4.04efE
105	5.9±0.50bB	5.6±0.69cC	19.3±5.13efE
140	5.2±0.29cC	5.3±0.24dD	28.3±7.63deDE
175	5.1±0.79cC	5.3±0.10dD	48.3±3.40bcCD
210	4.2±0.29dD	4.8±0.25eE	51.0±3.23cdCD
245	3.1±0.36eE	3.7±0.28fF	65.0±2.91bBC
280	2.7±0.76fE	1.8±0.25gG	85.0±5.00aAB
315	1.0±0.80gF	1.4±0.40hH	95.0±5.00aA

3. 盐胁迫对竹节草叶片枯黄率的影响

0~175 mmol/L盐浓度胁迫下，竹节草叶片枯黄率都低于50%。175~315 mmol/L盐浓度胁迫下的竹节草叶片枯黄率与对照呈现极显著（$P<0.01$）差异。在0~35 mmol/L和70~105 mmol/L盐浓度胁迫下，竹节草叶片枯黄率分别低于10%和20%，而在280~315 mmol/L盐浓度胁迫下，竹节草叶片枯黄率为85%~95%。

4. 各指标之间的相关性分析

各指标之间都达到极显著相关（$P<0.01$）。其中叶片颜色与坪用质量呈正相关性（0.964），叶片枯黄率与叶片颜色和坪用质量都呈负相关性。叶片颜色和叶片枯黄率之间的相关性达到-0.968，呈极显著（$P<0.01$）负相关。坪用质量与叶片枯黄率相关性为-0.961，达到极显著水平（$P<0.01$）（表3-12）。

表 3-12　各指标之间的相关系数

指标	叶片颜色	坪用质量	叶片枯黄率
叶片颜色	1.000	0.964**	−0.968**
坪用质量		1.000	−0.961**
叶片枯黄率			1.000

5. 耐盐阈值计算

试验分别以竹节草不同盐浓度胁迫 28 d 后的叶片枯黄率作为因变量,以盐浓度作为自变量建立回归方程,求得盐胁迫 28 d 后的盐浓度与叶片枯黄率的一元二次回归方程: $LF=2.867268+0.1049307X+0.000616574X^2$($R=0.9915$,$R_{0.01}=0.8555$)。参照黄小辉等(2012)、胡化广等(2010)、Chen 等(2009)、张淑侠等(2004)的试验,以叶片枯黄率下降 50% 作为竹节草存活临界盐浓度,得出竹节草具有 50% 存活临界盐浓度为 207 mmol/L。

6. 讨论

植物的抗盐性不仅在种属间存在差异,同一属植物的不同种群甚至不同个体间也存在显著差异(廖丽等,2012)。植物生长的极限盐度是指植物生长在该盐度的范围内,50% 以上的植物能正常生长,超过该盐浓度时 50% 以上的植物生长受到抑制,产量下降,即植物正常生长的外界最大盐浓度范围(王文婷等,2012)。土壤盐分是影响植物生长的主要因素之一。植物体内盐离子的不断积累,使植物叶片受到伤害呈枯黄状。草坪草在受到盐胁迫时会出现不同程度的黄化现象,甚至死亡。主要通过外部形态指标(叶片枯黄率、死亡率等)、生长量指标(根系生长量、根系长度、发芽率等)、生理指标(渗透势、叶绿素、保护酶等)等来判别植物的耐盐性(陈静波等,2008b)。

土壤盐渍化的加剧,使得国内外学者对草坪草种质资源的收集、评价、育种等研究更加关注。竹节草作为重要的暖季型草坪草种之一,学者们对其亦做了一定的研究(郑玉忠等,2005,2006;廖丽等,2011a),研究结果都显示竹节草种内存在着丰富的遗传多样性。目前,竹节草的研究仍处于初步阶段,为更好地利用竹节草需对其进行更深入的研究。

本书以叶片颜色、坪用质量及叶片枯黄率作为指标,初步评价了竹节草对盐胁迫的影响差异,结果表明,随着盐处理浓度的提高,叶片颜色、坪用质量的评分呈下降趋势,而叶片枯黄率呈上升趋势。叶片枯黄率越高,说明其存活适应能力越差,相应的叶片颜色和坪用质量也越差。不同指标(叶片颜色、坪用质量和叶片枯黄率)之间相关性达到极显著($P<0.01$)相关,叶片颜色、坪用质量与叶片枯黄率分别呈负相关性,相关系数分别为−0.968 和−0.961(表 3-12)。

不同盐浓度胁迫下,竹节草耐盐性随着盐浓度的提高而呈现下降趋势,且叶片枯黄率更低（表 3-11）。这些结果基本上和其他草坪草耐盐性鉴定的趋势基本一致（Chen et al.，2009；席嘉宾，2004；王秀玲等，2010）。这可为今后鉴定竹节草种质资源耐盐性提供一定的参考价值，亦可为选育出耐盐性强的草坪草新品种和耐盐育种的亲本材料提供试验依据。

第六节 竹节草种质资源耐盐性评价

因全球水资源缺乏，对土壤的灌溉多采用再生水、海水、含盐量大的地下水和盐湖水，同时，冬季融雪盐的使用造成次生土壤盐渍化程度不断加深（陈静波等，2009）。土壤盐渍化是因为土壤中含有较多的盐碱成分，使得土壤的物理、化学性质发生改变进而作用于植被生境，使植物不能正常生长，甚至死亡。

本书从 80 余份竹节草种质资源中，筛选出 64 份优良的竹节草种质资源（表 3-13），对竹节草种质资源耐盐性进行初步评价，以期选育出优质耐盐的种质资源。参照张静等（2014a，2014b）的水培法对 64 份竹节草进行预培养 2 个月。2 个月后，根据前期竹节草临界浓度筛选试验的研究结果，以 245 mmol/L 的 NaCl 为处理浓度，营养液 pH 为 4.0±0.2。处理前统一沿泡沫板的四周修剪。为减少 NaCl 的冲击效应，在做统一处理前每天分别以 35 mmol/L、70 mmol/L、105 mmol/L、140 mmol/L、175 mmol/L、210 mmol/L 和 245 mmol/L 7 个逐渐增加的 NaCl 浓度连续处理 7 d，缓休 1 d 之后，再以 245 mmol/L 的 NaCl 浓度处理 28 d，处理期间不断通气，每隔 5 d 换一次营养液，每天调节 pH 为 4.0±0.2。参考张静等（2012）的试验方法，在处理结束后，选用相对地上部干重比、相对地下部干重比、叶片枯黄率、相对叶片颜色、相对坪用质量为观测指标。

表 3-13 供试竹节草的来源

编号	来源	编号	来源
CA01	海南海口	CA12	海南儋州
CA02	海南琼海	CA13	海南万宁
CA03	海南东方	CA14	海南定安
CA05	海南琼海	CA15	海南儋州
CA07	广西贵港	CA16	海南东方
CA08	海南琼海	CA17	海南文昌
CA09	海南万宁	CA18	海南儋州
CA10	海南海口	CA19	海南琼中
CA11	海南白沙	CA20	海南万宁

编号	来源	编号	来源
CA21	海南定安	CA49	福建平和
CA22	海南琼海	CA50	广东翁源
CA23	海南琼海	CA51	海南临高
CA24	海南三亚	CA52	广西桂平
CA25	广西岑溪	CA53	广西钦州
CA26	广东英德	CA54	广西北海
CA27	海南儋州	CA55	广西合浦
CA28	海南琼中	CA56	广西合浦
CA29	广西岑溪	CA57	广西合浦
CA31	海南琼中	CA59	海南琼中
CA32	广西来宾	CA60	海南五指山
CA33	广东肇庆	CA61	海南五指山
CA34	海南屯昌	CA62	海南琼中
CA36	福建长泰	CA63	广西梧州
CA37	海南文昌	CA64	广东英德
CA38	海南陵水	CA65	广西梧州
CA39	广西北海	CA66	海南琼中
CA40	海南屯昌	CA67	福建上杭
CA43	海南琼中	CA68	广西梧州
CA44	广西龙州	CA69	广西合浦
CA46	海南琼中	CA70	广东徐闻
CA47	广西龙州	CA73	广东遂溪
CA48	广西崇左	CA78	广东廉江

1. 供试材料各指标间多重分析

64份竹节草种质资源间的相对地上部干重比、相对地下部干重比、叶片枯黄率、相对叶片颜色和相对坪用质量的多重比较显示出显著差异（$P<0.05$）或极显著差异（$P<0.01$），能比较出各品种间的耐盐性差异。相对地上部干重比、相对地下部干重比、叶片枯黄率、相对叶片颜色和相对坪用质量的变异系数分别是20.64%、33.49%、35.18%、39.92%和43.40%（表3-14）。不同指标在品种筛选时存在一定的差异，变异系数表明不同品种间的差异性大小，对品种选育中的指标筛选有一定的参考价值。

表 3-14　竹节草种质资源耐盐性差异多重比较

编号	相对地上部干重比	相对地下部干重比	叶片枯黄率	相对叶片颜色	相对坪用质量
平均数/%	65.9	63.0	61.4	25.3	31.8
标准差	13.6	21.1	21.6	10.1	13.8
变异系数 CV/%	20.64	33.49	35.18	39.92	43.40

2. 供试材料各指标之间的相关性分析

从表 3-15 可以看出，虽然各项指标间的相关性系数普遍较低，但大部分指标之间达到显著相关（$P<0.05$）或极显著相关（$P<0.01$）。相对坪用质量与相对地上部干重比、相对地下部干重比、叶片枯黄率和相对叶片颜色之间都呈极显著相关（$P<0.01$）；相对叶片颜色与相对地下部干重比呈显著相关（$P<0.05$），与叶片枯黄率呈现极显著相关（$P<0.01$）；叶片枯黄率与相对地上部干重比和相对地下部干重比呈极显著相关（$P<0.01$）；相对地上部干重比与相对地下部干重比呈极显著相关（$P<0.01$）；相对叶片颜色与相对地上部干重比不显著相关。

表 3-15　各指标之间的相关系数

指标	相对地上部干重比	相对地下部干重比	叶片枯黄率	相对叶片颜色	相对坪用质量
相对地上部干重比	1.000				
相对地下部干重比	0.443**	1.000			
叶片枯黄率	0.771**	0.912**	1.000		
相对叶片颜色	0.240	0.297*	0.321**	1.000	
相对坪用质量	0.385**	0.356**	0.429**	0.818**	1.000

3. 聚类分析

采用欧式距离平均法对供试材料的相对地上部干重比、相对地下部干重比、叶片枯黄率、相对叶片颜色和相对坪用质量 5 个主要指标进行聚类分析（图 3-4）。在欧式距离 18.0 处，将 64 份优良的竹节草品种（系）分为Ⅰ、Ⅱ和Ⅲ三大类，Ⅰ类包括 25 份种质资源，该类种质资源在盐胁迫下，5 个指标表现出劣势，故划为敏盐型；Ⅱ类包括 35 份种质资源，因其在盐胁迫下表现的坪用质量一般而划分为中间型，该类型应视具体情况应用在品种选育或杂交育种上；Ⅲ类含有 4 份种质资源 CA13、CA20、CA29、CA31，其中 CA20 和 CA29 在盐胁迫下，5 个指标都处于相对优势地位（图 3-4），故划分为耐盐型。

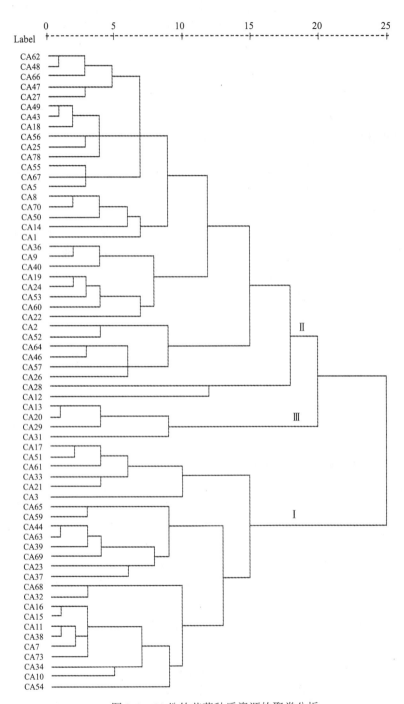

图 3-4　64 份竹节草种质资源的聚类分析

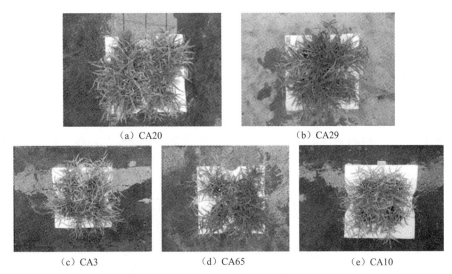

（a）CA20　　　　　　　　　　　（b）CA29

（c）CA3　　　　　　　　（d）CA65　　　　　　　　（e）CA10

图 3-5　耐盐型和敏盐型种质资源比较（后附彩图）

注：CA20、CA29 为耐盐型种质资源；CA3、CA65 为敏盐型种质资源；CA10 为中间型种质资源

　　综合考虑多重比较分析、相关性分析和聚类分析，初步筛选出 2 份盐胁迫下对植株生长影响相对较小的种质资源（耐盐型种质资源）CA20、CA29 和 2 份盐胁迫下对植株生长影响相对较大的种质资源（敏盐型种质资源）CA3、CA65 作为后续试验的材料（图 3-5）。

4. 讨论

　　植物对盐胁迫的响应不仅表现在生长发育上，而且表现在植物的许多代谢过程及生理生化、生态适应上（胡化广等，2010）。植物耐盐性评价也是一个复杂的过程，其结果是相对的，植物耐盐性受诸多因素影响（如培养方法、评价指标等）。

　　本书通过相对地上部干重比、相对地下部干重比、叶片枯黄率、相对叶片颜色和相对坪用质量 5 个指标对 64 份竹节草种质资源进行多重比较分析。同一指标中，各种质资源之间存在显著差异（$P<0.05$）或极显著差异（$P<0.01$）。各种质资源相对地上部干重比、相对地下部干重比、叶片枯黄率、相对叶片颜色和相对坪用质量的变异系数分别是 20.64%、33.49%、35.18%、39.92% 和 43.40%，说明竹节草种质资源间存在一定的差异。因无法保证对照组的统一性，采用相对比值进行多重比较分析会侧重各种质资源之间处理组与对照组的差异性。如 CA32 和 CA20 的相对地上部干重比、相对叶片颜色和相对坪用质量的值较高，而 CA32 的叶片枯黄率要远大于 CA20，说明两种质资源的生长存在很大差异。64 份竹节草种质资源的来源分别是我国广东、广西、福建、海南等地区，因地域性差异造成植物生境差异，这可能是各种质资源间产生差异的原因。

我们采用相对地上部干重比、相对地下部干重比、叶片枯黄率、相对叶片颜色和相对坪用质量 5 个指标进行相关性分析。这种指标分析方法侧重处理组各种质资源间的差异性比较，更直观地评定盐胁迫下不同竹节草种质资源的耐盐性。5 个观测指标之间存在不同程度的正相关性。相对地下部干重比与叶片枯黄率达到极显著正相关（0.912）（$P<0.01$）。因目前植物盐胁迫发生机制主要有两个方面：一是土壤盐分大量积聚，土壤溶液的渗透势降低，植物根系吸水发生困难，造成植物生理干旱的渗透胁迫；二是盐离子的毒害作用。盐胁迫使得根系吸水困难，植株缺乏水分，叶片枯黄；盐离子本身及与营养液中离子的作用可能产生一定的毒害进而影响根系的生长，根系吸收养分受阻使得叶片正常生长营养供应不足，叶片发黄。这都会影响相对地下部干重比和叶片枯黄率。相对叶片颜色与相对坪用质量的相关系数达 0.818，呈极显著相关（$P<0.01$），叶片枯黄率与相对叶片颜色和相对坪用质量的相关系数都大于 0.3，有正相关性。在观测处理组种质资源的叶片颜色变化时受叶片枯黄率的影响很大，坪用质量在评定时又会考虑叶片颜色，枯黄程度大，叶片颜色肯定差，坪用质量评定的分值就会低。另外我们在对叶片枯黄率与种质资源来源地的经纬度、海拔进行相关性分析时，其相关系数都小于 0.3，说明种质资源的叶片枯黄率与经纬度、海拔没有相关性。

通过对 5 个指标的聚类分析，把 64 份材料分为Ⅰ、Ⅱ和Ⅲ三大类。该研究结果与前期对地毯草耐铝筛选结果相类似（张静等，2012）。这为培育出优质耐盐型竹节草提供了优良的材料，同时也为竹节草的深入研究奠定试验基础，亦为盐渍化土壤的改良提供了试验依据。

第七节　竹节草种质资源耐阴性评价

园林造景是现代生活必不可缺的部分，草坪又是园林造景不可或缺的元素。在园林造景中，总有相当面积的草坪不得不在树荫和建筑物的阴影里，即荫蔽的条件下生长。遮阴会引起光强、光质、空气温湿度、土壤温度等生态环境因子的变化。遮阴阻碍了空气流通使小环境相对湿度增加（陈煜等，2006）。被荫蔽的草坪往往会因为缺乏充足的光照而出现黄化现象，抵抗力下降，病虫害增加等，严重影响草坪的外观与质量（Jiang et al.，2004）。一直以来，在草坪草耐阴性的研究中缺乏准确快捷的耐阴品种的筛选和评价方法，许多优良的耐阴品种没有得到充分挖掘和利用，由于缺乏耐阴品种，大量的城市绿化遮阴地处于裸露状态，被遮阴的运动场草坪草生长不良，很大程度上影响了绿化和运动场草坪的发展。耐阴性是草坪草筛选和评价的重要指标之一，不同草种、品种间的差异较大，目前对草坪草的耐阴性的认识和应用多限于经验，对耐阴性的量化分析不多（罗耀等，2013）。因此，通过评价比较草坪草的耐阴性差异，选育出优异的种质资源是急需解决的问题。

　　竹节草作为新兴的具有发展潜力的草坪草种，目前对它的研究还较少，特别是根据耐阴性这个重要指标对竹节草进行种质资源的优选，对于竹节草在草坪用草方面的推广和新兴草坪草种的开发与选育的重要性不言而喻。因此本书对不同品种竹节草的耐阴性进行初步的比较和探讨。

　　试验于 2014 年 2 月 21 日正式开始，2014 年 4 月 23 日结束，历时两个月。2014 年 2 月 20 日晚将遮阴度约为 70% 的黑色遮阳网搭在高度（距离水泥台表面）约 75cm 的架子上，保证上下左右前后均被遮阳网覆盖，将 83 份样本同时置于遮光度相同的黑色遮阳网下（表 3-16）。2014 年 2 月 21 日起每天 10 点、14 点、18 点三次记录大棚内的温度、湿度，大棚外的光照度，大棚内遮阳网外的光照度，遮阳网内 8 个定点的光照度。每隔 20 d，共 4 次测量叶绿素、最大叶长、叶片枯黄率和坪用质量 4 个指标的值。2014 年 4 月 23 日最后一次测量时，将每一盆竹节草修剪至初始高度 6.5 cm，将剪下部分烘干后称量干物质重量。计算每个品系每次的叶绿素、最大叶长、叶片枯黄率、坪用质量和增长的干物质重量的平均数和标准差。对每个指标 4 次的平均值做聚类分析和相关性分析。

表 3-16　83 份竹节草的来源

材料	来源	材料	来源
CA01-1	海南海口	CA22	海南琼海
CA01-2	海南海口	CA23	海南琼海
CA02	海南琼海	CA24	海南三亚
CA04	海南三亚	CA25	广西岑溪
CA05	海南琼海	CA26	广东英德
CA06	海南昌江	CA28	海南琼中
CA07	广西贵港	CA29	广西岑溪
CA08	海南琼海	CA31	海南琼中
CA09	海南万宁	CA32-1	广西来宾
CA11	海南白沙	CA33	广东肇庆
CA12	海南儋州	CA35	云南芒市
CA13	海南万宁	CA36	福建长泰
CA14	海南定安	CA39	广西北海
CA15	海南儋州	CA40	海南屯昌
CA16	海南东方	CA41	海南海口
CA18-1	海南儋州	CA42	海南海口
CA18-2	海南儋州	CA43	海南琼中
CA19	海南琼中	CA44	广西龙州
CA20	海南万宁	CA46	海南琼中
CA21	海南定安	CA47	广西龙州

材料	来源	材料	来源
CA48	广西崇左	CA70	广东徐闻
CA49	福建平和	CA71	广东茂名
CA50	广东翁源	CA72	广东博白
CA51	海南临高	CA73	广东遂溪
CA52	广西桂平	CA74	广西合浦
CA53	广西钦州	CA75	云南普洱
CA54	广西北海	CA76	云南普洱
CA55	广西合浦	CA77	云南宁洱
CA56	广西合浦	CA78	广东廉江
CA57	广西合浦	CA79	广东徐闻
CA58	海南五指山	CA80	广东遂溪
CA59	海南琼中	CA81	海南临高
CA60	海南五指山	CA82	海南临高
CA61	海南五指山	CA83	海南海口
CA62	海南琼中	CA84	海南澄迈
CA63	广西梧州	CA85	海南海口
CA64	广东英德	CA86	海南海口
CA65	广西梧州	CA87	海南三亚
CA66	海南琼中	CA88	海南琼海
CA67	福建上杭	CA89	海南万宁
CA68	广西梧州	CA91	海南儋州
CA69	广西合浦		

1. 不同指标间相关性分析

相关性分析表明，叶片枯黄率与最大叶长，叶片枯黄率与试验期间增长的干物质重量均没有显著的相关性；叶绿素与最大叶长，叶绿素与试验期间增长的干物质重量呈轻度正相关；坪用质量与叶片枯黄率呈轻度负相关；坪用质量与叶绿素、坪用质量与最大叶长均呈中度正相关；叶片枯黄率与叶绿素呈中度负相关；试验期间增长的干物质重量与坪用质量、试验期间增长的干物质重量与最大叶长均呈重度正相关（表 3-17）。

相关系数最高值出现在增长的干物质重量和最大叶长之间，为 0.659。试验期间叶片的增长是干物质重量增长的主要来源，间接说明试验期间地上茎的数量增长不明显。

表 3-17　各指标之间相关性分析

指标	叶绿素	叶片枯黄率	坪用质量	最大叶长	增长的干物质重量
叶绿素	1.000				

续表

指标	叶绿素	叶片枯黄率	坪用质量	最大叶长	增长的干物质重量
叶片枯黄率	−0.330**	1.000			
坪用质量	0.345**	−0.210	1.000		
最大叶长	0.104	−0.062	0.413**	1.000	
增长的干物质重量	0.133	0.041	0.628**	0.659**	1.000

2. 聚类分析

采用欧式距离平均法对供试材料 5 个主要性状进行聚类分析。在欧式距离 12.0 处，可将 83 份试验材料分为 Ⅰ、Ⅱ、Ⅲ三大类。Ⅰ类含 17 份材料，所占比例最小，约 20.48%，包括 CA32-1、CA35 等表现优良的品种，该类在相同遮阴条件下生长优于其他类，遮阴期间增长的干重多，褪绿情况轻，坪用质量在遮阴期间下降少，综合试验期间温度升高的有利条件，前后坪用质量基本一致，为耐阴性较强型。在遮阴处可种植此品种，坪用质量较高。Ⅱ类含 45 份材料，所占比例最大，约 54.22%，各指标比Ⅲ类强，但弱于Ⅰ类，故称之为耐阴性一般型。Ⅲ类含 21 份材料，包括 CA83、CA70，CA64 等，各指标均表现较弱，遮阴期间叶绿素下降较快，故称之为耐阴性较弱型。

3. 讨论

荫蔽环境下，草坪草的微生境、植株形态特征、叶片解剖结构及内源激素、光合作用等一系列生理代谢过程都发生了显著变化，以保证在弱光下仍能维持生长所需的能量平衡，进行正常的生命活动（陈煜等，2006）。在试验的两个月内，所有盆草叶片明显变得细长，第一次最大叶长的平均值为 7.66 cm，第四次最大叶长平均值为 35.23 cm，增长了 3.6 倍。分蘖和匍匐茎的生长明显处于停滞状态，肉眼观察和相关性分析都说明了这一点，相关系数的最高值出现在增长的干物质重量和最大叶长之间，为 0.659。试验期间叶片的增长是干重增长的主要来源，间接说明试验期间地上茎的数量增长不明显。叶片的绿色变浅，除肉眼判断外，叶绿素仪的测试结果充分说明了这一点，第一次叶绿素平均值为 34.84，第二次为 33.76，第三次为 30.25，第四次为 27.05，两个月内下降了 22.36%。有试验结果也表明：经过短期适当遮阴，叶绿素含量增加；长期或严重遮阴后，叶绿素含量下降（刘建秀等，1997）。坪用质量由于温度升高而有短暂上升（第二次测量）随后降低（第三次和第四次测量）。CA01 在两个月的遮阴测试中褪绿程度最轻，试验刚开始时叶绿素含量还略有上升，不过随着遮阴时间的加长，叶绿素含量开始下降，但较其他品系而言褪绿程度较轻，CA57 试验期间叶绿素含量下降较大；CA12、CA20、CA41、CA42 在荫蔽条件下叶片枯黄率上升较快；CA12、CA22、CA35、CA67 试验期间增长的干物质的重量较大。草坪草的 5 项生理和形态指标在 70%遮阴条件下变化一致。不可忽视的是，试验时间是从海南的二月到四月，温度升高明显，逐渐达到了竹节草的最适生长温度，竹节草的生长受温度的影响明显，生长速度明显加快，但也使得上述在遮阴条件下的变化更为放大和突出。其中表现最优的 3 个品系分别分布在海南海口、广东英德、广东翁源，纬度相近，表现最差的 4 个品系分别分布在海南东方、福建长泰、海南琼中，经纬度及海拔均有较大差异。

　　本书测定的指标都是一些相对简单的生理和形态指标，难以揭示竹节草的耐阴机制，故进一步研究竹节草的耐阴性还应更深入全面地研究和分析光合及与耐阴性有关的细胞、分子等指标。此外，同一植物材料，不同的研究者在不同的地区和时间，采用不同的评价程序，其抗逆性的评价结果可能有较大差异，抗逆性评价结果只是一个相对的结果（张静等，2014a，2014b）。总之，在今后的研究进程中，可以继续通过其他指标的研究对竹节草的种质资源做进一步研究。

第八节　竹节草种质资源抗寒性评价

　　竹节草分布于热带和亚热带地区，在我国的台湾、广东、广西、陕西及云南等地区分布（郑玉忠等，2005）。秆高 20～50 cm，叶鞘无毛，叶多聚集于匍匐茎和秆的基部，秆生长稀疏或短于节间。叶片条形，顶端钝，长 2～5 cm，宽 3～6 mm。圆锥花序带紫色，长 5～9 cm；分枝细弱；小穗数枚生于顶端。冬季低温，竹节草叶片颜色变成黄褐色，降低了其观赏价值和应用前景（郑玉忠，2004）。

　　本书利用两年的观测指标（相对电导率和叶片枯黄率）对 85 份竹节草种质资源的抗寒性进行初步评定（表 3-18），以明确竹节草抗寒性差异，进而鉴定竹节草种质资源的抗寒性，对指导抗寒竹节草的育种及栽培具有重要意义，为选育优质品系奠定基础。

表 3-18　供试竹节草材料的来源

材料	来源	材料	来源
CA01	海南海口	CA11	海南白沙
CA02	海南琼海	CA12	海南儋州
CA04	海南三亚	CA13	海南万宁
CA05	海南琼海	CA14	海南定安
CA06	海南昌江	CA15	海南儋州
CA07	广西贵港	CA16	海南东方
CA08	海南琼海	CA18-1	海南儋州
CA09	海南万宁	CA18-2	海南儋州
CA10	海南海口	CA19	海南琼中

材料	来源	材料	来源
CA20	海南万宁	CA57	广西合浦
CA21	海南定安	CA58	海南五指山
CA22	海南琼海	CA59	海南琼中
CA23	海南琼海	CA60	海南五指山
CA24	海南三亚	CA61	海南五指山
CA25	广西岑溪	CA62	海南琼中
CA26	广东英德	CA63	广西梧州
CA27	海南儋州	CA64	广东英德
CA28	海南琼中	CA65	广西梧州
CA29	广西岑溪	CA66	海南琼中
CA30	广西梧州	CA67	福建上杭
CA31	海南琼中	CA68	广西梧州
CA32	广西来宾	CA69	广西合浦
CA33	广东肇庆	CA70	广东徐闻
CA35	云南芒市	CA71	广东茂名
CA36	福建长泰	CA72	广东博白
CA38	海南陵水	CA73	广东遂溪
CA39	广西北海	CA74	广西合浦
CA40	海南屯昌	CA75	云南普洱
CA41	海南海口	CA76	云南普洱
CA42	海南海口	CA77	云南宁洱
CA43	海南琼中	CA78	广东廉江
CA44	广西龙州	CA79	广东徐闻
CA46	海南琼中	CA80	广东遂溪
CA47	广西龙州	CA81	海南临高
CA48	广西崇左	CA82	海南临高
CA49	福建平和	CA83	海南海口
CA50	广东翁源	CA84	海南澄迈
CA51	海南临高	CA85	海南海口
CA52	广西桂平	CA86	海南海口
CA53	广西钦州	CA87	海南三亚
CA54	广西北海	CA88	海南琼海
CA55	广西合浦	CA89	海南万宁
CA56	广西合浦		

采用廖丽等（2014）的方法，主要测定生殖枝高度、匍匐茎节间叶片长（匍匐叶长）、匍匐茎节间叶片宽（匍匐叶宽）、密度、坪用质量、花序分枝数、相对电导率和叶片枯黄率，具体结果如下。

1. 竹节草种质资源的相对电导率与叶片枯黄率、形态指标的相关性

从表 3-19 可知叶片枯黄率与花序分枝数存在显著正相关（$P<0.05$），相关系数为 0.233。从表 3-20 可知相对电导率与花序分枝数存在显著正相关（$P<0.05$），相关系数为 0.239；叶片枯黄率与密度存在极显著正相关（$P<0.01$），相关系数为 0.298；叶片枯黄率与坪用质量存在显著正相关（$P<0.05$），相关系数为 0.265。从表 3-21 和表 3-22 可知，相对电导率与坪用质量和密度存在极显著负相关（$P<0.01$），相关系数为 –0.388 和 –0.347，与匍匐叶宽存在显著正相关（$P<0.05$），相关系数为 0.249；坪用质量与密度存在极显著正相关（$P<0.01$），相关系数为 0.867；生殖枝高度与花序分枝数存在极显著正相关（$P<0.01$），相关系数为 0.475，与匍匐叶宽存在显著正相关（$P<0.05$），相关系数为 0.257；花序分枝数与匍匐叶宽存在极显著正相关（$P<0.01$），相关系数为 0.368，与密度存在极显著负相关（$P<0.01$），相关系数为 –0.313；匍匐叶宽与匍匐叶长存在极显著正相关（$P<0.01$），相关系数为 0.464。竹节草抗寒性越强，植株密度越大，匍匐叶宽越大，坪用质量越高。从表 3-22 可见，2014 年和 2015 年的相对电导率和叶片枯黄率相关性不显著。

表 3-19　相对电导率和叶片枯黄率与形态指标的相关性（2014 年）

项目	相对电导率	匍匐叶长	匍匐叶宽	生殖枝高度	花序分枝数	密度	坪用质量
匍匐叶长	0.045	1.000					
匍匐叶宽	0.148	0.532**	1.000				
生殖枝高度	–0.034	0.113	0.415**	1.000			
花序分枝数	0.118	0.195	0.491**	0.803**	1.000		
密度	0.023	0.274*	0.366**	0.265*	0.023	1.000	
坪用质量	0.007	0.265*	0.372**	0.281*	0.253*	0.928**	1.000
叶片枯黄率	0.083	0.102	0.180	0.129	0.233*	0.055	0.078

表 3-20　相对电导率和叶片枯黄率与形态指标的相关性（2015 年）

项目	相对电导率	匍匐叶长	匍匐叶宽	生殖枝高度	花序分枝数	密度	坪用质量
匍匐叶长	0.119	1.000					
匍匐叶宽	–0.009	0.506**	1.000				
生殖枝高度	–0.073	0.093	–0.040	1.000			
花序分枝数	0.239*	–0.047	–0.058	–0.071	1.000		
密度	0.015	–0.053	–0.116	0.315**	0.071	1.000	
坪用质量	–0.085	0.000	–0.104	0.287*	0.117	0.908**	1.000
叶片枯黄率	–0.011	–0.014	0.049	0.019	0.042	0.298**	0.265*

表 3-21　2014 年和 2015 年相对电导率和叶片枯黄率平均值与形态指标的相关性

项目	叶片枯黄率	相对电导率	坪用质量	生殖枝高度	花序分枝数	匍匐叶宽	匍匐叶长	密度
叶片枯黄率	1.000							
相对电导率	−0.025	1.000						
坪用质量	−0.138	−0.388**	1.000					
生殖枝高度	0.014	0.178	−0.127	1.000				
花序分枝数	0.099	0.201	−0.191	0.475**	1.000			
匍匐叶宽	0.224	0.249*	0.036	0.257*	0.368**	1.000		
匍匐叶长	0.056	0.017	0.121	0.010	0.139	0.464**	1.000	
密度	−0.187	−0.347**	0.867**	−0.230	−0.313**	−0.129	0.037	1.000

表 3-22　2014 年和 2015 年相对电导率和叶片枯黄率的相关性

项目	2014 年相对电导率	2014 年叶片枯黄率	2015 年相对电导率	2015 年叶片枯黄率
2014 年相对电导率	1.000			
2014 年叶片枯黄率	0.094	1.000		
2015 年相对电导率	0.161	0.076	1.000	
2015 年叶片枯黄率	−0.045	−0.135	−0.011	1.000

2. 竹节草种质资源间叶片枯黄率和相对电导率之间的差异分析

85 份竹节草种质资源的相对电导率和叶片枯黄率的多重比较结果见表 3-23，不同地域竹节草之间抗寒性差异达到显著（$P<0.05$）或极显著水平（$P<0.01$）。变异范围表明不同的种质资源间的差异大小，对品种抗寒性选育中有一定的参考价值。

表 3-23　2014 年和 2015 年相对电导率与叶片枯黄率的多重比较

项目	2015 年		2014 年		2014 年和 2015 年	
编号	相对电导率 1	叶片枯黄率 1	相对电导率 2	叶片枯黄率 2	相对电导率 3	叶片枯黄率 3
平均值	0.245 4	0.542	0.257 7	0.577	0.251 7	0.496
变异范围/%	12.67~43.33	10.00~85.00	3.90~57.10	6.67~95.67	12.40~81.10	11.20~46.00
标准差	0.090 3	0.255 73	0.129 27	0.250 29	0.108 71	0.189 49
变异系数/%	36.80	47.22	50.16	43.39	43.19	38.23
F	14.784**	7.802**	104.331**	4.551**	1.670**	2.940**

3. 讨论

植物的相对电导率能反映出植株抗寒性的大小，可作为抗寒性筛选的指标。以 2015 年（相对电导率 1 和叶片枯黄率 1）、2014 年（相对电导率 2 和叶片枯黄率 2）及 2014 年和 2015 年（相对电导率 3 和叶片枯黄率 3）的相对电导率和叶片枯黄率对竹节草抗寒性进行研究，这 6 个指标的变异范围差异均达极显著（$P<0.01$）水平。表明叶片枯黄率对叶片相对电导率存在影响，进而使竹节草种

质资源的抗寒性表现出丰富的差异。

85 份竹节草种质资源分别从广东、广西、福建、云南等地收集，竹节草抗寒性的差异可能是地域差异造成植物对外界生境适应性差异导致的。总之，我国华南地区蕴藏丰富的竹节草种质资源，本结果将对今后深入开展竹节草抗寒性机制和优异抗逆育种提供参考。

第九节　基于分子标记对竹节草种质资源遗传多样性分析

一、基于SRAP分子标记对竹节草种质资源遗传多样性分析

近年来，国内外学者也对竹节草的许多方面进行了研究，Ambasta 等（2013）对竹节草分类方法做了详细研究；廖丽等（2011a）均对竹节草的形态多样性开展研究，结果均表明，其形态指标在品种间存在差异。

本书通过 SRAP 分子标记对竹节草种质资源进行遗传多样性分析，为今后开展竹节草种质资源亲缘关系分析和品种选育提供参考。试验所用的 86 份竹节草分别来自海南、广东、广西、云南和福建 5 个省（自治区）（表 3-24）。

表 3-24　供试材料

序号	品系名	来源	序号	品系名	来源
1	CA01	海南海口	20	CA21	海南东方
2	CA02	海南琼海	21	CA22	海南昌江
3	CA03	海南东方	22	CA23	海南三亚
4	CA04	海南琼海	23	CA24	海南三亚
5	CA05	海南琼海	24	CA25	广西岑溪
6	CA06	海南琼海	25	CA26	广东英德
7	CA07	广西贵港	26	CA27	广西贵港
8	CA08	海南琼海	27	CA28	广西北海
9	CA09	海南万宁	28	CA29	海南三亚
10	CA10	海南万宁	29	CA31	海南澄迈
11	CA11	海南万宁	30	CA32	广西来宾
12	CA12	海南儋州	31	CA33	广东肇庆
13	CA14	海南定安	32	CA34	海南屯昌
14	CA15	海南儋州	33	CA35	云南芒市
15	CA16	海南定安	34	CA36	广西崇左
16	CA18-1	海南儋州	35	CA37	海南文昌
17	CA18-2	海南儋州	36	CA38	海南陵水
18	CA19	海南琼海	37	CA39	广西北海
19	CA20	海南海口	38	CA40	海南屯昌

续表

序号	品系名	来源	序号	品系名	来源
39	CA41	海南海口	63	CA65	广西梧州
40	CA42	海南海口	64	CA66	海南琼中
41	CA43	广东英德	65	CA67	福建上杭
42	CA44	广西龙州	66	CA68	广西梧州
43	CA45	广西大新	67	CA69	广西合浦
44	CA46	海南琼中	68	CA70	广东徐闻
45	CA47	广西龙州	69	CA71	广东茂名
46	CA48	福建长泰	70	CA72	广西博白
47	CA49	福建平和	71	CA73	广东遂溪
48	CA50	广东翁源	72	CA74	广西合浦
49	CA51	海南临高	73	CA75	云南普洱
50	CA52	广西桂平	74	CA76	云南普洱
51	CA53	广西钦州	75	CA77	云南宁洱
52	CA54	广西合浦	76	CA78	广东廉江
53	CA55	海南琼中	77	CA79	广东徐闻
54	CA56	广西合浦	78	CA80	广东遂溪
55	CA57	广西合浦	79	CA81	海南临高
56	CA58	海南五指山	80	CA82	海南临高
57	CA59	海南琼中	81	CA84	海南琼中
58	CA60	海南五指山	82	CA85	海南海口
59	CA61	海南五指山	83	CA86	海南海口
60	CA62	海南琼中	84	CA87	广西岑溪
61	CA63	广西梧州	85	CA88	海南琼中
62	CA64	海南琼中	86	CA89	海南白沙

利用 CTAB 法提取竹节草种质资源基因组 DNA，参照 Li 等（2001b）提出的初始反应体系与合成引物原则合成引物，引物序列见表 3-25。根据 Wang 等（2009）运用 SRAP 分析狗牙根遗传多样性时提出的扩增体系，做出适当修改，确定 SRAP-PCR 扩增体系为：每 20 µl 的 PCR 扩增反应体系中含 2µl 10×buffer（100 mmol/L Tris-HCl pH 8.3，500 mmol/L KCl，15 mmol/L MgCl$_2$），1.5 µl dNTPs，1.0 µl 正向引物，1.0 µl 反向引物，0.2 µl *Taq* DNA 聚合酶，13.3 µl ddH$_2$O 和大约 30 ng 模板 DNA，每管加一滴矿物油覆盖。PCR 扩增流程如下：在 94℃下进行 4 min 预变性；然后在 94℃下保存 1 min，在 37℃下进行退火 1 min，最后在 72℃下延伸 10 s，共 5 个循环；接下来的 40 个循环，退火温度提高至 50℃，最后在 72℃延伸 7 min，4℃保存。

从 400 个引物组合中选取 30 个，进行扩增，使用 100 bp DNA ladder 作为参考，估算等位基因大小。扩增结束后，取 PCR 产物 5 μl，用 8%聚丙烯酰胺凝胶在 140 V 恒压下电泳约 2.5 h，进行分离，电泳结束后银染、拍照。

表 3-25　SRAP 引物

序号	正向引物	序号	反向引物
Me01	TGAGTCCAAACCGGATA	Em01	GACTGCGTACGAATTCAA
Me02	TGAGTCCAAACCGGAGC	Em02	GACTGCGTACGAATTCTG
Me03	TGAGTCCAAACCGGACC	Em03	GACTGCGTACGAATTGAC
Me04	TGAGTCCAAACCGGACA	Em04	GACTGCGTACGAATTTGA
Me05	TGAGTCCAAACCGGTGC	Em05	GACTGCGTACGAATTAAC
Me06	TGAGTCCAAACCGGAGA	Em06	GACTGCGTACGAATTGCA
Me07	TGAGTCCAAACCGGACG	Em07	GACTGCGTACGAATTGAG
Me08	TGAGTCCAAACCGGAAA	Em08	GACTGCGTACGAATTGCC
Me09	TGAGTCCAAACCGGAAC	Em09	GACTGCGTACGAATTTCA
Me10	TGAGTCCAAACCGGAAT	Em10	GACTGCGTACGAATTCAT
Me11	TGAGTCCAAACCGGAAG	Em11	GACTGCGTACGAATTAAT
Me12	TGAGTCCAAACCGGTAG	Em12	GACTGCGTACGAATTTGC
Me13	TGAGTCCAAACCGGTTG	Em13	GACTGCGTACGAATTCGA
Me14	TGAGTCCAAACCGGTGT	Em14	GACTGCGTACGAATTATG
Me15	TGAGTCCAAACCGGTCA	Em15	GACTGCGTACGAATTAGC
Me16	TGAGTCCAAACCGGGAC	Em16	GACTGCGTACGAATTACG
Me17	TGAGTCCAAACCGGGTA	Em17	GACTGCGTACGAATTTAG
Me18	TGAGTCCAAACCGGGGT	Em18	GACTGCGTACGAATTTCG
Me19	TGAGTCCAAACCGGCAG	Em19	GACTGCGTACGAATTGTC
Me20	TGAGTCCAAACCGGCAT	Em20	GACTGCGTACGAATTGGT

利用 Quantity One 软件（Bio-Rad）结合人工方法读带，将每份材料在电泳图上清晰且可重复出现的每个片段根据出现或缺失记为"1"或"0"，如"1"表示存在一个特定的等位基因，"0"表示在同一位置无带或不易分辨的弱带。计算引物的多态性比率（多态性条带数/总条带数×100%）。根据供试材料的来源地分组，用 PopGen Ver1.32 计算各组内品种的多态性位点数、多态性位点的百分率、Nei's 基因多样性指数（He）和 Shannon 信息指数（I）。利用 NTSYS-pc 软件（版本 2.1）计算供试材料的 Jaccard 遗传相似系数矩阵，按 UPGMA 进行聚类分析，绘制亲缘关系树状图（Sneath et al，1973）。

1. SRAP 分子标记对竹节草种质资源多态性分析

用 30 个多态性高、扩增条带清晰等多方面均表现良好的 SRAP 引物组合对 86 份竹节草种质资源进行多态性分析，共扩增出 627 条条带，其中多态性条带 576 条，多态性比率为 91.87%，不同的引物组合扩增结果存在较大的差异，扩增的总条带数多态性比率达到 100%的引物有 Me03-Em13、Me04-Em10、Me04-Em16、Me05-Em10、Me06-Em16、Me07-Em18、Me16-Em09、Me16-Em16 和 Me19-Em09；多态性比率最小值为 66.67%（Me08-Em19）。平均每对引物有 20.9 条条带，平均多态性条带为 19.2 条，具体信息见表 3-26。由此可以看出，SRAP 有较好的多态性。

表 3-26　不同的 SRAP 引物扩增结果

编号	引物组合	扩增总条带数/条	多态性条带数/条	多态性比率/%
1	Me02-Em13	18	16	88.89
2	Me03-Em13	18	18	100
3	Me03-Em17	17	16	94.11
4	Me03-Em19	18	16	88.89
5	Me04-Em04	22	21	95.45
6	Me04-Em10	23	23	100
7	Me04-Em13	17	15	88.24
8	Me04-Em16	23	23	100
9	Me05-Em10	23	23	100
10	Me05-Em19	23	18	78.26
11	Me06-Em16	21	21	100
12	Me07-Em09	15	11	73.33
13	Me07-Em18	18	18	100
14	Me08-Em19	15	10	66.67
15	Me09-Em15	25	23	92
16	Me09-Em16	22	20	90.9
17	Me10-Em04	25	23	92
18	Me10-Em06	26	24	92.31
19	Me11-Em06	27	22	81.48
20	Me12-Em19	25	23	92
21	Me13-Em19	24	23	95.83
22	Me14-Em16	24	23	95.83
23	Me16-Em06	24	20	83.33
24	Me16-Em09	23	23	100
25	Me16-Em16	18	18	100
26	Me17-Em18	23	22	95.65
27	Me19-Em09	12	12	100
28	Me19-Em17	25	19	73.08
29	Me19-Em19	22	18	81.82

编号	引物组合	扩增总条带数/条	多态性条带数/条	多态性比率/%
30	Me20-Em17	15	14	93.33
总计	—	627	576	91.87
平均值	—	20.9	19.2	—

2. SRAP 分子标记对竹节草种质资源遗传多样性分析

数据分析整理结果：多态性比率、He 和 I 分别是 91.87%、0.29 和 0.26。遗传相似系数范围为 0.56～0.91。遗传相似系数最大为 CA21（海南定安）和 CA24（海南三亚），相似系数为 0.91，表示亲缘关系最近；亲缘关系最远的是来自海南万宁的 CA10 和海南五指山的 CA60，其遗传相似系数为 0.56。结果表明 86 份竹节草供试材料间，具有较高的遗传多样性。

3. SRAP 分子标记对竹节草种质资源聚类分析

用 UPGMA 法对 86 份竹节草材料进行聚类分析（图 3-6），从聚类图可以看出，在遗传相似系数 0.674 处，将 86 份竹节草种质资源分为 3 类（Ⅰ、Ⅱ和Ⅲ）：Ⅰ类有 17 份材料组成，海南 10 份（CA23、CA22、CA84、CA04、CA88、CA85、CA81、CA89、CA86、CA82），广东 3 份（CA78、CA79、CA80），云南 3 份（CA75、CA77、CA76）和广西 1 份（CA87）。

Ⅱ类包括 52 份材料，可分成两个亚类Ⅱ-1 和Ⅱ-2，Ⅱ-1 含有 39 份材料，包括海南 15 份（CA31、CA40、CA42、CA41、CA64、CA51、CA55、CA46、CA58、CA61、CA62、CA60、CA59、CA66、CA20），广西 16 份（CA53、CA39、CA36、CA52、CA44、CA45、CA54、CA47、CA56、CA57、CA69、CA74、CA72、CA63、CA65、CA68），广东 5 份（CA43、CA50、CA73、CA71、CA70）和福建 3 份（CA48、CA49、CA67）；Ⅱ-2 包含 13 份种质资源，包括广西 4 份（CA32、CA27、CA28、CA25），海南 7 份（CA29、CA37、CA34、CA38、CA24、CA21），广东 2 份（CA33、CA26）和云南 1 份（CA35）。

Ⅲ类包括 17 份种质资源，包括海南 16 份（CA02、CA10、CA01、CA08、CA05、CA03、CA09、CA11、CA12、CA06、CA14、CA15、CA18-1、CA18-2、CA16、CA19）和广西 1 份（CA07）。从聚类结果来看，来自相同地区的材料并没有完全聚在一类，因此供试材料间存在较大的遗传差异。

4. 讨论

利用筛选出的 30 个 SRAP 引物组合对 86 份竹节草种质资源进行扩增，共扩增出 627 条条带，其中多态性条带 576 条，不同的引物组合扩增结果存在较大的差异，扩增的总条带数 12～27 条。平均 He 值和 I 值分别是 0.29 和 0.26。结果表明 SRAP 分子标记的遗传多样性很丰富。

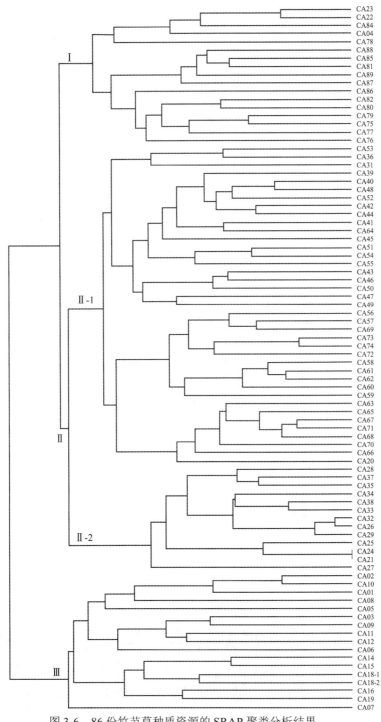

图 3-6　86 份竹节草种质资源的 SRAP 聚类分析结果

根据相似系数矩阵按 UPGMA 进行聚类，形成了 86 份供试种质资源的亲缘关系聚类图，从聚类图上能够看出，供试竹节草种质资源的遗传多样性与其地理分布有一定的关系。从地理分布和外部形态来看，聚类结果表现出了一定的规律性，来自同一地区的材料容易聚类在一起，然而有相同地理来源的材料由于育种材料和选择方向的复杂性，就可能出现遗传差异比较大的类型，因此，相同地理来源的材料也会被归入不同的类群。86 份竹节草材料来自 5 个不同的地区，其中，福建省、广东省、广西壮族自治区和云南省是相毗邻的省份，基因重叠总是在生长于相邻区域的种质资源之间发生（Yi et al.，2008；Li et al.，2011）。竹节草是异型杂交繁育体系，具有很强的生长繁殖能力，也可导致丰富的遗传变异，人类活动会使物种基因间的交流加强，经过繁殖会使遗传多样性加强，因而会出现不同地区交叉聚类的现象。

二、基于 ISSR 分子标记对竹节草种质资源遗传多样性分析

利用 ISSR 分子标记对 86 份国内竹节草野生种质资源间的多样性水平和亲缘关系进行分析和评估，以期为日后竹节草新品种选育提供试验依据。试验材料同本节第一部分。参考王志勇等（2009b）为结缕草创立的 ISSR-PCR 扩增体系，进行优化，确定了最终的竹节草 ISSR-PCR 反应体系（20 µl）：2µl 10×buffer（100 mmol/L Tris-HCl pH 8.3, 500 mmol/L KCl, 15 mmol/L MgCl$_2$），1.8 mmol/L dNTP，60 ng 模板 DNA，1.0 µmol/L ISSR 引物（表 4-3），0.2 µl *Taq* DNA 聚合酶，14 µl ddH$_2$O。PCR 反应程序为：95℃预变性 5 min，94℃变性 45 s，52～61℃退火 1 min，72℃延伸 90 s。共 45 个循环；最后继续在 72℃延伸 7 min，然后在 4℃下保存。

从上海英杰生物技术公司开发的 100 个引物中筛选出 25 个扩增后条带连续、清晰的引物。扩增结束后，取扩增产物 8.5 µl 与 2 µl 6×Loading Buffer（TaKaRa）混匀，在 1%琼脂糖凝胶上电泳，电压 120 V，时间 2.5 h，电泳缓冲液为 1×TBE，使用 100 bp DNA ladder 作为参考，估算等位基因大小。电泳结束后取出凝胶，在凝胶成像仪上检测照相、分析。数据处理与分析参考本节第一部分。

1. 竹节草基因组 DNA 提取结果检测

用 1%的琼脂糖凝胶电泳检测提取出的竹节草基因组 DNA，其结果显示（图 3-7）：图中条带清晰，亮度高、无弥散拖尾现象，表明运用改良的 CTAB 法提取的 DNA 纯度可满足后续分子标记的实验。

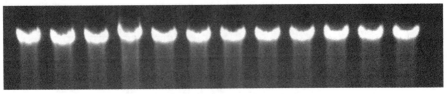

图 3-7　改良 CTAB 法对部分竹节草基因组 DNA 的提取检测结果

2. ISSR 分子标记对竹节草种质资源多态性分析

用 25 个带型清晰、多态性好的引物对 86 份种质资源进行多样性分析，运用这些引物对材料的总 DNA 进行 PCR 扩增，25 个 ISSR 引物共扩增出 283 条带，平均每个引物 11.32 条（表 3-27），每个引物可扩增出 8~15 条条带，其中引物 ISSR850 和 ISSR858 扩增条带最多（15），引物 ISSR827 扩增条带最少（8）。多态性比率最小值 84.62%（ISSR895），最大值 100%（ISSR808、ISSR816、ISSR823、ISSR824、ISSR827、ISSR835、ISSR842、SSR859、ISSR866 和 ISSR890）。

表 3-27　ISSR 分析所用的引物序列和扩增结果

引物名称	引物序列	退火温度/℃	扩增条带总数/条	多态性条带数/条	多态性比率/%
ISSR807	(AG)$_8$T	52	12	11	91.67
ISSR808	(AG)$_8$C	55	12	12	100
ISSR809	(AG)$_8$G	55	10	9	90
ISSR815	(CT)$_8$G	55	10	9	90
ISSR816	(CA)$_8$T	52	14	14	100
ISSR823	(TC)$_8$C	55	9	9	100
ISSR824	(TC)$_8$G	55	12	12	100
ISSR827	(AC)$_8$G	55	8	8	100
ISSR829	(TG)$_8$C	55	10	9	90
ISSR834	(AG)$_8$YT	54	10	9	90
ISSR835	(AG)$_8$YC	56	10	10	100
ISSR841	(GA)$_8$YC	56	13	12	92.31
ISSR842	(GA)$_8$YG	56	10	10	100
ISSR848	(CA)$_8$RG	56	10	9	90
ISSR849	(GT)$_8$YA	54	10	9	90
ISSR850	(GT)$_8$YC	56	15	14	93.33
ISSR855	(AC)$_8$YT	54	10	9	90
ISSR857	(AC)$_8$YG	56	10	9	90
ISSR858	(TG)$_8$RT	54	15	13	86.67
ISSR859	(TG)$_8$RC	56	10	10	100
ISSR866	(CTC)$_6$	61	12	12	100
ISSR880	(GGAGA)$_3$	60	13	12	92.31
ISSR890	VHV(GT)$_7$	54	12	12	100
ISSR891	HVH(TG)$_7$	53	13	12	92.31
ISSR895	(AG)$_2$TTGGT AG(CT)$_2$TGATC	56	13	11	84.62
合计	—	—	283	266	94
平均值	—	—	11.32	`10.64	—

3. ISSR 分子标记对竹节草种质资源遗传多样性分析

数据分析整理结果：多态性比率、He 和 I 分别是 94%、0.3 和 0.29。遗传相似系数范围为 0.52～0.93。遗传相似系数最高的是来自海南海口的 CA01 和海南万宁 CA10 竹节草品系，相似系数为 0.93，表示亲缘关系最近；亲缘关系最远的是来自海南琼海的 CA05 品系和海南白沙的 CA89 品系，其遗传相似系数为 0.52。结果表明 86 份竹节草供试材料间，具有较高的遗传多样性。

4. ISSR 分子标记对竹节草种质资源聚类分析

用 UPGMA 法对 86 份竹节草材料进行聚类分析（图 3-8），从聚类图可以看出，86 份竹节草种质资源分为 3 类（Ⅰ、Ⅱ和Ⅲ）：Ⅰ类有 18 份材料，其中海南 17 份（CA01、CA10、CA04、CA06、CA02、CA03、CA05、CA08、CA09、CA14、CA15、CA11、CA12、CA16、CA18-1、CA18-2 和 CA19）和广西 1 份（CA07）。

Ⅱ类包括 54 份材料，可分成两个亚类Ⅱ-1 和Ⅱ-2，Ⅱ-1 含有 18 份材料，包括海南 10 份（CA20、CA22、CA23、CA29、CA21、CA24、CA31、CA34、CA37 和 CA38），广西 5 份（CA25、CA27、CA28、CA36 和 CA32），广东 2 份（CA26 和 CA33）和云南 1 份（CA35）；Ⅱ-2 包含 36 份材料，包括广西 15 份（CA39、CA44、CA54、CA52、CA53、CA56、CA45、CA47、CA57、CA63、CA74、CA65、CA68、CA69 和 CA72），海南 13 份（CA40、CA42、CA46、CA41、CA51、CA58、CA59、CA60、CA61、CA62、CA64、CA55 和 CA66），广东 5 份（CA43、CA50、CA73、CA71 和 CA70）和福建 3 份（CA48、CA49 和 CA67）。

Ⅲ类包括 14 份材料，包括海南 7 份（CA81、CA82、CA84、CA85、CA86、CA88 和 CA89），广东 3 份（CA80、CA78 和 CA79），云南 3 份（CA75、CA76 和 CA77）和广西 1 份（CA87），从聚类分析结果来看，来自相同地区的材料并没有完全聚在一类，因此供试材料间存在较大的遗传差异。

5. 讨论

ISSR 分子标记具有很好的稳定性和多态性，在分子标记辅助育种，种质资源遗传多样性分析和物种遗传分析等多个方面均得到广泛运用（Fang et al.，1997；Ge et al.，2001；Carvalho，2009；刘伟等，2007）；ISSR 分子标记也成功运用于多种草坪草的分析研究中，如结缕草（Xie et al.，2012）和狗牙根（Huang et al.，2010，2013；Li et al.，2011；Wang et al.，2013）。本书将 ISSR 分子标记技术运用于竹节草这种草坪草。研究表明 86 份竹节草种质资源，显示出了丰富的多态性，也表明 ISSR 分子标记用于研究竹节草遗传多样性的可行性。

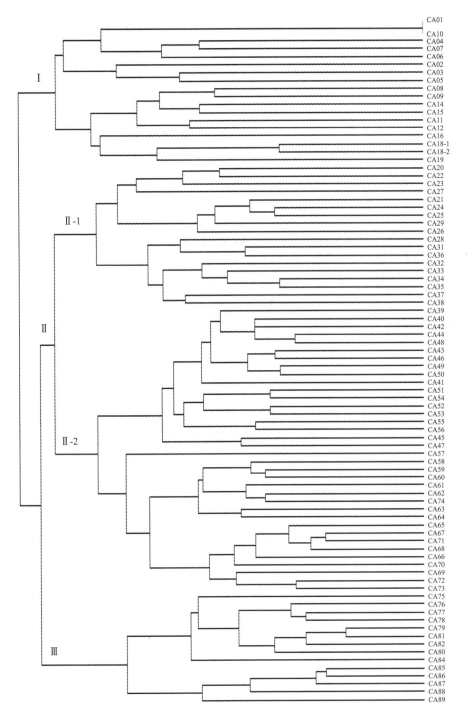

图 3-8 86 份竹节草种质资源的 ISSR 聚类分析结果

25 条 ISSR 引物共获得了 283 条条带，平均每个引物扩增出 11.32 条条带，多态性比率为 94%；*He* 值和 *I* 值分别是 0.3 和 0.29，说明 ISSR 可提供丰富的遗传多样性信息。ISSR 研究的是整个基因组的多样性，同时运用多种分子标记，如同时运用 ISSR 和 SRAP 两种分子标记技术进行分析时，ISSR 得到的遗传多样性信息可能更加丰富，如丹参（Song et al.，2010）、木耳（Tang et al.，2010）和夏枯草（Liao et al.，2012）等。

86 份竹节草的聚类分析结果可知，具有相同或相近地理来源的材料被聚在了一类，但也有不同来源的材料聚在一类。来自同一地区的材料大部分能够聚在一类，但也有可能聚在不同类中，这可能反映了扩散引入物种的基因或某些基因的渗入（Li et al.，2011）；同时，来自不同地区的竹节草聚类在了一起，这可能与竹节草自由传粉有关，还可能是来源于不同地区的竹节草之间发生基因交流（Farsani et al.，2012），导致了种质资源间的杂交选择。另外竹节草以无性繁殖为主，人类活动与自然因素等都可能使其转入异地扩展繁殖；尽管竹节草的结实率较低，但仍然能进行天然杂交，也可能致其基因型改变，使得竹节草种质资源的遗传距离与其地理来源的关系复杂化，聚类结果多样化。这种现象也出现在其他种质资源中（Bornet et al.，2002；Wang et al.，2013）。

三、基于SSR分子标记对竹节草种质资源遗传多样性分析

（一）竹节草种质资源 SSR 分子标记开发

取 1 μg 的 CA10 品系基因组 DNA，依据罗氏 454 测序方法，构建 shotgun 测序文库。参考 Toth 等（2000）提出的文库富集方法，用(AC)$_{12}$、(AG)$_{12}$、(AAT)$_8$、(AGG)$_8$、(AGC)$_8$、(AGAT)$_6$ 和(ACAG)$_6$ 对文库进一步富集。随后使用 GS-FLX 测序系统进行测序。通过 MISA 软件（MIcroSAtellite identification tool）(http://pgrc.ipk-gatersleben.de/misa/) 对微卫星序列进行选择，选择参数设置如下：10 个重复单位单核苷酸，6 个重复单位的双核苷酸，5 个重复单位的三核苷酸、四核苷酸、五核苷酸和六核苷酸，两个 SSR 引物之间最大的相差 100 个核苷酸单位，剩余的参数设置为默认值。用 PRIMER3 软件进行引物设计（Rozen et al.，2000），扩增片段长度为 100～400 bp。

选取 20 份竹节草材料（表 3-28）用于 SSR 分子标记的开发，20 μl 扩增体系中含有 10 ng 模板 DNA，0.18 mmol/L dNTP，0.2 μmol/L 的引物，2 μl 10×buffer 和 1 U 的 *Taq* DNA 聚合酶。PCR 扩增程序如下：95℃预变性 5 min；接下来的 45 个循环，在 94℃变性 30 s，其退火温度 48～60℃，退火 30 s，在 72℃延伸 40 s；最后在 72℃延伸 10 min。反应结束后用 8%聚丙烯酰胺凝胶进行电泳检测。多态性数据的统计，Nei's 遗传相似距离使用 POPGENE v.1.3.2 计算得出。用 UPGMA 法对 Nei's 遗传相似距离进行分析，进而得出 20 份供试竹节草种质

资源的遗传关系，并使用 NTSYS-pc 软件（版本 2.1）中的 SAHN 模块将供试材料聚类分析。最后，运用 NTSYS-pc 软件（版本 2.1）中的 COPH（cophenetic values）和 MXCOP（matrix comparison plot）模块，对供试材料的地理位置及其遗传相似距离进行 Mantel 检测（Mantel，1967）。

表 3-28　20 份竹节草材料的来源

品系名	来源	品系名	来源
CA06	海南琼海	CA48	福建长泰
CA08	海南琼海	CA49	福建平和
CA09	海南万宁	CA53	广西钦州
CA11	海南万宁	CA63	广西梧州
CA14	海南定安	CA64	广西岑溪
CA25	广西岑溪	CA69	广西合浦
CA27	广西贵港	CA71	广东茂名
CA36	广西崇州	CA73	广东遂溪
CA42	海南海口	CA77	云南宁洱
CA46	海南琼中	CA87	海南琼中

1. 引物信息

66 198 个原始序列中，共有 17 161 个序列可识别（占 25.92%），其中有 4289 适合用于引物的设计（占 6.48%）。序列由单碱基、二碱基、三碱基、四碱基、五碱基和六碱基构成，所占比例分别为 6.35%、47%、41.42%、4.85%、0.05% 和 0.35%。随机选取 100 对微卫星位点设计引物，从中筛选出了 25 对扩增条带清晰、扩增效果好的引物。这些开发出的 SSR 引物的详细信息，存放在 GenBank 基因文库中（KT946824～KT946834，KU70066～KU70079）。

2. 测试材料扩增结果

将引物用于 20 份材料的扩增测试，仅有 11 对引物扩增位点具有多态性。等位基因位点变化范围：3～6 个；Nei's 遗传多样性指数变化范围：0.085～0.493；Shannon 信息指数变化范围：0.141～0.686。

3. 测试材料聚类分析

用 UPGMA 法对 20 份竹节草材料进行聚类分析，见图 3-9，其中 CA06、CA08、CA09、CA11 和 CA14 聚在 I 类，这 5 份材料均来自海南省。来自广西的 CA25、CA27、CA36、CA53、CA63、CA64 和 CA69，广东的 CA71 和 CA73，福建的 CA49 和 CA48，海南的 CA42，以及云南的 CA77 聚在 II 类。来自海南琼中的 CA46 和 CA87 单独聚在 III 类。

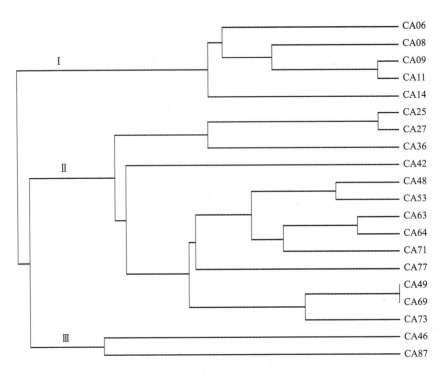

图 3-9　20 份竹节草种质资源的 SSR 聚类分析结果

4. 讨论

66 198 个原始序列中，共有 17 161 个序列可识别（占 25.92%），其中有 4 289 适合用于引物的设计（占 6.48%）。我们随机选取了 100 对微卫星位点设计引物，从中筛选了 25 对扩增条带清晰、扩增效果好的引物。将引物用于 20 份材料的扩增测试。等位基因扩增位点平均 3.64 个；Shannon 指数平均值 0.428；Nei's 遗传多样性指数平均值 0.293。使用 NTSYS-pc 软件（版本 2.1）中的 COPH 和 MXCOP 模块，计算材料来源地和遗传距离的拟合优度，Mantel 检测值 $r = 0.7372$，由此可知材料来源地和遗传距离显著相关。用 UPGMA 法对 20 份竹节草材料聚类分析，来自同一地区的材料更容易聚类在同一类，这个现象也出现在其他品种的微卫星开发实验中（Tani et al.，1998；Budak et al.，2004a，2004b；Wang et al.，2010，2013，2015b）。从聚类分析图中可知，来自海南省的 8 份材料（CA06、CA08、CA09、CA11、CA14、CA42、CA46 和 CA87）聚在了不同类。这些材料在坪用性状上表现出很大不同。其中 CA46 和 CA87 聚在Ⅲ类，这两份材料匍匐茎和直立茎叶片长度较长，节间长度较长，花絮密度较大。CA06、CA08、CA09、CA11 和 CA14 这 5 份材料聚在Ⅰ类，这 5 份材料和Ⅲ类的坪用性状相反。包括 CA42 在内的其他 13 份材料，来自 5 个不同的省份，这些材料的坪用性状居于Ⅰ类与Ⅲ类之间。总体来说，遗传距离与其地理来源关系复杂。竹节草是一种杂交繁育能力很强的物种，由于人类活动，不同区域的物种之间容易进行基因交流，经过进一步的繁殖和扩增，使物种间具有较高水平的遗传差异。基因渗入可能导致来自不同区域的材料交叉聚类。从图 3-10 可知，来自福建平和的 CA49 和来自广西合浦的 CA69 亲缘关系最近，可以利用这些不同来源种质资源的遗传关系在杂交育种中选择亲本。对竹节草进行 SSR 分子标记开发的实验结果显示竹节草野生种质资源之间遗传多样性较好。SSR 分子标记的开发，能够对分子标记辅助育种和竹节草野生种质资源的鉴定提供重要的参考价值。

（二）对竹节草种质资源遗传多样性分析

微卫星（Microsatellite）DNA 是一种简单重复序列（Simple Sequence Repeat，SSR），其核心单位由 1～6 个核苷酸组成，如(CA)n、(GAG)n、(GACA)n 等，由于串联重复的数目是可变的而呈现出高度多态性。微卫星 DNA 两侧一般是保守序列，可根据该序列设计特异性引物，通过 PCR 扩增来检测其多态性。SSR 分子标记具有多态性高、重复性好、表现为共显性的孟德尔遗传等优点，已在草坪草（Jones et al，2001；Tsuruta et al，2003）、农作物（朱明雨等，2004）、果树（王爱德等，2005；高源等，2007）等植物上应用。

利用已开发的微卫星序列设计引物，对来自不同地区的竹节草种质资源进行研究，探讨竹节草之间的遗传多样性，从分子水平了解不同地区的竹节草种质资源的多态性，为今后的系统选育、杂交育种及竹节草种质资源的保护和利用提供科学的依据，并初步探讨竹节草种质资源间的遗传关系。试验材料同本节第一部分。竹节草基因组基因分离 SSR 分子标记，使用了 FIASCO 的罗氏 454 测序技术结合磁珠富集的方法。66 198 个原始序列中，共有 17 161 个序列可识别，其中有 4 289 个适合用于引物的设计。我们随机选取了 100 对微卫星位点来设计引物，从中筛选出了 25 对扩增条带清晰、扩增效果好的引物来分析 86 份竹节草种质资源的多态性。

SSR-PCR 扩增反应体系参照 Wang 等（2007）开发出的狗牙根 SSR-PCR 扩增体系及 Wang 等（2015a）开发出的地毯草 SSR-PCR 扩增体系。每 20 μl 的 PCR 扩增反应体系中含 2 μl 10×buffer（100 mmol/L Tris-HCl pH 8.3，500 mmol/L KCl，15 mmol/L MgCl$_2$），1.8 mmol/L dNTP，30 ng 模板 DNA，上游引物和下游引物各 1.0 μmol/L，0.2 μl Taq DNA 聚合酶及 13 μl ddH$_2$O，每管加一滴矿物油覆盖。扩增反应程序如下：95℃预变性 5 min；接下来的 40 个循环，94℃下变性 30 s，在 48～60℃的退火温度下退火 30 s，接下来在 72℃延伸 45 s；最后在 72℃延伸 10 min，4℃保存。参照本节第一部分 SRAP-PCR 扩增产物的检测方法。数据处理同本节第一部分 SRAP 分子标记的方法。

1. SSR 分子标记对竹节草种质资源遗传多态性分析

25 个 SSR 引物组合对 86 份竹节草种质资源进行扩增（表 3-29），共扩增出 90 条条带，多态性条带 83 条，平均 3.32 条。多态性比率平均值为 92.22%，最大值为 100%（KT946824、KT946826、KT946830、KT946832、KT946833、KT946834、KU170066、KU170067、KU170068、KU170069、KU170070、KU170071、KU170072、KU170073、KU170074、KU170075、KU170076、KU170077、KU170078 和 KU170079），最小值 50%（KT946827 和 KT946829）。每个引物多态性条带数 2（KT946827、KT946828、KT946829、KT946831 和 KU170079）~6 条（KT946826、KU170072 和 KU170074），平均值为 3.6。

2. SSR 分子标记对竹节草种质资源遗传多样性分析

由软件计算结果得出：I 和 He 值分别是 0.33 和 0.48。对 86 份竹节草品系进行遗传多样性分析，其结果显示，所供试材料样本间遗传相似系数（GS）的变化范围 0.51~0.96。通常来讲，两品系间的遗传相似系数越大，代表两者之间的遗传差异性越小，亲缘关系越近。其中来自海南海口的 CA01 品系和来自海南万宁的 CA10 品系的遗传相似系数最大，为 0.96，表明它们之间的遗传差异最小，亲缘关系最近。来自海南琼海的 CA02 品系和海南陵水的 CA38 品系的遗传相似系数最小，为 0.51，说明它们之间的遗传差异较大，亲缘关系最远。

3. SSR 分子标记对竹节草种质资源的聚类分析

用 UPGMA 法对 86 份竹节材料进行聚类分析（图 3-10），从聚类图可以看出，86 份竹节草材料分为 2 类（Ⅰ和Ⅱ）：Ⅰ类由 69 份材料组成，可分为Ⅰ-1、Ⅰ-2 和Ⅰ-3 三个亚类。亚类Ⅰ-1 中含 24 份材料，其中海南 14 份（CA01、CA10、CA24、CA04、CA21、CA06、CA38、CA34、CA46、CA37、CA29、CA64、CA42 和 CA41），广西 6 份（CA53、CA07、CA25、CA32、CA44 和 CA45），广东 2 份（CA26 和 CA33）、福建 1 份（CA48）和云南 1 份（CA35）；亚类Ⅰ-2 中含 32 份材料，其中海南 12 份（CA14、CA16、CA31、CA58、CA40、CA51、CA59、CA60、CA61、CA55、CA62 和 CA66），广西 13 份（CA28、CA56、CA36、CA47、CA69、CA72、CA39、CA52、CA63、CA54、CA74、CA65 和 CA68），广东 5 份（CA43、CA73、CA50、CA71 和 CA70）和福建 2 份（CA49 和 CA67）；亚类Ⅰ-3 中含有 13 份材料，其中海南 6 份（CA81、CA82、CA85、CA88、CA86 和 CA89），云南 3 份（CA75、CA76 和 CA77），广东 3 份（CA78、CA80 和 CA79）和广西 1 份（CA87）。

表 3-29　竹节草种质资源分析所用的 25 对 SSR 引物信息及扩增多态性

引物	引物序列	重复基元	退火温度/℃	扩增片段长度/bp	扩增条带数/条	多态性条带数/条	基因库信息
IJ3Q0KF02HEEVY	F:AGGAGGAAGAGGAGGAGCGAG R:CCATGAGGAGGAAGAGCAAG	$(GGA)_{12}$	59.9	166~364	4	4	KT946824
IJ3Q0KF02JB94X	F:ATCCCAGCATATCCAAATCG R:CACCACCAATCCACCATGTA	$(AAG)_8ACGACGACGACC(AAG)_6$	60.1	86~315	4	3	KT946825
IJ3Q0KF02IILLR	F:CGCAAGAACTCTGGAGGAAC R:TCGTAATAGCTGCACCATGC	$(AG)_{24}$	59.9	117~318	6	6	KT946826
IJ3Q0KF02H9WIF	F:CCCCTCCATCACCATAGCTT R:CTGCAAGCCAACAGAAACAA	$(TTG)_{12}$	61.2	178~395	4	2	KT946827
IJ3Q0KF02FQL5F	F:CATCGCCAGATTGTCCTCTCA R:GGAGCATTGAAGAGTGAGGC	$(AAG)_8$ GACAAGAGAGAGAGGAAGAGAACAAGAAGGA GAAGAGAAGAAGGTTGAGTAC$(AAG)_5$	59.9	164~433	3	2	KT946828
IJ3Q0KF02FOQLC	F:GCCAATGACGTTGAAACACC R:TCAGCAGATGAGCAGAGTCG	$(TCT)_{19}$	59.9	111~295	4	2	KT946829
IJ3Q0KF02GCT8C	F:CGGATTCATGTGACCTGTGT R:TTTGGTGATTTCTTCGTCCC	$(CA)_{16}(TA)_6$	59.4	213~409	3	3	KT946830
IJ3Q0KF02GKSXP	F:GCCGACAGGAATAGGACAGA R:ACACCATCCTGGAACCCATA	$(AC)_{27}$	60.2	104~372	3	2	KT946831
IJ3Q0KF02IC1FO	F:CACGTGATCTTGGACAATGG R:TCACACTATAAAAGAGCGAGCG	$(TGAGA)_5(GAT)_9$*	59.7	98~348	3	3	KT946832
IJ3Q0KF02IWEAL	F:CCTGATCTCGACACAA R:TTTTCTGTGTCTCTGTGTGTGTG	$(AG)_6GGAGAAAGAAAACACACACCATTC(AG)_6$	59.8	41~300	3	3	KT946833
IJ3Q0KF02IRPRC	F:TCACTTCATCGCGAATTGTC R:TGTAGCATGCAATGGAGTC	$(AGA)_5$ AGGAGAAGAAGAGAAAAGTTTGAGTAC$(AAG)_5$	59.7	158~541	3	3	KT946834
IJ3Q0KF02IR1JK	F:CGTTCGACCACTACTCCT R:TGATCCTAGAACATACTTCTGTCTCA	$(AG)_{11}GAGAGATCATT(GA)_{21}$	59.9	82~328	4	4	KU170066
IJ3Q0KF02G880P	F:CCTCTCAAACTGGATGGATGA R:TGAGCAGACAAAAGATCAGGA	$(AC)_{24}(AT)_{10}$	60	110~273	3	3	KU170067
IJ3Q0KF02I1K5W	F:TAGTTCCACCCCAAGGACTG R:AATTACGGCCACTGTTCACC	$(AC)_{26}$	59.9	30~334	3	3	KU170068

续表

引物	引物序列	重复基元	退火温度/℃	扩增片段长度/bp	扩增条带数/条	多态性条带数/条	基因库信息
IJ3Q0KF02IV3WL	F:TTGGGTCCGCTATTTCAATC R:GCATACCTATGCTGCTGCTG	$(AC)_{28}$	59.9	49~247	3	3	KU170069
IJ3Q0KF02F5QAZ	F:ATTTCTGCGCTGACGTTCTT R:AGCAAGCATTCGATACCCAC	$(TAC)_{11}(TCC)_5TCTTACTACTACTCCTCCTA(CTG)_8$	60	97~321	4	4	KU170070
IJ3Q0KF02GPZ5W	F:TTGTTGGAGCTATAGGTGGGC R:CCGGAATACCCCTACGTTTT	$(T)_{10}AGTGCTTCTTTCTTCTTCTTCTTT$ TTTTTGAATATATA$(T)_{10}$	60.1	2~363	4	4	KU170071
IJ3Q0KF02GIFY2	F:GCCCTGAGCTCCAAAAAGGAT R:ACTCTTGTTGCCCTTTGCAC	$(TG)_{14}(AG)_{17}$	60.7	173~423	6	6	KU170072
IJ3Q0KF02ITXXY	F:GCCTAGGTAAAAGCAGCGTG R:TCTGCGTTGGGGATGCTATT	$(GA)_{19}$	60.6	33~296	3	3	KU170073
IJ3Q0KF02HWAX3	F:AGCCCTGAGATGAGTTGTTGA R:TCATCGAATGCTACAATTTTTCA	$(GA)_{17}$	59.8	206~375	6	6	KU170074
IJ3Q0KF02JOGQY	F:GAGGCTGAGGACACTGAAGC R:TGCAGCAGGTACTGAATGGA	$(TATG)_{17}$	60	16~280	3	3	KU170075
IJ3Q0KF02HK5YU	F:TGTAGAGGCCATCGAATGTG R:TCACCCAACGTAACATAGCG	$(GA)_{27}$	59.6	113~413	3	3	KU170076
IJ3Q0KF02H1UGD	F:ATGGTTGGGGATGAATTTGA R:GCTCAAGTTTGGAGGAGCTG	$(TTC)_{19}$	60.1	40~327	3	3	KU170077
IJ3Q0KF02GSHP5	F:ATGGCAAGACTAGCGAGCAT R:TGTGCAAGAGCAAGGATCAC	$(CTT)_5$ GTACTCAAGCTTTTTTTACTTCTCCTTTT TGTTCTTCTTATCTTCTTATCTTCT$(TTC)_5$	60.1	107~364	3	3	KU170078
IJ3Q0KF02JDZAY	F:GAGTTTCTTCGCCCTTCAACG R:TATATGGTTCGAAACGGGGA	$(GA)_{16}$	59.9	116~319	2	2	KU170079
总计	—	—	—	—	90	83	—
平均值	—	—	—	—	3.6	3.32	—

　　Ⅱ类也包括 17 份材料，可分成两个亚类Ⅱ-1 和Ⅱ-2，亚类Ⅱ-1 含有 15 份材料，其中海南 13 份（CA02、CA22、CA19、CA12、CA08、CA20、CA09、CA11、CA15、CA23、CA84、CA05 和 CA18-2）和广西 2 份（CA27 和 CA57）；来自海南东方的 CA03 和海南儋州的 CA18-1 组成了亚类Ⅱ-2。从聚类结果来看，来自相同地区的材料并没有完全聚在一类，供试材料间存在较大的遗传差异。

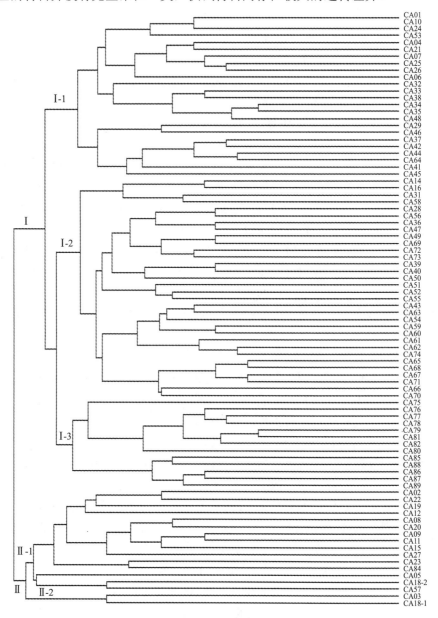

图 3-10　86 份竹节草种质资源的 SSR 聚类分析结果

4. 讨论

竹节草是异花授粉植物，通过郑玉忠（2004）对竹节草野生种质资源的调查研究可知，地理来源不同的竹节草种质资源间存在丰富的遗传变异。本书利用 SSR 分子标记研究 86 份来自不同地区的竹节草种质资源的遗传多样性，进而揭示不同竹节草种质资源间的亲缘关系。研究结果表明，25 个 SSR 引物组合共扩增出 90 条条带，其中 83 条为多态性条带，多态性比率为 92.22%，其遗传相似系数变化范围为 0.51～0.96，表明竹节草品种间具有丰富的遗传多样性，也在很大程度上代表了竹节草种质资源的遗传多样性（陈光等，2006）。He 值和 I 值分别是 0.33 和 0.48，遗传多样性的广泛，说明 SSR 分子标记可以提供丰富的遗传信息。Wang 等（2013，2015a）对狗牙根和对地毯草的研究，均表现出相似的结果。

86 份竹节草种质资源可被分为两大类，结果表明，聚类结果和材料的地理来源有一定关系。从聚类结果中可看出，来自广东省、云南省和福建省的材料全部聚类在 I 类；来自广西梧州的三份材料（CA63、CA65 和 CA68），都聚类在亚类 I-2 中，来自海南儋州的 3 份材料（CA12、CA15 和 CA18-2）都聚类在亚类 II-1，都表明了来自同一地区的种质资源容易被聚在同一类中。但地理来源相同的种质资源并没有完全聚在一类，可能是外来种质资源的基因扩散和基因渗透现象导致的（Li et al.，2011）。相对的，由于竹节草的开放性授粉这一特点，地理来源不同的物种之间，在长期适应环境的过程中，经过杂交生长繁殖，不同地区的种质资源发生了基因交流，也出现了一些性状交叉趋同的现象，产生了基因的遗传重叠（Farsani et al.，2012）。

聚类结果表明，在一些大类和亚类的种质资源之间，存在一些形态上的共同特点。亚类 I-1 中的种质资源坪用性状较好，如其花絮密度较高，垂直生长较快，匍匐茎分枝较少，其成坪速度较快，II 类中的种质资源坪用性状和亚类 I-1 表现相反，花絮密度较低，垂直生长较慢，匍匐茎分枝较多，可用于繁殖研究；亚类 I-2 和亚类 I-3 的坪用性状居中，可以根据不同的生产目的，进行选择。相似的特点也出现在其他植物种质资源的研究报道中（Li et at.，2001b；Bornet et al.，2002；Li et al.，2011；Wang et al.，2010，2013，2015a）。其中 CA03 和 CA18-1 均来自海南，被单独聚类在亚类 II-2 中，没有和其他来自海南省的供试材料聚类在一起，这两份材料和其他在亚类 II-1 中的材料相比，具有较高的水分利用效率，其抗旱性较好，可以在选育新品种中加以运用。

通过 SSR 分子标记对竹节草种质资源遗传多样性的研究评价得出的结果，可以用于竹节草育种中遗传资源的保护与鉴定，合理选配亲本、充分发掘利用现有种质资源等方面。研究结果也说明 SSR 分子标记可用于种质资源较多时的分析研究中。

四、SRAP、ISSR和SSR分子标记检测竹节草遗传多样性的比较研究

选用来自国内 5 个不同地区大量竹节草种质资源，以多种分子标记技术（ISSR、SRAP 和 SSR）为核心技术，可更为深刻地探讨竹节草种质资源的遗传多样性与生态分布之间的关系，以期对竹节草种质资源间亲缘关系进行深入分析；最后综合分析其遗传多样性，形态多样性及抗性评价结果，这也为进一步深入开发利用竹节草种质资源提供了重要参考依据。整合处理 ISSR、SRAP 与 SSR 3 个分子标记的数据，并进行分析。运用 NTSYS-pc 软件（版本 2.1）中 COPH 和 MXCOP 模块对 86 份竹节草材料 ISSR 分子标记的相似系数矩阵、SRAP 相似系数矩阵和 SSR 相似系数矩阵进行了 Mantel 检测，得到 3 个相似系数矩阵两两之间的相关系数。同时使用 NTSYS-pc 软件（版本 2.1），结合 ISSR、SRAP 和 SSR 数据，对 86 份竹节草材料进行 UPGMA 聚类分析。

1. SRAP、ISSR 和 SSR 各分子标记之间相关性分析

对 3 个分子标记遗传相似系数矩阵的相关性进行 Mantel 检测，得到 SRAP 和 ISSR、SRAP 和 SSR、ISSR 和 SSR 分子标记之间的相关系数分别为 0.802 3、0.714 2 和 0.702 1。根据 Mantel 检测的标准（Mantel，1967）：$r \geqslant 0.9$ 表示两者非常匹配，$0.8 \leqslant r < 0.9$ 表示两者匹配良好，$0.7 \leqslant r < 0.8$ 表示两者匹配较差，$r \leqslant 0.7$ 表示两者匹配差。从相关性分析结果可以看出 ISSR 和 SRAP 分子标记分析的结果匹配良好，表明这 2 种分子标记所得到的结果一致性较高，同时存在一定差异。而 SRAP 和 SSR、ISSR 和 SSR 则匹配性较差，说明 SSR 分析得到的结果与 ISSR 和 SRAP 分析结果之间存在比较大的差异。

2. 基于 SRAP、ISSR 和 SSR 分子标记的综合聚类分析

用 NTSYS-pc 软件（版本 2.1）综合 SRAP、ISSR 和 SSR 分子标记对 86 份竹节种质资源的分析数据进行 UPGMA 聚类分析（图 3-11），从聚类图可以看出，在 $GS=0.696$ 处，将 86 份竹节草种质种质资源分为 4 类（Ⅰ、Ⅱ、Ⅲ和Ⅳ）：Ⅰ类有 19 份种质资源，其中海南 11 份（CA01、CA10、CA04、CA06、CA21、CA24、CA29、CA31、CA34、CA37 和 CA38），广西 5 份（CA07、CA25、CA36、CA28 和 CA32），广东 2 份（CA26 和 CA33）和云南 1 份（CA35）。

Ⅱ类包括 36 份种质资源，海南 13 份（CA40、CA42、CA46、CA41、CA51、CA55、CA58、CA61、CA62、CA59、CA60、CA64 和 CA66），广西 15 份（CA39、CA44、CA53、CA54、CA45、CA47、CA57、CA63、CA74、CA65、CA52、CA56、CA69、CA68 和 CA72），广东 5 份（CA43、CA50、CA73、CA71 和 CA70）和福建 3 份（CA48、CA49 和 CA67）。

Ⅲ类包括 14 份种质资源，海南 7 份（CA81、CA82、CA84、CA85、CA86、CA88 和 CA89），广东 3 份（CA78、CA79 和 CA80），云南 3 份（CA75、CA76 和 CA77）和广西 1 份（CA87）。

Ⅳ类包括 17 份种质资源，其中海南 16 份（CA02、CA03、CA05、CA08、CA09、CA14、CA15、CA11、CA12、CA16、CA18-1、CA18-2、CA19、CA20、CA22、CA23）和广西 1 份（CA27）。从聚类分析结果来看，绝大部分来自相同地区的种质资源聚在同一大类中，但并没有完全聚在一类。

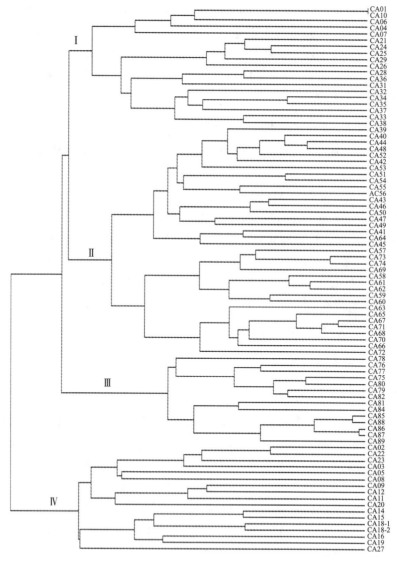

图 3-11　基于 ISSR、SRAP 和 SSR 3 个分子标记对 86 份竹节草种质资源的综合聚类分析

3. 讨论

ISSR、SRAP 和 SSR 3 种分子标记揭示竹节草遗传相似系数范围分别为 0.52～0.93、0.56～0.91 和 0.51～0.96，说明竹节草种质资源间存在有较大的遗传多样性。从 3 种分子标记提供的多态性信息可以看出，三种分子标记均能产生丰富的多态性条带，ISSR 分子标记产生多态性比率最高，为 94%；SSR 分子标记次之，为92.22%；最低的是 SRAP 分子标记，为 91.87%。相关性分析结果可以看出 ISSR和 SRAP 分子标记分析的结果匹配良好，表明这 2 种分子标记所得到的结果一致性较高，但也存在一定差异。SRAP 和 SSR、ISSR 和 SSR 匹配性较差，说明 SSR分析得到的结果与 ISSR 和 SRAP 分析结果之间存在比较大的差异。3 种分子标记的聚类分析都和供试材料的地理分布有一定关系。聚类分析将 86 份竹节草种质资源分为 4 类，分类结果与地理位置分布情况更加相符。虽然结合 3 种分子标记结果分析存在争议（Mohammadi et al.，2003），但仍可为分子标记辅助育种提供重要的参考价值。

用 3 种分子标记对竹节草种质资源进行遗传多样性分析。不同的分子标记，其分析结果和多态性水平有一定差异，ISSR 分子标记的多态性水平（94%）高于SSR 分子标记（92.22%），而 SRAP 分子标记的多态性比率最低（91.87%）。此结果和其他一些草坪草的试验结果不同，如 Budak 等（2004c）用这 3 种分子标记及 RAPD 分子标记对野牛草的遗传多样性分析，结果为 SRAP 分子标记多态性比率最高（95%），RAPD 分子标记多态性比率最低，而 SSR 和 ISSR 分子标记多态性比率居中；王晓丽等用 SSR、ISSR 和 SRAP 分子标记对地毯草的遗传多样性分析，SSR 分子标记的多态性水平（97.96%）高于 SRAP 分子标记（96.67%），而ISSR 分子标记的多态性比率最低（94.23%），这可能和试验材料、引物数量多少及试验方法等不同都有相关性。

对 3 种分子标记的聚类分析比较发现，SSR 分子标记将材料分为两类，而 ISSR和 SRAP 分子标记都可分为三类，其分类结果，都和材料来源表现出一定的相关性。ISSR 和 SSR 分子标记中，遗传距离最近的 2 份种质资源是来自海南海口的CA01 和海南万宁的 CA10，表明这 2 份种质资源间的亲缘关系很近。在形态学标记聚类结果中，这两份材料也被聚在同一大类之中，其形态学特点主要为花絮密度低，种子数目、生殖枝高等各项指标都居中，属中间型。SRAP 中遗传距离最近的 2 份种质资源，CA21（海南东方）和 CA24（海南三亚），也都在此大类中。这些表现都说明形态学标记和不同分子标记间在聚类分析上具有一定的一致性。竹节草种质资源间存在丰富的遗传多样性，结合分子标记聚类分析结果，以及其形态学的相关特征，选育竹节草优良种质资源，缩短育种年限，提高育种效率，为进一步研究应用奠定良好的基础。

第十节　储藏温度对竹节草和地毯草离体匍匐茎
再生活力分析

　　地毯草和竹节草由于植株低矮、弹性好、易繁殖、蔓延快且成坪性好，是用于庭园、运动场和固土护坡的优良暖季型草坪草，都广泛分布于世界热带和亚热带地区，喜潮湿的热带和亚热带气候（郑玉忠，2004；廖丽等，2011a，2012）。在我国海南省儋州、昌江、白沙、琼中、琼海、顿昌、澄迈、文昌、临高等地区常见，生于开阔草地、疏林下和路边，尤以橡胶林下成林缘最多（郑玉忠，2004；廖丽等，2011b，2012）。

　　目前，国内建植草坪常采样草坪草的营养体，撒茎覆土的建坪方式由于其成坪速度、坪用质量、均一性等指标综合评价较优，被越来越多的园林工作者采用（张婷婷，2008）。然而匍匐茎经过加工、储运等处理后，其再生活力呈现显著下降（张婷婷等，2009）。因此，如何提高匍匐茎再生活力，成为急需解决的问题。国内外关于暖季型草坪草匍匐茎或其他营养体储运的研究取得一定的进展（张婷婷等，2009；King，1970；Maw et al.，1999；Schmidt et al.，2001；Ervin et al.，2005；蒋志峰等，2003）。但关于竹节草和地毯草离体匍匐茎储藏与其再生活力方面的研究较少。因此，本书旨在研究不同储藏温度对竹节草（CA10）和地毯草（A64）离体匍匐茎再生活力的影响及其差异，为今后竹节草和地毯草离体匍匐茎的收获、加工和储运提供试验依据。

1. 不同储藏温度对地毯草和竹节草离体匍匐茎存活率的影响分析

　　匍匐茎种植后存活率的高低是草坪建植能否迅速成坪，能否缩短生产周期的主要限制因子（张婷婷，2008）。在常温储藏下，竹节草和地毯草离体匍匐茎的存活率在 0～8 d 呈较平稳的趋势，8 d 后呈下降的趋势，地毯草离体匍匐茎存活率下降趋势较竹节草平缓，在第 14 d 地毯草和竹节草离体匍匐茎的存活率分别为 29% 和 33%（图 3-12）。

　　如图 3-13 所示，低温[18℃（日）/10℃（夜）]储藏对两者匍匐茎的存活率影响差异显著，储藏 14 d 后，地毯草和竹节草离体匍匐茎存活率仍为 69% 和 87%。两者之间呈极显著差异（$P<0.01$）。

　　高温[35℃（日）/27℃（夜）]储藏两种草坪草离体匍匐茎存活率下降幅度呈显著差异（$P<0.05$），地毯草和竹节草离体匍匐茎储藏第 6 d 存活率迅速下降为 34% 和 47%，竹节草和地毯草离体匍匐茎分别在第 14 d 和 12 d 时，存活率下降为 0；对于高温，两者都呈直线下降趋势（图 3-14）。常温下[25℃（日）/17℃（夜）]储藏的匍匐茎的存活率下降幅度明显高于低温下的匍匐茎，但却明显低

于高温下的匍匐茎。

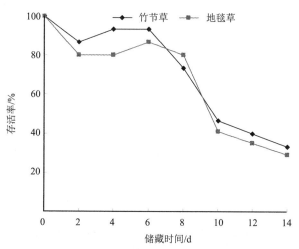

图 3-12　常温储藏对地毯草和竹节草离体匍匐茎存活率的影响

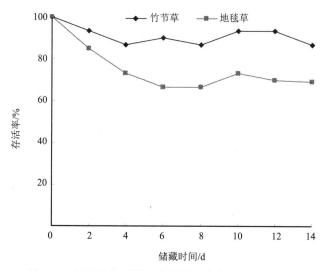

图 3-13　低温储藏对地毯草和竹节草离体匍匐茎存活率的影响

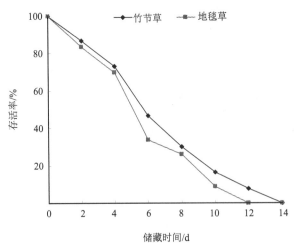

图 3-14　高温储藏对地毯草和竹节草离体匍匐茎存活率的影响

2. 不同储藏温度对地毯草和竹节草离体匍匐茎成活率的影响分析

成活率是衡量匍匐茎储藏效果的重要指标，直接关系到草坪的最终坪用质量（张婷婷等，2009）。由图 3-15～图 3-17 可知，地毯草和竹节草离体匍匐茎在常温[25℃（日）/17℃（夜）]与低温[15℃（日）/7℃（夜）]储藏的成活率差异不显著，且两个温度条件对地毯草和竹节草匍匐茎的成活率影响均远小于高温[35℃（日）/27℃（夜）]储藏，对于竹节草离体匍匐茎，高温储藏第 4 d，保鲜袋中的匍匐茎开始出现异味，而地毯草离体匍匐茎在高温处理下，成活率的下降幅度更大一些，在第 3 d 就开始出现异味。两种草坪草在第 14 d 时保鲜袋中有强烈的刺激气味且匍匐茎全部枯死。两种草对高温的耐受能力都不强，后期茎段均全部枯死。

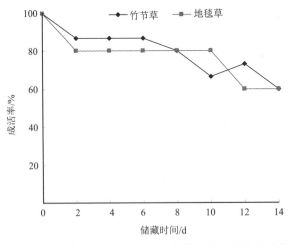

图 3-15　常温储藏对地毯草和竹节草离体匍匐茎成活率的影响

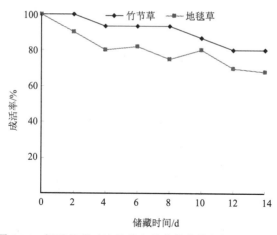

图 3-16 低温储藏对地毯草和竹节草离体匍匐茎成活率的影响

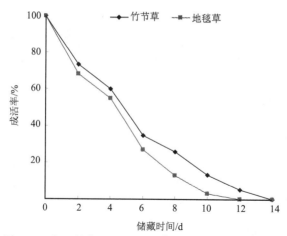

图 3-17 高温储藏对地毯草和竹节草离体匍匐茎成活率的影响

3. 讨论

草坪无性建植方法有草块铺栽、植株分栽、撒茎覆土法、植生带及地毯草皮建植等（Chen et al.，1991；胡林等，2001），植生带和地毯草皮建植主要适用于冷季型草坪草和种子型播种材料（包静晖等，2000；王萃夫等，1988）。对于营养体为建植材料的暖季型草坪草，相对其他建植方法，撒茎覆土法操作简单，成本低廉，对土壤破坏程度较低，随着国内外园林化城市的推进，越来越受到园林工作者的青睐。但离体匍匐茎在加工、储藏和运输过程中，匍匐茎不能进行光合作用，呼吸代谢消耗导致干物质积累量逐渐减少，且内部呼吸作用产生的热量因不能及时散发常使内部温度高于外界（杨福良，2002）。因此，如何延长离体匍匍匐茎的储藏时间，是生产上急需解决的问题。

　　竹节草和地毯草都属于热带地区常见草坪草种，在海南地区尤为多见。目前，地毯草和竹节草作为优良的草坪草，已广泛建植在校园、居民区、边坡绿化等。但关于两种草坪草匍匐茎加工与储藏方面的研究较少。而对于其他草坪草，已开展相关方面的研究（张婷婷等，2009；蒋志峰等，2003），尤其是果蔬产品及鲜切花的保藏技术已经得到较为深入的研究（Yun et al.，2010；Liu et al.，2011；Zhang et al.，2012），这些研究都为本书试验的开展提供参考。本书试验结果表明，高温［38℃（日）/30℃（夜）］储藏下，竹节草和地毯草匍匐茎的再生活力受明显抑制，储藏第 6 d，存活率仅为 47% 和 34%，分别在第 14 d 和 12 d 全部枯死。常温［28℃（日）/20℃（夜）］储藏下，匍匐茎再生活力在后期也受一定影响，储藏第 14 d，存活率降为 33% 和 29%，后期存活率不高。低温［18℃（日）/10℃（夜）］储藏下表现最好，匍匐茎再生活力基本不受影响，存活率较高。该结果与张婷婷等（2009）对狗牙根的研究结果相类似。高温储藏对竹节草离体匍匐茎再生活力的抑制作用要低于地毯草，而低温储藏对其再生活力的保持又要优于地毯草。

　　高温［38℃（日）/30℃（夜）］储藏对竹节草和地毯草离体匍匐茎段存活率和成活率的影响最大，储藏第 10 d，存活率已经接近于零，常温储藏存活率约为 40%，低温储藏匍匐茎存活率为 93%（竹节草）和 70%（地毯草）。说明降低储藏温度，有利于缩短匍匐茎的缓苗期，在利用茎段建植上达到快速成坪的目的。低温储藏条件下，14 d 内对匍匐茎的成活率影响较小，这可能是因为分蘖枝的原始体腋芽由叶鞘包被并处于休眠状态（张婷婷等，2009；熊炜等，2002），叶鞘有效地保护腋芽不受逆境的胁迫，当外界环境条件适宜时，腋芽打破休眠，生长成坪。在形态学方面，竹节草的茎节短且叶鞘几乎覆盖整个节间，而地毯草的节间长且叶鞘短（陈守良，1997），导致地毯草和竹节草在不同的温度处理下，离体匍匐茎的存活率和成活率有明显的差异。

　　前人研究表明，呼吸速率、相对电导率与存活率、成活率均呈极显著负相关，可溶性糖含量、存活率与成活率均呈极显著正相关（张婷婷等，2009）；另外，储藏过程也是一个相对的逆境胁迫过程，尤其是在高温储藏过程中，植物会产生失水萎蔫等一系列的生理生化变化，本书对两个热带草坪草的离体匍匐茎进行了初步研究，今后在此基础上，将进一步研究热带草坪草（地毯草和竹节草）在储藏过程中生理生化变化及如何运用栽培管理措施（草皮收获时间、修剪、施肥、灌溉和病虫害防治）与化学方法（生长调节剂，如 TE、CCC、SA 等）对其加以调控。同时进一步分析两个草坪草离体匍匐茎储藏过程中的差异，为热带草坪草的研究和生产实践奠定基础。

第四章 除草剂对竹节草及伴生杂草狗牙根和马唐的药效生理初步研究

第一节 苞卫和三氯吡氧乙酸对马唐生理特性及抗氧化酶的影响

活性氧（ROS）是一类由 O_2 转化而来的自由基或具有高反应活性的离子或分子。活性氧有以下几种主要形式，分别为过氧化氢（H_2O_2）、单线态氧（$^1O_2$）、超氧化物（O_2^-）和羟自由基（·OH）（刘家忠等，1999）。ROS 在高浓度下对有机体极其有害，当 ROS 水平超出防御机制所及范围，细胞就处于氧化胁迫状态，会引起脂类和膜脂的过氧化，导致脂类的氧化损伤和膜结构与功能的破坏（Møller et al.，2007）。

植物体内的抗氧化系统是由抗氧化酶类，如超氧化物歧化酶（SOD）、抗坏血酸过氧化物酶（APX）、过氧化物酶（POD）、谷胱甘肽还原酶（GR）和过氧化氢酶（CAT）（胡国霞等，2011），与抗氧化物质（抗氧化剂类）两部分组成，它们都能够清除植物体内由各种反应产生的活性氧。植物体内的抗氧化系统在抵抗胁迫方面有着非常重要的作用，通过协调作用可以使 ROS 保持在较低的含量水平，从而能够保证植物的正常生长与发育（孔祥瑞，1984）。

苞卫（topramezone），别名苯唑草酮，是一种广谱的苗后茎叶处理内吸传导型除草剂，可以有效地清除一年生禾本科杂草与阔叶杂草（李亦松等，2015）。它可以抑制质体醌合成途径中对羟苯基丙酮酸双氧化酶（HPPD）的酶活性，并且可以间接的影响类胡萝卜素的生物合成，导致叶片产生严重的白化，最后使得叶片组织坏死（Matthias et al.，2002）。三氯吡氧乙酸（triclopyr）为有机杂环类选择性内吸传导型除草剂，它主要在核酸代谢过程中起作用，最后导致杂草逐渐枯萎死亡（俞大昭等，2010）。

Cox 等（2017）的研究结果显示单独施用苞卫能很好地防除狗牙根草坪中的牛筋草，而苞卫与三氯吡氧乙酸混合施用时能够减少对狗牙根草坪的伤害，并且提高对马唐的防除效果。李亦松等（2015）的研究结果表明，随着施用苞卫的浓度增大，苣荬菜叶绿素含量逐渐减少，而丙二醛（MDA）和可溶性糖含量逐渐增加，其中以 112.5 g/hm² 苞卫处理后的苣荬菜叶片中的 MDA 和可溶性糖含量最高。Brosnan 等（2013a，2013b）的研究结果显示在施药后 14 周，苞卫和三氯吡氧乙酸混合施用对狗牙根的药效要好于单独施用苞卫或者三氯吡氧乙酸。

马唐（*Digitaria sanguinalis*），属于禾本科一年生草本植物，常生长在路旁与田野，是一种能够危害农田和果园的杂草，在全球温带和亚热带山地有广泛分布（中国科学院中国植物志编辑委员会，2004）。在建植草坪过程中具有极其明显的竞争优势，经常需要人工连续进行 2～3 次的拔除才能抑制它的生长（韩烈刚等，2000）。对于马唐的研究多集中于对它的防除方面（朱文达等，2008；程来品等，2013；周青等，2005），关于除草剂处理后马唐的活性氧代谢变化方面鲜有报道。本书通过对马唐施用苞卫和三氯吡氧乙酸及其混合液，研究除草剂的喷施所引起的活性氧代谢的变化及除草剂胁迫对抗氧化特性的影响，以期为科学施用除草剂及防除杂草提供理论依据和方法借鉴。

将马唐种子用水浸泡后装在 250 ml 三角瓶中，置于 4℃冰箱中春化 2 d。均匀地撒在装有沙子和椰糠（二者比例为 80：20）的塑料管中（塑料管高 20 cm，直径 5 cm，管底穿孔）。每天早晚各浇水一次，每周施用两次复合肥（N、P、K 比例为 28：10：7）。每个管子中保留 5 株幼苗，培养 1 个月左右。试验设置 10 个处理，苞卫+三氯吡氧乙酸浓度分别为 0 g·ai/hm²+0 g·ai/hm²、9 g·ai/hm²+0 g·ai/hm²、18 g·ai/hm²+0 g·ai/hm²、36 g·ai/hm²+0 g·ai/hm²、0 g·ai/hm²+280 g·ai/hm²、0 g·ai/hm²+560 g·ai/hm²、0 g·ai/hm²+1120 g·ai/hm²、9 g·ai/hm²+280 g·ai/hm²、18 g·ai/hm²+560 g·ai/hm²、36 g·ai/hm²+1120 g·ai/hm²，补充试验：苞卫+三氯吡氧乙酸相浓度分别为 0 g·ai/hm²+0 g·ai/hm²、36 g·ai/hm²+0 g·ai/hm²、36 g·ai/hm²+17.5 g·ai/hm²、36 g·ai/hm²+35 g·ai/hm²、36 g·ai/hm²+70 g·ai/hm²、36 g·ai/hm²+140 g·ai/hm²、36 g·ai/hm²+280 g·ai/hm²、36 g·ai/hm²+560 g·ai/hm²、36 g·ai/hm²+1120 g·ai/hm²。其中以不喷施除草剂为对照，重复三次。待长出 2～3 个分蘖后选取长势一致的马唐进行不同除草剂喷施处理。所有处理均用电动喷雾器 374 L/hm²，9504E 扇形喷头进行喷施，24 h 内不浇水。处理后，分别在第 1 d、第 3 d、第 6 d、第 9 d、第 12 d 和第 15 d 观测记录马唐叶片的损伤、白化和枯死程度（用百分数表示）。在处理 15 d 后收获地上部分，放在 60℃烘箱中烘干，直到获得恒重。根据损伤度观测，选择合适浓度的除草剂进行试验，苞卫+三氯吡氧乙酸浓度分别为 9 g·ai/hm²+0 g·ai/hm²、18 g·ai/hm²+0 g·ai/hm²、36 g·ai/hm²+0 g·ai/hm²、0 g·ai/hm²+70 g·ai/hm²、0 g·ai/hm²+140 g·ai/hm²、0 g·ai/hm²+280 g·ai/hm²、9 g·ai/hm²+70 g·ai/hm²、18 g·ai/hm²+140 g·ai/hm²、36 g·ai/hm²+280 g·ai/hm²，在处理 1 d、3 d、7 d 后采集马唐叶片，进行生理试验测定叶绿素、丙二醛（MDA）、超氧化物歧化酶（SOD）、过氧化物酶（POD）、

过氧化氢酶（CAT）、超氧阴离子自由基（$\cdot O_2^-$）（李合生，2000）。

1. 不同除草剂处理后马唐叶片损伤度观测

马唐用不同除草剂不同浓度梯度处理后，分别在不同处理天数观测叶片的损伤度。结果如表4-1所示：单独施用苞卫，处理后第6 d马唐叶片出现白化现象，在处理15 d白化现象最严重，施用36 g·ai/hm²苞卫后白化现象达到了26%。单独施用三氯吡氧乙酸，随着除草剂浓度和处理时间的增加马唐叶片枯死率增加，施用1120 g·ai/hm²三氯吡氧乙酸处理后第15 d，其枯死程度达到了71%。而这两种除草剂混合施用时，马唐叶片没有发生白化现象，其枯死程度则显著加重。其中，在用36 g·ai/hm²苞卫和1120 g·ai/hm²三氯吡氧乙酸混合施用处理6 d时，其枯死程度达到了76%，处理15 d时，其枯死程度达到93%，相比单独施用差异显著（$P<0.05$）（图4-1）。

表4-1　不同除草剂处理后马唐叶片损伤度观测

除草剂/(g·ai/hm²) 苞卫	9	18	36	0	0	0	9	18	36
三氯吡氧乙酸	0	0	0	280	560	1120	280	560	1120
总体损伤/% 1 d	0±0d	0±0d	0±0d	1±1d	3±1cd	18±5b	5±1c	27±5a	25±8a
3 d	0±0e	0±0e	0±0e	2±2e	6±2d	40±6c	10±2d	52±5b	68±9a
6 d	4±1f	2±1f	2±0f	2±2f	13±3e	53±7c	24±5d	69±6b	76±9a
9 d	7±1f	4±3fgh	6±2f	3±2fgh	14±5e	55±5c	34±4d	76±7b	83±4a
12 d	13±2g	16±1fg	17±2efg	21±5e	46±5c	68±6b	46±5c	85±6a	89±6a
15 d	22±4g	30±3e	32±6e	28±4ef	52±3c	73±3b	51±5c	89±6a	93±6a
白化/% 1 d	0±0a	0±0a	0±0a	0±0a	0±0a	0±0a	0±0a	0±0a	0±0a
3 d	0±0a	0±0a	0±0a	0±0a	0±0a	0±0a	0±0a	0±0a	0±0a
6 d	4±1a	2±1c	2±0bc	0±0d	0±0d	0±0d	0±0d	0±0d	0±0d
9 d	7±1a	4±3b	6±2a	0±0c	0±0c	0±0c	0±0c	0±0c	0±0c
12 d	11±3c	13±2c	14±3c	0±0d	0±0d	0±0d	0±0d	0±0d	0±0d
15 d	17±3e	24±3bc	26±4b	0±0f	0±0f	0±0f	0±0f	0±0f	0±0f
枯死/% 1 d	0±0c	0±0c	0±0c	0±0c	1±1b	2±1c	0±0a	3±1b	2±1c
3 d	0±0e	0±0e	0±0e	0±0e	3±1de	26±7c	5±2d	48±5b	54±6a
6 d	0±0f	0±0f	0±0f	2±2f	13±3e	53±7c	24±5d	69±6b	76±9a
9 d	0±0f	0±0f	0±0f	3±2f	14±5e	55±5c	34±4d	76±7b	83±4a
12 d	2±1e	2±1e	2±1e	21±5d	46±5c	68±6b	46±5c	85±6a	89±6a
15 d	4±2fg	4±1fg	6±3fg	21±8e	44±9d	71±5b	51±5c	89±6a	93±6a
干重（占对照的比例）/%	74±4c	73±5cd	67±4def	71±8cde	61±5f	53±4h	54±4gh	51±4h	47±2h

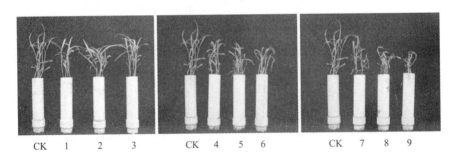

图 4-1　马唐用不同浓度的苞卫和三氯吡氧乙酸混合液处理后叶片表型对比（后附彩图）

CK 为对照；除草剂（苞卫+三氯吡氧乙酸）浓度分别为：1. 9 g·ai/hm²+0 g·ai/hm²；2. 18 g·ai/hm²+0 g·ai/hm²；3. 36 g·ai/hm²+0 g·ai/hm²；4. 0 g·ai/hm²+280 g·ai/hm²；5. 0 g·ai/hm²+560 g·ai/hm²；6. 0 g·ai/hm²+1120 g·ai/hm²；7. 9 g·ai/hm²+280 g·ai/hm²；8. 18 g·ai/hm²+560 g·ai/hm²；9. 36 g·ai/hm²+1120 g·ai/hm²

在处理 15 d 后获取地上部，烘干称重。结果表明，与对照相比，单独施用苞卫后随着浓度的增加使得干重比例从 74% 降低到 67%，单独施用三氯吡氧乙酸后随着浓度的增加使得干重比例从 71% 降低到 53%，两者混合施用后随着浓度的增加干重比例从 54% 降低到 47%（表 4-1）。说明苞卫和三氯吡氧乙酸两种除草剂的混合施用显著地减少了马唐的地上部分生物量（$P<0.05$）。

当 36 g·ai/hm² 苞卫和不同浓度的三氯吡氧乙酸混合施用时，单独使用苞卫使马唐叶片产生白化现象，混入三氯吡氧乙酸后，马唐叶片的白化现象基本消失。随着三氯吡氧乙酸浓度的增加马唐叶片的枯死程度逐渐增加（图 4-2）。两者混合施用后随着三氯吡氧乙酸浓度的增加使得干重比例从 66% 降低到 47%（表 4-2）。

图 4-2　马唐用 36 g·ai/hm² 的苞卫与不同浓度的三氯吡氧乙酸混合液处理后叶片表型对比
（后附彩图）

CK 为对照；除草剂（苞卫+三氯吡氧乙酸）浓度分别为：1. 36 g·ai/hm²+0 g·ai/hm²；2. 36 g·ai/hm²+17.5 g·ai/hm²；3. 36 g·ai/hm²+35 g·ai/hm²；4. 36 g·ai/hm²+70 g·ai/hm²；5. 36 g·ai/hm²+140 g·ai/hm²；6. 36 g·ai/hm²+280 g·ai/hm²；7. 36 g·ai/hm²+560 g·ai/hm²；8. 36 g·ai/hm²+1120 g·ai/hm²

表 4-2 不同除草剂处理马唐的损伤度

除草剂 /(g·ai/hm²)	苞卫	36	36	36	36	36	36	36	36
	三氯吡氧乙酸	0	17.5	35	70	140	280	560	1120
总体损伤/%	1 d	0±0c	0±0c	0±0c	0±0c	1±1c	3±1c	10±3b	25±8a
	3 d	0±0d	1±1d	0±0d	1±1d	2±1d	8±2c	15±2b	68±9a
	6 d	2±0d	0±0d	0±0d	1±1d	2±1d	11±3c	30±5b	76±9a
	9 d	6±2d	0±0e	0±0e	0±0e	3±1de	14±5c	46b±9b	83±4a
	12 d	17±2ef	2±1g	2±1g	3±1g	5±2g	26±2d	79±8b	89±6a
	15 d	32±6ef	5±3gh	4±1h	7±2gh	10±3g	35±3de	87±5b	93±6a
白化/%	1 d	0±0a	0±0	0±0a	0±0a	0±0a	0±0a	0±0a	0±0a
	3 d	0±0a	0±0a	0±0a	0±0a	0±0a	0±0a	0±0a	0±0a
	6 d	2±0f	0±0f	0±0f	0±0f	0±0f	0±0f	0±0f	0±0f
	9 d	6±2d	0±0d	0±0d	0±0d	0±0d	0±0d	0±0d	0±0d
	12 d	14±3d	0±0d	0±0d	0±0d	0±0d	0±0d	0±0d	0±0d
	15 d	26±4e	2±2e	1±1e	0±0e	0±0e	2±2e	0±0e	0±0e
枯死/%	1 d	0±0b	0±0b	0±0b	0±0b	0±0b	1±1b	2±1a	2±1a
	3 d	0±0d	0±0d	0±0d	0±0d	0±0d	6±2c	12±2b	54±6a
	6 d	0±0d	0±0d	0±0d	1±1d	2±1d	11±3c	30±5b	76±9a
	9 d	0±0d	0±0d	0±0d	0±0d	3±1d	14±5c	46±9b	83±4a
	12 d	2±1d	0±0d	2±1d	3±1d	5±2d	26±2c	79±8b	89±6a
	15 d	6±3de	4±2e	3±2de	7±2de	10±3d	35±3c	87±5b	93±6a
干重（占对照的比例）/%		67±4abcd	66±5bcde	65±7cdef	62±6ef	59±4f	56±5g	48±3ab	47±2g

2. 不同除草剂处理后马唐叶片中叶绿素 a 含量的变化

除草剂处理后马唐叶片中叶绿素 a 含量随着除草剂浓度及处理时间的增加而下降。处理 7 d 后，两种除草剂混合施用后变化显著（$P<0.05$），随着施药浓度的增加，叶绿素 a 含量比对照减少了 51%～54%。单独施用苞卫比单独施用三氯吡氧乙酸对马唐叶片中叶绿素 a 含量的影响更大，而两种除草剂混合施用对叶片中叶绿素 a 含量的影响显著（图 4-3）。

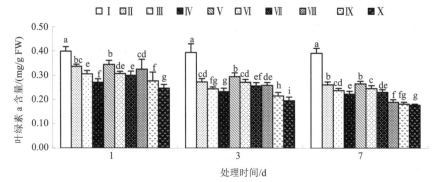

图 4-3　不同除草剂处理后马唐叶片中叶绿素 a 含量的变化

（Ⅰ）CK；（Ⅱ）9 g·ai/hm² 苞卫；（Ⅲ）18 g·ai/hm² 苞卫；（Ⅳ）36 g·ai/hm² 苞卫；（Ⅴ）70 g·ai/hm² 三氯吡氧乙酸；（Ⅵ）140 g·ai/hm² 三氯吡氧乙酸；（Ⅶ）280 g·ai/hm² 三氯吡氧乙酸；（Ⅷ）9 g·ai/hm² 苞卫+ 70 g·ai/hm² 三氯吡氧乙酸；（Ⅸ）18 g·ai/hm² 苞卫+ 140 g·ai/hm² 三氯吡氧乙酸；（Ⅹ）36 g·ai/hm² 苞卫+ 280 g·ai/hm² 三氯吡氧乙酸。
每一列不同的字母代表在 0.05 水平上的显著差异，下同

3. 不同除草剂处理后马唐叶片中叶绿素 b 含量的变化

与叶绿素 a 一样，喷施了除草剂的马唐叶片中，叶绿素 b 的含量随着处理时间的增加而大幅度减少。处理 7 d 后，单独施用苞卫，随着施药浓度的增加，叶绿素 b 含量比对照减少了 20%～28%；单独施用三氯吡氧乙酸，随着施药浓度的增加，叶绿素 b 含量比对照减少了 16%～25%；而两种除草剂混合施用后变化最显著（P<0.05）（图 4-4），随着施药浓度的增加，叶绿素 b 含量比对照减少了 38%～47%。

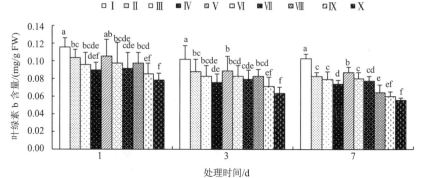

图 4-4　不同除草剂处理后马唐叶片中叶绿素 b 含量的变化

（Ⅰ）CK；（Ⅱ）9 g·ai/hm² 苞卫；（Ⅲ）18 g·ai/hm² 苞卫；（Ⅳ）36 g·ai/hm² 苞卫；（Ⅴ）70 g·ai/hm² 三氯吡氧乙酸；（Ⅵ）140 g·ai/hm² 三氯吡氧乙酸；（Ⅶ）280 g·ai/hm² 三氯吡氧乙酸；（Ⅷ）9 g·ai/hm² 苞卫+ 70 g·ai/hm² 三氯吡氧乙酸；（Ⅸ）18 g·ai/hm² 苞卫+140 g·ai/hm² 三氯吡氧乙酸；（Ⅹ）36 g·ai/hm² 苞卫+ 280 g·ai/hm² 三氯吡氧乙酸

4. 不同除草剂处理后马唐叶片中类胡萝卜素含量的变化

马唐叶片中类胡萝卜素的含量随着除草剂处理时间的增加而逐渐减少。单独施用 9 g·ai/hm² 苞卫相比单独施用 70 g·ai/hm² 三氯吡氧乙酸能更有效地降低类胡萝卜素含量。苞卫和三氯吡氧乙酸混合施用减少类胡萝卜素含量更为显著（P<

0.05）（图 4-5）。用 36 g·ai/hm² 和 280 g·ai/hm² 三氯吡氧乙酸混合处理 7 d 后，马唐叶片中类胡萝卜素含量仅仅为 0.065 mg/g FW。

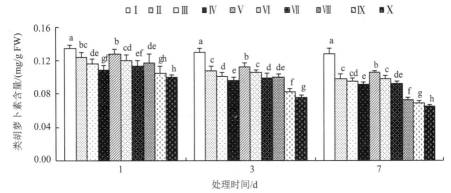

图 4-5　不同除草剂处理后马唐叶片中类胡萝卜素含量的变化

（Ⅰ）CK；（Ⅱ）9 g·ai/hm² 苞卫；（Ⅲ）18 g·ai/hm² 苞卫；（Ⅳ）36 g·ai/hm² 苞卫；（Ⅴ）70 g·ai/hm² 三氯吡氧乙酸；（Ⅵ）140 g·ai/hm² 三氯吡氧乙酸；（Ⅶ）280 g·ai/hm² 三氯吡氧乙酸；（Ⅷ）9 g·ai/hm² 苞卫+70 g·ai/hm² 三氯吡氧乙酸；（Ⅸ）18 g·ai/hm² 苞卫+ 140 g·ai/hm² 三氯吡氧乙酸；（Ⅹ）36 g·ai/hm² 苞卫+280 g·ai/hm² 三氯吡氧乙酸

5. 不同除草剂处理后马唐叶片中丙二醛（MDA）含量的变化

除草剂处理后马唐叶片中 MDA 含量显著增加。处理 3 d 后，苞卫和三氯吡氧乙酸混合施用，MDA 含量比对照增加了 17%～22%。两种除草剂混合施用处理 7 d 后，MDA 含量与对照相比有显著增加（$P<0.05$），随着施药浓度的增加，MDA 含量比对照增加了 34%～45%。单独施用三氯吡氧乙酸比单独施用苞卫对马唐叶片中 MDA 含量的影响更大，而两种除草剂混合施用对 MDA 含量的影响显著（图 4-6）。

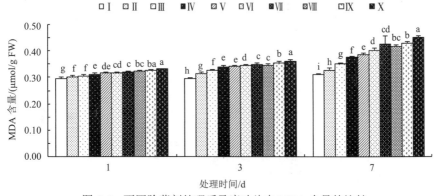

图 4-6　不同除草剂处理后马唐叶片中 MDA 含量的比较

（Ⅰ）CK；（Ⅱ）9 g·ai/hm² 苞卫；（Ⅲ）18 g·ai/hm² 苞卫；（Ⅳ）36 g·ai/hm² 苞卫；（Ⅴ）70 g·ai/hm² 三氯吡氧乙酸；（Ⅵ）140 g·ai/hm² 三氯吡氧乙酸；（Ⅶ）280 g·ai/hm² 三氯吡氧乙酸；（Ⅷ）9 g·ai/hm² 苞卫+70 g·ai/hm² 三氯吡氧乙酸；（Ⅸ）18 g·ai/hm² 苞卫+140 g·ai/hm² 三氯吡氧乙酸；（Ⅹ）36 g·ai/hm² 苞卫+ 280 g·ai/hm² 三氯吡氧乙酸

6. 不同除草剂处理后马唐叶片中超氧阴离子（O_2^-）产生速率的变化

除草剂处理 7 d 后，O_2^- 产生速率与对照相比有显著增加。其中，在单独施用苞卫处理后，随着施药浓度的增加，O_2^- 产生速率比对照增加了 14%～46%；单独施用三氯吡氧乙酸处理后，随着施药浓度的增加，O_2^- 产生速率比对照增加了 30%～73%；而两种除草剂混合施用后变化显著（$P<0.05$），说明两种除草剂混合施用效果最为明显（图 4-7）。

7. 不同除草剂处理后马唐叶片中过氧化物酶（POD）活性的变化

除草剂处理 3 d 后，与对照相比，POD 活性比处理 1 d 时增强幅度更大。其中，在单独施用苞卫处理后，随着施药浓度的增加，POD 活性比对照增强了 35%～67%。单独施用三氯吡氧乙酸处理后，随着施药浓度的增加，POD 活性比对照增强了 54%～78%。两种除草剂混合施用对 POD 活性的影响最为显著（$P<0.05$）（图 4-8）。

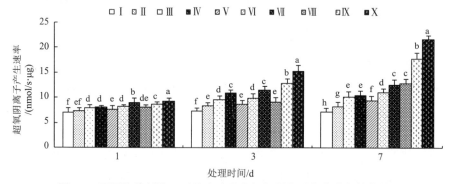

图 4-7　不同除草剂处理后马唐叶片中超氧阴离子产生速率的变化

（Ⅰ）CK；（Ⅱ）9 g·ai/hm² 苞卫；（Ⅲ）18 g·ai/hm² 苞卫；（Ⅳ）36 g·ai/hm² 苞卫；（Ⅴ）70 g·ai/hm² 三氯吡氧乙酸；（Ⅵ）140 g·ai/hm² 三氯吡氧乙酸；（Ⅶ）280 g·ai/hm² 三氯吡氧乙酸；（Ⅷ）9 g·ai/hm² 苞卫+70 g·ai/hm² 三氯吡氧乙酸；（Ⅸ）18 g·ai/hm² 苞卫+140 g·ai/hm² 三氯吡氧乙酸；（Ⅹ）36 g·ai/hm² 苞卫+280 g·ai/hm² 三氯吡氧乙酸

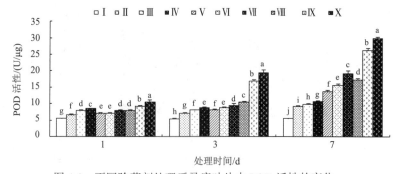

图 4-8　不同除草剂处理后马唐叶片中 POD 活性的变化

（Ⅰ）CK；（Ⅱ）9 g·ai/hm² 苞卫；（Ⅲ）18 g·ai/hm² 苞卫；（Ⅳ）36 g·ai/hm² 苞卫；（Ⅴ）70 g·ai/hm² 三氯吡氧乙酸；（Ⅵ）140 g·ai/hm² 三氯吡氧乙酸；（Ⅶ）280 g·ai/hm² 三氯吡氧乙酸；（Ⅷ）9 g·ai/hm² 苞卫+70 g·ai/hm² 三氯吡氧乙酸；（Ⅸ）18 g·ai/hm² 苞卫+140 g·ai/hm² 三氯吡氧乙酸；（Ⅹ）36 g·ai/hm² 苞卫+280 g·ai/hm² 三氯吡氧乙酸

8. 不同除草剂处理后马唐叶片中超氧化物歧化酶（SOD）活性的变化

除草剂处理后马唐叶片中 SOD 活性都高于对照。随着处理时间的增加，未处理马唐叶片中 SOD 活性保持稳定不变，除草剂处理后马唐叶片 SOD 活性随之增强。在单独施用苞卫处理 1 d 后，随着施药浓度的增加，SOD 活性比对照增强了 8%～157%。两种除草剂混合施用后，马唐叶片中 SOD 活性显著增强（$P<0.05$），且显著性为：苞卫和三氯吡氧乙酸混合施用>苞卫>三氯吡氧乙酸（图4-9）。

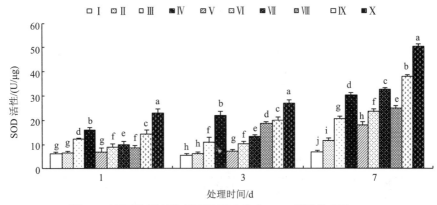

图 4-9　不同除草剂处理后马唐叶片中 SOD 活性的变化

（Ⅰ）CK；（Ⅱ）9 g·ai/hm² 苞卫；（Ⅲ）18 g·ai/hm² 苞卫；（Ⅳ）36 g·ai/hm² 苞卫；（Ⅴ）70 g·ai/hm² 三氯吡氧乙酸；（Ⅵ）140 g·ai/hm² 三氯吡氧乙酸；（Ⅶ）280 g·ai/hm² 三氯吡氧乙酸；（Ⅷ）9 g·ai/hm² 苞卫+70 g·ai/hm² 三氯吡氧乙酸；（Ⅸ）18 g·ai/hm² 苞卫+140 g·ai/hm² 三氯吡氧乙酸；（Ⅹ）36 g·ai/hm² 苞卫+280 g·ai/hm² 三氯吡氧乙酸

9. 不同除草剂处理后马唐叶片中过氧化氢酶（CAT）活性的变化

处理 3 d 后，与对照相比，CAT 活性比处理 1 d 时增强幅度更大。其中，在单独施用苞卫处理后，随着施药浓度的增加，CAT 活性比对照增强了 14%～27%；单独施用三氯吡氧乙酸处理后，随着施药浓度的增加，CAT 活性比对照增强了 19%～39%；而两种除草剂混合施用后变化显著，CAT 活性比对照增强了 43%～131%。在用同一种除草剂处理后，随着除草剂处理时间的增加，马唐叶片 CAT 活性逐渐增强。另外，单独施用三氯吡氧乙酸比单独施用苞卫对马唐叶片 CAT 活性的影响更大，而两种除草剂混合施用对 CAT 活性的影响显著（图4-10）。

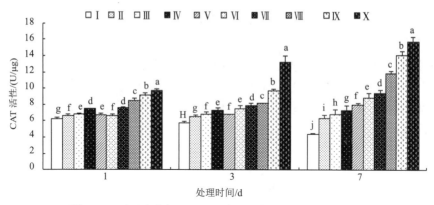

图 4-10　不同除草剂处理后马唐叶片中 CAT 活性的变化

（Ⅰ）CK；（Ⅱ）9 g·ai/hm² 苞卫；（Ⅲ）18 g·ai/hm² 苞卫；（Ⅳ）36 g·ai/hm² 苞卫；（Ⅴ）70 g·ai/hm² 三氯吡氧乙酸；（Ⅵ）140 g·ai/hm² 三氯吡氧乙酸；（Ⅶ）280 g·ai/hm² 三氯吡氧乙酸；（Ⅷ）9 g·ai/hm² 苞卫+ 70 g·ai/hm² 三氯吡氧乙酸；（Ⅸ）18 g·ai/hm² 苞卫+ 140 g·ai/hm² 三氯吡氧乙酸；（Ⅹ）36 g·ai/hm² 苞卫+ 280 g·ai/hm² 三氯吡氧乙酸

10. 结论

除草剂处理后表型观测结果显示单独施用苞卫与三氯吡氧乙酸分别会出现白化和黄化现象，且随着施药浓度的增加现象加重；而苞卫与三氯吡氧乙酸混合施用会导致白化现象的弱化，但是会出现更加严重的黄化现象，随着施药浓度的增加甚至会导致植株枯死。苞卫属于 HPPD 抑制剂，说明 HPPD 抑制剂与三氯吡氧乙酸混合能显著降低白化症状，这与 Brosnan 等的研究结果相一致（Brosnan et al.，2013a，2013b）。在用苞卫处理后，马唐叶片中的叶绿素 a 和叶绿素 b 的含量比用三氯吡氧乙酸处理后减少的幅度更大。叶绿素 a 浓度的减少可能与 PS Ⅱ 反应中心的 D1 蛋白被 ROS 破坏相关。通常的，ROS 能够被 α-生育酚、类胡萝卜素和抗氧化酶抑制（Sharma et al.，2012）。α-生育酚是最有效的抗氧化剂，能够迅速地与 ROS 包括单线态氧和脂质过氧化自由基产生反应（Hess，2000）。总类胡萝卜素，包括 β-胡萝卜素和氧化的叶黄素，在前人的研究中已有报道（Lichtenthaler et al.，2001）。β-胡萝卜素是除了单线态氧之外的三线态叶绿素的有效淬光剂（Beaudegnies et al.，2009）。苞卫阻碍了这些保护物质的生成（Woodyard et al.，2009），导致脂质过氧化作用的发生及色素和蛋白质被降解。

MDA 是生物膜中不饱和脂肪酸分解后的一种产物。植物在衰老或逆境条件下，受自由基的毒害会发生膜脂的过氧化作用，MDA 能反映植物遭受逆境伤害的程度。苞卫和三氯吡氧乙酸混合施用相比于单独施用苞卫后，马唐 MDA

含量变化更大，说明这两种除草剂混合施用导致马唐体内脂质过氧化受损更严重。

活性氧是在类囊体中自然产生的，通常被基质中的一系列抗氧化剂清除或被高温消散（Sharma et al.，2012）。苞卫和三氯吡氧乙酸混合施用引起了活性氧的产生，而活性氧对植物细胞是有毒的。为了应对这一毒性作用，植物依靠非酶促或酶促反应激活了抗氧化活性（del Buono et al.，2011）。SOD 活性的升高，导致叶片细胞内积累了大量的 H_2O_2，此时通过增强 POD 活性将 H_2O_2 进行分解，以提高其在逆境下的适应能力。CAT 与 SOD、POD 协同作用，能有效地清除体内的活性氧，维持植物体活性氧代谢的平衡，保护细胞膜的结构不受伤害。尽管马唐激活了抗氧化酶类，但是它还是因除草剂处理受到了显著性损伤。这些研究结果表明当生成了过多的活性氧，而抗氧化剂含量不足时，即使抗氧化酶被激活，敏感型植物也会受到显著性损伤。

苞卫属于 HPPD 抑制剂，苞卫和三氯吡氧乙酸混合施用能够显著增加马唐的损伤度，说明苞卫和三氯吡氧乙酸的混合施用可以有效地防除马唐，这与 Yu 等（2016）的研究结果相一致。三氯吡氧乙酸对 HPPD 抑制剂有增效作用。

第二节　莠去津和硝磺草酮对竹节草生理特性及抗氧化酶的影响

硝磺草酮是一种芽前和苗后广谱选择性除草剂（张一宾，2013），能够快速地被植物的根和叶片吸收，并且可以迅速地在植株体内进行代谢作用而失去活性（杨娜等，2009）。它通过抑制 HPPD 的活性来抑制类胡萝卜素的合成过程，从而有效防治主要的阔叶草和一些禾本科杂草（赵李霞等，2008）。莠去津的特点是以根部吸收为主，并兼茎叶吸收，杀草谱较广，可防除多种一年生禾本杂草与阔叶杂草（袁传卫等，2014）。苏旺苍等（2014）通过对大豆喷施不同浓度的莠去津，发现随着莠去津处理浓度的上升，大豆叶片中的叶绿素荧光参数，如最大光量子产量、非光化学淬灭、实际光量子产量和电子传递速率受到的抑制作用均逐步加剧。McElroy 等（2009）研究了莠去津和硝磺草酮的施用对假俭草的影响，发现两种除草剂混合后喷施确实比单独施用对假俭草的伤害更显著，且生物量减少的幅度也更大。

本书通过对竹节草施用莠去津和硝磺草酮及其混合液，从生理变化方面研究除草剂的喷施所引起的活性氧代谢的变化及除草剂胁迫对抗氧化特性的影响，以期为科学施用除草剂及如何在建植竹节草草坪过程中防除杂草提供理论依据和方法借鉴。

　　选取带有 3~4 个节的竹节草葡匐枝，扦插到装有沙子和椰糠（二者比例为 80：20）的塑料管中（塑料管高 20 cm，直径 5 cm，管底穿孔），每个塑料管中扦插 3 个葡匐枝茎段。每天早晚各浇水一次，每周施用两次复合肥（N、P、K 比例为 28：10：7），培养 1 个月左右。试验设置 9 个处理，莠去津+硝磺草酮浓度分别为 0 g·ai/hm²+0 g·ai/hm²、280 g·ai/hm²+0 g·ai/hm²、560 g·ai/hm²+0 g·ai/hm²、0 g·ai/hm²+140 g·ai/hm²、0 g·ai/hm²+280 g·ai/hm²、280 g·ai/hm²+140 g·ai/hm²、280 g·ai/hm²+280 g·ai/hm²、560 g·ai/hm²+140 g·ai/hm²、560 g·ai/hm²+280 g·ai/hm²，其中以不喷施除草剂为对照，重复 4 次。待长出 2~3 个分蘖后选取长势一致的竹节草进行不同除草剂喷施处理。所有处理均用电动喷雾器 374 L/hm²，9504E 扇形喷头进行喷施，24 h 内不浇水。处理后，分别在第 4 d、第 8 d、第 12 d、第 16 d 和第 20 d 观测记录竹节草叶片的损伤度（损伤面积占总面积的百分数）。在处理 20 d 后收获地上部分，放在 60℃烘箱中烘干，直到获得恒重。根据损伤度观测，选择合适浓度的除草剂进行试验，分别在处理 1 d、5 d、8 d 后采集竹节草叶片，进行生理试验测定。测定生理指标同本章第一节。

1. 不同除草剂处理后竹节草叶片损伤度观测

　　竹节草用不同除草剂不同浓度梯度处理后，分别在不同处理天数观测叶片的损伤度。结果如表 4-3 所示：单独施用莠去津后，竹节草叶片的损伤度随着浓度的增加和处理时间的延长差异不显著（$P > 0.05$），这表明竹节草对莠去津耐受。用 140 g·ai/hm² 和 280 g·ai/hm² 硝磺草酮处理 20 d 后，竹节草叶片损伤度分别达到 39% 和 50%。560 g·ai/hm² 莠去津和 280 g·ai/hm² 硝磺草酮混合施用 20 d 后，竹节草的损伤度达到 87%，差异显著（$P < 0.05$）（图 4-11）。

表 4-3　不同除草剂处理后竹节草叶片损伤度观测

名称	除草剂浓度/(g·ai/hm²)		损伤度/%					地上部分干重（占对照的比例）/%
	莠去津	硝磺草酮	4 d	8 d	12 d	16 d	20 d	
	280	0	1±1b	1±1f	0±0g	0±0f	0±0g	77±6a
	560	0	3±1ab	3±2ef	3±0f	1±1f	0±0g	64±9b
	0	140	2±1ab	6±2de	15±1e	28±4e	39±4f	54±3c
竹节草	0	280	3±0ab	9±2cd	21±1d	36±3d	50±4e	48±2cd
	280	140	3±1ab	10±2bc	25±3c	50±2c	60±4d	40±5de
	280	280	4±1ab	13±2b	27±3bc	55±1b	68±2c	37±3e
	560	140	3±1ab	18±3a	29±1b	57±4b	73±1b	35±8e
	560	280	5±1a	20±2a	43±1a	62±3a	87±4a	30±5f

图 4-11　不同除草剂处理后竹节草叶片表型对比（后附彩图）

CK 为对照；除草剂（莠去津+硝磺草酮）浓度分别为：1. 280 g·ai/hm²+0 g·ai/hm²；2. 560 g·ai/hm²+0 g·ai/hm²；3. 0 g·ai/hm²+140 g·ai/hm²；4. 0 g·ai/hm²+280 g·ai/hm²；5. 280 g·ai/hm²+140 g·ai/hm²；6. 280 g·ai/hm²+280 g·ai/hm²；7. 560 g·ai/hm²+140 g·ai/hm²；8. 560 g·ai/hm²+280 g·ai/hm²

在处理 20 d 后获取地上部，烘干称重。结果表明，单独施用 280 g·ai/hm² 和 560 g·ai/hm² 莠去津，随着莠去津施用浓度的增加，地上部干重减少不明显；单独施用 140 g·ai/hm² 和 280 g·ai/hm² 硝磺草酮，地上部干重相比于对照分别减少了 46%和 52%。莠去津和硝磺草酮混合施用与其单独施用相比较，地上部分干重减少差异显著（$P<0.05$）。

2. 不同除草剂处理后叶绿素 a 含量的变化

除草剂处理后竹节草叶片中叶绿素 a 含量随着处理时间的增加而下降。处理 1 d 后，单独施用 280 g·ai/hm² 莠去津叶绿素 a 含量下降最不明显；在处理 5 d 和 8 d 后，竹节草叶绿素 a 含量大约为对照的 1/2。单独施用硝磺草酮竹节草叶片中叶绿素 a 含量显著低于单独施用莠去津（$P<0.05$）。正如预期，硝磺草酮和莠去津混合施用能够更有效地降低竹节草叶绿素 a 含量，处理 1 d、5 d 和 8 d 后分别减少 53%、69%和 89%（图 4-12）。

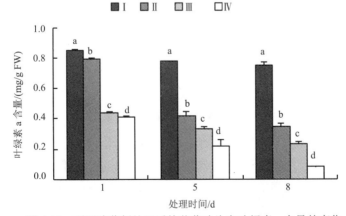

图 4-12　不同除草剂处理后竹节草叶片中叶绿素 a 含量的变化

（Ⅰ）CK；（Ⅱ）280 g·ai/hm² 莠去津；（Ⅲ）140 g·ai/hm² 硝磺草酮；（Ⅳ）280 g·ai/hm² 莠去津+140 g·ai/hm² 硝磺草酮

3. 不同除草剂处理后叶绿素 b 含量的变化

和叶绿素 a 一样，喷施了除草剂的竹节草叶片中，叶绿素 b 的含量随着处理时间的增加大幅度减少。处理 8 d 后，单独施用 280 g·ai/hm² 莠去津使竹节草叶片中叶绿素 b 含量比对照减少了 45%，单独施用 140 g·ai/hm² 硝磺草酮使其含量比对照减少了 57%。两种除草剂的混合施用使竹节草叶片中叶绿素 b 的含量减少的最显著（$P<0.05$）（图 4-13）。

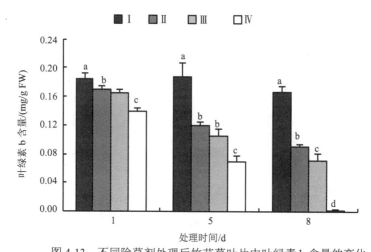

图 4-13　不同除草剂处理后竹节草叶片中叶绿素 b 含量的变化

（Ⅰ）CK；（Ⅱ）280 g·ai/hm² 莠去津；（Ⅲ）140 g·ai/hm² 硝磺草酮；（Ⅳ）280 g·ai/hm² 莠去津 + 140 g·ai/hm² 硝磺草酮

4. 不同除草剂处理后类胡萝卜素含量的变化

竹节草叶片中类胡萝卜素的含量随着除草剂处理时间的增加而逐渐减少。单独施用 140 g·ai/hm² 硝磺草酮相比单独施用 280 g·ai/hm² 莠去津能更有效地降低类胡萝卜素含量。莠去津和硝磺草酮混合施用减少类胡萝卜素含量更为显著（$P<0.05$），处理 12 d 后，竹节草叶片中类胡萝卜素含量仅为 0.024 mg/g FW（图 4-14）。

5. 不同除草剂处理后丙二醛（MDA）含量的变化

除草剂处理后 MDA 含量显著增加。单独施用 280 g·ai/hm² 莠去津，MDA 含量相比对照在处理 1 d 和 5 d 后分别增加了 5% 和 32%。处理 8 d 后，单独施用 140 g·ai/hm² 硝磺草酮和单独施用 280 g·ai/hm² 莠去津 MDA 含量相似，相比对照分别增加了 13% 和 15%。莠去津和硝磺草酮混合施用处理后竹节草叶片中 MDA 含量显著高于单独施用莠去津（图 4-15）。

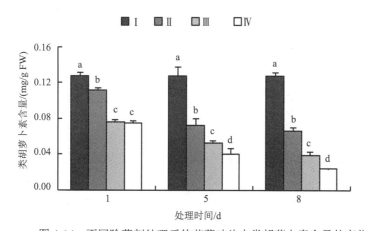

图 4-14　不同除草剂处理后竹节草叶片中类胡萝卜素含量的变化

（Ⅰ）CK；（Ⅱ）280 g·ai/hm² 莠去津；（Ⅲ）140 g·ai/hm² 硝磺草酮；（Ⅳ）280 g·ai/hm² 莠去津+140 g·ai/hm² 硝磺草酮

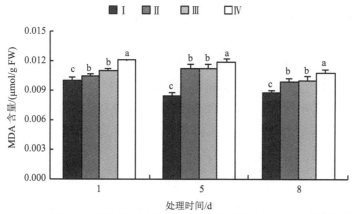

图 4-15　不同除草剂处理后竹节草叶片中 MDA 含量的比较

（Ⅰ）CK；（Ⅱ）280 g·ai/hm² 莠去津；（Ⅲ）140 g·ai/hm² 硝磺草酮；（Ⅳ）280 g·ai/hm² 莠去津+ 140 g·ai/hm² 硝磺草酮

6. 不同除草剂处理后超氧阴离子（O_2^-）产生速率的变化

单独施用 280 g·ai/hm² 莠去津和单独施用 140 g·ai/hm² 硝磺草酮，竹节草超氧阴离子产生速率相近。与对照相比，莠去津和硝磺草酮混合施用 5 d 和 8 d 后，超氧阴离子产生速率分别增加 41% 和 37%，两种除草剂混合施用效果最为明显（图 4-16）。

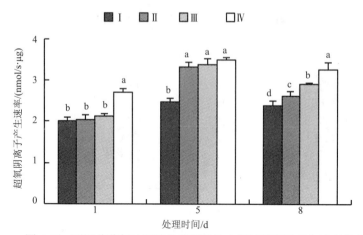

图 4-16 不同除草剂处理后竹节草叶片中超氧阴离子产生速率的变化

（Ⅰ）CK；（Ⅱ）280 g·ai/hm² 莠去津；（Ⅲ）140 g·ai/hm² 硝磺草酮；（Ⅳ）280 g·ai/hm² 莠去津+140 g·ai/hm² 硝磺草酮

7. 不同除草剂处理后过氧化物酶（POD）活性的变化

除草剂处理后，竹节草叶片中 POD 活性随着处理时间的增加而逐渐增强。处理 1 d 后，280 g·ai/hm² 莠去津和 140 g·ai/hm² 硝磺草酮混合施用使竹节草 POD 活性显著增强，比对照增加了 52%。处理 8 d 后，莠去津、硝磺草酮及其混合施用使 POD 活性分别增加了 50%、53% 和 60%。莠去津和硝磺草酮混合施用使竹节草的 POD 活性显著高于单独施用莠去津或硝磺草酮（$P<0.05$）（图 4-17）。

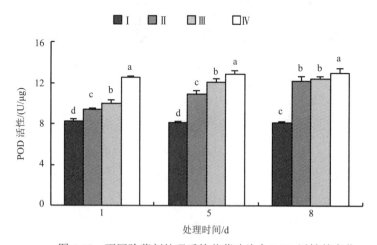

图 4-17 不同除草剂处理后竹节草叶片中 POD 活性的变化

（Ⅰ）CK；（Ⅱ）280 g·ai/hm² 莠去津；（Ⅲ）140 g·ai/hm² 硝磺草酮；（Ⅳ）280 g·ai/hm² 莠去津+140 g·ai/hm² 硝磺草酮

8. 不同除草剂处理后超氧化物歧化酶（SOD）活性的变化

除草剂处理后竹节草叶片中 SOD 活性都高于对照。随着处理时间的增加，未处理竹节草叶片中 SOD 活性保持稳定不变，除草剂处理后竹节草叶片中 SOD 活性随之增强。处理 8 d 后，莠去津、硝磺草酮及其混合施用使竹节草的 SOD 活性分别增加了 44%、55% 和 63%。且显著性为：莠去津和硝磺草酮混合施用>硝磺草酮>莠去津（$P<0.05$）（图 4-18）。

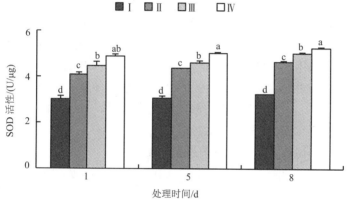

图 4-18 不同除草剂处理后竹节草叶片中 SOD 活性的变化

（Ⅰ）CK；（Ⅱ）280 g·ai/hm² 莠去津；（Ⅲ）140 g·ai/hm² 硝磺草酮；（Ⅳ）280 g·ai/hm² 莠去津+140 g·ai/hm² 硝磺草酮

9. 不同除草剂处理后过氧化氢酶（CAT）活性的变化

单独施用莠去津或者硝磺草酮没有引起竹节草 CAT 活性的显著变化（$P>0.05$）。处理 1 d、5 d 和 8 d 后，莠去津和硝磺草酮混合施用使竹节草 CAT 活性分别增加了 26%、21% 和 16%（图 4-19）。

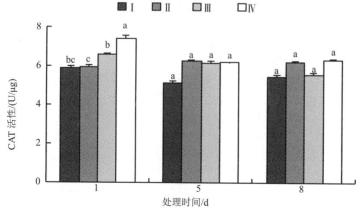

图 4-19 不同除草剂处理后竹节草叶片中 CAT 活性的变化

（Ⅰ）CK；（Ⅱ）280 g·ai/hm² 莠去津；（Ⅲ）140 g·ai/hm² 硝磺草酮；（Ⅳ）280 g·ai/hm² 莠去津+140 g·ai/hm² 硝磺草酮

10. 结论

在竹节草旺盛生长时期，喷施莠去津不会对其生长状态产生影响，即使增加莠去津的喷施浓度也没有显著变化，硝磺草酮比莠去津对竹节草的伤害更大。在用硝磺草酮处理后，竹节草叶片中的叶绿素 a 和叶绿素 b 的含量比用莠去津处理后减少的幅度更大。叶绿素 a 浓度的减少可能也与 PS II 反应中心的 D1 蛋白被 ROS 破坏相关。硝磺草酮阻碍了 α-生育酚、β-胡萝卜素等这些保护物质的生成（Triantaphylidès et al.，2009），导致脂质过氧化作用的发生及色素和蛋白质被降解。

由于总类胡萝卜素含量的减少，过多的能量不能够被有效地驱散，结果会产生三线态叶绿素，而电子被转移到分子氧上，从而生成 ROS。反过来，ROS 会攻击类囊体膜和原生质体膜，导致脂质过氧化作用和细胞膜损伤。细胞膜，特别是类囊体膜，很容易发生脂质过氧化反应，因为它们含有高浓度的不饱和脂肪酸（Zhang et al.，2015），而不饱和脂肪酸能够被完全降解为乙烷和 MDA。因此，MDA 可以作为细胞膜结构完整性的良好标志（Hess，2000）。在本书中，脂质过氧化反应水平与除草剂处理后竹节草的敏感性是一致的。在前人的研究中，意大利黑麦草在用莠去津处理后，其嫩枝中的 MDA 含量显著增加，而在小麦中 MDA 含量则没有增加（del Buono et al.，2011）。

SOD 是细胞内清除活性氧（ROS）系统中的重要酶，对维持植物体内活性氧产生和清除的动态平衡起着重要的作用，从而使植物细胞免受伤害（Rubinstein et al.，2010）。POD 可有效地清除各种逆境胁迫下植物体内产生的过氧化产物（H_2O_2），以降低其对植物自身的毒害，保证植物能够进行正常生长代谢。CAT 是调控过氧化氢含量最重要的酶（Peixoto et al.，2008），用硝磺草酮处理后的竹节草抗氧化活性（CAT、SOD 和 POD）鲜有报道。本书的研究结果显示莠去津与硝磺草酮处理影响了这些酶的活性。在温室实验中，内源性酶的活性通常表现出与植物损伤度相反的关系，表明抗氧化酶被激活，以抵消除草剂处理后的氧化胁迫。然而，严重的细胞损伤仍然会发生，因为 ROS 的形成超过了抗氧化防御系统的抵御能力。

硝磺草酮属于 HPPD 抑制剂，莠去津和硝磺草酮混合施用能够显著增加竹节草的损伤度，说明莠去津对 HPPD 抑制剂有增效作用。竹节草对莠去津耐受，但是对硝磺草酮敏感，因此，可以选择莠去津来除去竹节草草坪中对莠去津敏感的杂草。

第三节 莠去津和硝磺草酮对狗牙根生理特性及抗氧化酶的影响

狗牙根（*Cynodon dactylon*），大多数的起源中心地在非洲东部，现广泛分布于亚热带及温暖潮湿的热带地区。狗牙根别名百慕大或是铺地草，是属于禾本科C4 多年生草本植物，分布在中国的西部地区、华南、华中及华北南部（张小艾等，2003；胡红等，2013）。用于草坪草种的狗牙根属主要有普通狗牙根（*C.dactylon*）、印苦狗牙根（*C. incompletes*）、非洲狗牙根（*C. transvalensis*）、普通狗牙根与麦景狗牙根杂交种（*C. dactylon*×*C. magennsis*）4 种，总共有 10 个变种（张小艾等，2003）。狗牙根的特点是植株矮小、抗旱、抗践踏、繁殖与再生能力强等，被广泛地用在公路护坡、庭园绿化、足球场地、高尔夫场地等草坪（黄春琼等，2011），也被应用于生态系统恢复与水土保持等方面（王赞等，2001；刘云峰等，2005），具有很高的商业应用价值。

Singh 等（2015）分别利用除草剂莠去津和西玛津对狗牙根、海滨雀稗和结缕草进行了处理，结果发现，狗牙根和海滨雀稗比结缕草对莠去津更加敏感，这可能与它们的嫩芽对除草剂有更强的吸收和传导能力有关。Matocha 等（2016）将烟嘧磺隆和甲磺隆混合后对 Tifton 85 和狗牙根分别进行了处理，发现两种除草剂混合施用可以阻碍植株的生长发育，而且对狗牙根的作用更显著。Abe 等（2016）使用了一种最新除草剂 Aminocyclopyrachlor（ACP）对狗牙根和肺筋草进行了药效检测，发现施用 70 g·ai/hm^2 或者更高浓度的 ACP 对两种草都只有短暂的影响，随着处理时间的延长，对它们生物量的影响都很微弱。

在常规的草坪建植中，杂草会影响草坪的景观效果，草坪杂草防除是草坪管理过程中的重要措施。最常用的防除方法为化学除草，即通过施用安全高效的除草剂来减轻杂草造成的危害。除草剂的除草效果和对草坪的伤害随除草剂种类、土壤和草种的不同会发生很大变化。根据国内的实际状况，来研究除草剂对草坪的影响。目前，关于竹节草的研究大多集中在形态学特征（Stone et al.，1970；Wagner et al.，1990）、生物防治入侵（Space et al.，1999）、抗逆能力评价（廖丽等，2014；张静等，2014a，2014b；廖丽等，2016）及生态分布（Smith，1979）等方面。我国虽然是其主要分布地区之一，但是关于除草剂对竹节草的应用方面的研究报道相对较少。对于狗牙根的研究报道有很多，但多集中于它的形态学特征（刘建秀等，1996a，1996b，1996c；张小艾等，2006；郑玉红等，2003）、种质资源遗传多样性（齐晓芳等，2010；张小艾等，2003）和除草剂对其的药效（Matocha et al.，2016）等方面，有关硝磺草酮和莠去津对狗牙根的药效还没有报道。

除草剂混用是解决除草剂防效单一的有效途径，还可以减少杂草对除草剂产生抗性的风险（沙洪抹等，2011）。本书通过对狗牙根分别喷施不同的除草剂组合，从生理变化方面研究除草剂的喷施所引起的活性氧代谢的变化及除草剂胁迫对抗氧化特性的影响，以期为科学施用除草剂及防除狗牙根提供理论依据和方法借鉴。

选择 3 种提取液进行效果比较，第一种为无菌水提取液；第二种为 Tris 提取液，参考谷瑞升等（1999）略作改进（100 mmol/L Tris-HCl，2 mmol/L EDTA，1 mmol/L DTT，1.5% PVPP，pH 7.5）；第三种为 PBS 提取液，参考李娜等（2010）略作改进（137 mmol/L NaCl，2.7 mmol/L KCl，10 mmol/L Na_2HPO_4，1.76 mmol/L KH_2PO_4，1 mmol/L DTT，1.5% PVPP，pH 7.5）。

狗牙根在 4℃春化 2 d 后分别播种在沙子和椰糠（二者比例为 80∶20）上让其发芽生长。剪取狗牙根的叶片用液氮研磨成粉末，再各称取 0.1 g 粉末装入 2 ml 离心管中，分别加入 3 种不同提取液 2 ml，冰上提取 1 h，每个样品重复 3 次，期间来回颠倒数次进行混样，利于充分提取。1 h 后将离心管放入 4℃离心机中 12 000 r/min 离心 10 min，吸取上清液转到新的 2 ml 离心管中。

按照 Bradford（1976）的方法对蛋白质含量进行定量测定。步骤如下所示：配制终浓度为 0.5 mg/ml 的蛋白标准液，分别吸取标准液 0 μl、1 μl、2 μl、4 μl、8 μl、12 μl、16 μl、20 μl 加到 96 孔板中，用无菌水补充到 20 μl。再分别吸取 10 μl 粗酶液至空的孔内，补水至 20 μl，三个重复。在各样品孔中加入 200 μl 考马斯亮蓝染液，混匀后室温静置 3～5 min 使其充分反应后用酶标仪测定 A595，根据标准曲线计算出各个样品中的蛋白质浓度。

狗牙根叶片均用 Tris 提取液提取蛋白质，提取方法参考李娜等（2010），略作改进。提取时间设置为 15 min、30 min、45 min、60 min 和 75 min。通过 Bradford 法测定不同提取时间所得的粗酶液中的蛋白质含量来决定最佳提取时间，用于后续所有试验。

狗牙根培养方法如下：将狗牙根种子用水浸泡后装在 250 ml 三角瓶中，置于 4℃冰箱中春化 2 d。将种子均匀地撒在沙子和椰糠（二者比例为 80∶20）的表面，放在大棚中光照良好的位置进行培养，每天早中晚各喷水一次，保持砂土湿润，以利于种子发芽。等狗牙根幼苗长到 5～6 cm 后移栽到装有沙子和椰糠（二者比例为 80∶20）的塑料管中，每个管子中种植 5 株幼苗。每天早晚各浇水一次，每周施用两次复合肥（N、P、K 比例为 28∶10∶7），由于气温相对较低（20±5）℃，需要培养一个半月左右。

在狗牙根长出 2～3 个分蘖后，选取长势一致的植株进行不同除草剂喷施处理。选取硝磺草酮和莠去津两种除草剂进行试验处理，除草剂组合（莠去津+硝磺草酮）浓度如下所示：280 g·ai/hm²+0 g·ai/hm²、560 g·ai/hm²+0 g·ai/hm²、0 g·ai/hm²+140 g·ai/hm²、0 g·ai/hm²+280 g·ai/hm²、280 g·ai/hm²+140 g·ai/hm²、280 g·ai/hm²+280 g·ai/hm²、560 g·ai/hm²+140 g·ai/hm²、560 g·ai/hm²+280 g·ai/hm²，以未喷施除草剂的狗牙根作为对照。所有处理均用电动喷雾器进行喷施，每次喷施一种除草剂后用清水清洗 5～6 遍去除残留的除草剂，以免与下一种除草剂混合影响试验结果。

在用不同除草剂喷施处理后，分别在第 4 d、第 8 d、第 12 d、第 16 d 和第 20 d 观测记录狗牙根叶片的损伤度，损伤度用 0（没有损伤）～100%（完全损伤）表示，比较分析不同除草剂对狗牙根的药效影响。在处理 20 d 后收获地上部分，放在 60℃烘箱中烘干，直到获得恒重。相对于对照组，地上部分的干重数据用百分数表示。

在用不同除草剂喷施处理后，分别在第 1 d、第 5 d 和第 8 d 采集对照和除草剂喷施处理后的狗牙根叶片，分装在透明塑料袋中，写好样品标记后放在冰上保持低温，迅速带回实验室用液氮研磨至粉末，置于−80℃冰箱内保存，用于后续中的各种参数测定。

狗牙根用不同除草剂处理后，进行一系列的生理参数测定，其中，蛋白质含量、叶绿素含量和 MDA 含量，POD、SOD 和 CAT 酶活性及超氧阴离子产生速率的测定方法与本章第一节相同。实验数据分别采用 IBM SPSS Statistics 19 和 Microsoft Excel 2010 进行分析，用 SigmaPlot 12.5 进行作图。

1. 不同蛋白质提取液提取效果比较

为了确定一种蛋白质提取效果最佳的方法，选择无菌水、Tris 提取液和 PBS 提取液 3 种溶液来进行对比试验。分别称取竹节草、马唐和狗牙根叶片液氮研磨的粉末 0.1 g，用 3 种不同的提取液提取后，测定粗酶液中的蛋白质含量。结果如图 4-20 所示，3 种草都是用 Tris 提取液提取的蛋白质含量最高，PBS 提取液效果次之，无菌水提取效果最差。因此后续试验均选择 Tris 提取液来进行提取。

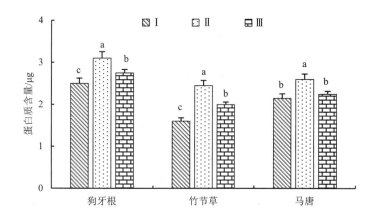

图 4-20 不同方法提取 3 种草叶片中蛋白质含量的效果

（Ⅰ）无菌水；（Ⅱ）Tris 提取液；（Ⅲ）PBS 提取液

2. 不同提取时间下的蛋白质提取效果比较

提取液处理叶片时间不同对叶片中蛋白质的提取量影响很大,因此设计了不同的提取时间来确定最佳提取方法。竹节草、马唐和狗牙根叶片均用 Tris 提取液提取蛋白质,提取时间设置为 15 min、30 min、45 min、60 min 和 75 min,再运用 Bradford 法对不同提取时间所得到的粗酶液中的蛋白质含量进行测定,得出最佳提取时间。结果如图 4-21 所示,3 种草提取的蛋白质含量随着提取时间的增加而显著增加,在提取 75 min 时达到最大值。因此后续试验均选择 75 min 的提取时间。

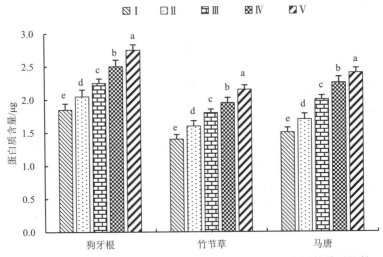

图 4-21　在不同提取时间下提取 3 种草叶片中蛋白质含量的效果比较

（Ⅰ）15 min；（Ⅱ）30 min；（Ⅲ）45 min；（Ⅳ）60 min；（Ⅴ）75 min

3. 不同除草剂处理后狗牙根叶片损伤度观测

狗牙根用不同除草剂处理后,分别在不同处理天数观测叶片的损伤度(图 4-22)。结果如表 4-4 所示:单独施用 280 g·ai/hm² 莠去津,处理 4～12 d 后狗牙根的损伤度≤10%,在处理 16 d 和 20 d 后损伤度分别为 30% 和 40%。施用 560 g·ai/hm² 莠去津,狗牙根在处理 4～8 d 后损伤度小于 10%,在处理 12 d 后为 30%,在处理 16～20 d 后损伤度大于 90%。单独施用 140 g·ai/hm² 硝磺草酮,在处理 12 d 后狗牙根损伤度为 40%,在处理 16～20 d 后损伤度≥90%。莠去津与硝磺草酮混合施用相比较于单独施用莠去津或硝磺草酮显著增加了狗牙根的损伤度。280 g·ai/hm² 莠去津和 140 g·ai/hm² 硝磺草酮混合,在处理 8 d 后狗牙根的损伤度为 20%,在处理 12 d 后损伤度为 80%,而在处理 16～20 d 后损伤度达到了 100%。280 g·ai/hm² 莠去津分别和 280 g·ai/hm² 硝磺草酮混合在处理 8 d、12 d 后损伤度是 30% 和 85%,

在处理 16 d 后达到了 100%。

在除草剂处理 20 d 后获取地上部干重。单独施用 280 g·ai/hm²、560 g·ai/hm² 莠去津地上部干重相比于对照平均减少了 55%。单独施用 140 g·ai/hm²、280 g·ai/hm² 硝磺草酮地上部干重平均减少了 70%。280 g·ai/hm² 莠去津和 140 g·ai/hm²、280 g·ai/hm² 硝磺草酮混合及 560 g·ai/hm² 莠去津和 140 g·ai/hm² 硝磺草酮混合相比于单独施用 280 g·ai/hm²、560 g·ai/hm² 莠去津显著降低了狗牙根地上部干重。

后续试验由于要采集叶片进行粗酶液的提取，除草剂不能采用损伤度很大的浓度梯度来进行试验，以免采集不到足够的叶片，因此选择了 3 个浓度梯度来进行试验，分别为 280 g·ai/hm²+0 g·ai/hm²、0 g·ai/hm²+140 g·ai/hm² 和 280 g·ai/hm²+140 g·ai/hm²（莠去津+硝磺草酮），处理时间选择 1 d、5 d 和 8 d。

表 4-4　不同除草剂处理后狗牙根叶片损伤度观测

名称	除草剂浓度/(g·ai/hm²)		损伤/%					地上部干重（占对照的比例）/%
	莠去津	硝磺草酮	4 d	8 d	12 d	16 d	20 d	
狗牙根	280	0	0±0f	3±1f	10±1f	30±3c	40±3d	46±7a
	560	0	0±0f	5±1e	30±0e	98±1a	99±0ab	45±8a
	0	140	3±1c	10±0d	40±1d	90±2b	98±1b	31±3b
	0	280	5±1a	15±1c	40±3d	88±3b	95±1c	30±8b
	280	140	1±0e	20±3b	80±0c	100±0a	100±0a	30±3b
	280	280	2±1d	30±1a	85±2b	100±0a	100±0a	29±6bc
	560	140	2±1d	30±2a	85±1b	100±0a	100±0a	28±7bc
	560	280	4±1b	30±1a	88±1a	100±0a	100±0a	25±7c

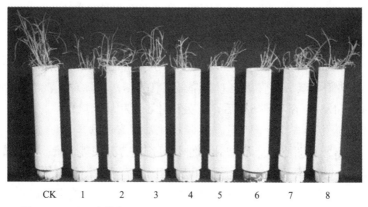

图 4-22　不同除草剂处理后对牙根叶片的损伤情况（后附彩图）

CK 为对照；除草剂（莠去津+硝磺草酮）浓度分别为：1. 280 g·ai/hm²+0 g·ai/hm²; 2. 560 g·ai/hm²+0 g·ai/hm²; 3. 0 g·ai/hm²+140 g·ai/hm²; 4. 0 g·ai/hm²+280 g·ai/hm²; 5. 280 g·ai/hm²+140 g·ai/hm²; 6. 280 g·ai/hm²+280 g·ai/hm²; 7. 560 g·ai/hm²+140 g·ai/hm²; 8. 560 g·ai/hm²+280 g·ai/hm²

4. 不同除草剂处理后狗牙根色素含量的测定

在处理 1 d 后，与对照相比，狗牙根叶片中叶绿素 a 含量降低。在单独施用 280 g·ai/hm² 莠去津后，叶绿素 a 含量比对照降低了 3%，单独施用 140 g·ai/hm² 硝磺草酮后其含量比对照降低了 5%；两种除草剂混合施用使其含量比对照降低了 6%。在处理 5 d 时，与对照相比，狗牙根叶片中的叶绿素 a 含量显著下降，而且比处理 1 d 时下降幅度更大，其中，在单独施用莠去津后，叶绿素 a 含量比对照降低了 9%；单独施用硝磺草酮后其含量比对照降低了 13%；而两种除草剂混合施用变化显著，其含量比对照降低了 14%。在处理 8 d 时，叶绿素 a 的含量与第 5 d 时相比反而有所回升，其中，在单独施用莠去津后，叶绿素 a 含量比对照降低了 8%；单独施用硝磺草酮后其含量比对照减少了 8%；两种除草剂混合施用变化显著，其含量比对照降低了 10%。此外，在三种除草剂处理之间进行比较分析，显示硝磺草酮和莠去津混合施用对狗牙根叶片中叶绿素 a 含量的影响显著（表 4-5）。

表 4-5　不同除草剂处理后狗牙根叶片中叶绿素 a 含量的变化

名称	除草剂浓度/(g·ai/hm²)		叶绿素 a 含量/(mg/g FW)		
	莠去津	硝磺草酮	1 d	5 d	8 d
狗牙根	0	0	0.779±0.003a	0.786±0.006a	0.788±0.006a
	280	0	0.753±0.003c	0.718±0.005b	0.726±0.006b
	0	140	0.743±0.008b	0.685±0.004c	0.724±0.004b
	280	140	0.733±0.002c	0.675±0.003d	0.712±0.004c

在处理 1 d 时，与对照相比狗牙根叶片中的叶绿素 b 含量显著降低。在单独施用 280 g·ai/hm² 莠去津处理后，叶绿素 b 含量比对照降低了 14%，单独施用 140 g·ai/hm² 硝磺草酮后其含量比对照降低了 16%；两种除草剂混合施用使其含量比对照降低了 18%。在处理 5 d 后，与处理 1 d 后相比，叶绿素 b 含量有所回升，其中，在单独施用莠去津处理后，与对照相比叶绿素 b 含量降低了 6%；单独施用硝磺草酮后其含量比对照降低了 7%；两种除草剂混合施用其含量比对照降低了 8%。在处理 8 d 时，叶绿素 b 的含量与第 5 d 时相比又有所回升，其中，在单独施用莠去津处理后，与对照相比，叶绿素 b 含量降低了 5%；单独施用硝磺草酮后其含量比对照降低了 6%；两种除草剂混合施用其含量比对照降低了 7%。此外，在不同除草剂处理之间进行比较分析，发现也是硝磺草酮和莠去津混合施用对狗牙根叶片中叶绿素 b 含量的影响不显著（表 4-6）。

表 4-6　不同除草剂处理后狗牙根叶片中叶绿素 b 含量的变化

名称	除草剂浓度/(g·ai/hm²)		叶绿素 b 含量/(mg/g FW)		
	莠去津	硝磺草酮	1 d	5 d	8 d
狗牙根	0	0	0.199±0.018a	0.194±0.007a	0.194±0.009a
	280	0	0.172±0.006b	0.182±0.007ab	0.184±0.009ab
	0	140	0.167±0.006b	0.181±0.010b	0.183±0.006ab
	280	140	0.163±0.004b	0.179±0.010b	0.181±0.003b

　　经过不同除草剂处理后，狗牙根叶片中类胡萝卜素的含量显著降低。其中，在处理 1 d 时，在单独施用 280 g·ai/hm² 莠去津和 140 g·ai/hm² 硝磺草酮后，与对照相比其类胡萝卜素含量分别降低了 8% 和 9%；两种除草剂混合施用其含量比对照降低了 12%。在处理 5 d 时，与对照相比，类胡萝卜素的含量显著下降，且比处理 1 d 时下降幅度更大，其中，在单独施用莠去津后，类胡萝卜素含量降低了 13%；单独施用硝磺草酮后其含量降低了 19%；两种除草剂混合施用其含量降低了 20%。在处理 8 d 时，类胡萝卜素的含量与处理 5 d 时相比有所回升，其中，在单独施用莠去津后，类胡萝卜素含量比对照降低了 6%；单独施用硝磺草酮后其含量比对照降低了 8%；两种除草剂混合施用变化显著，其含量比对照降低了 12%。此外，在不同除草剂处理之间进行比较分析，发现还是硝磺草酮和莠去津混合施用对狗牙根叶片中类胡萝卜素含量的影响显著（表 4-7）。

表 4-7　不同除草剂处理后狗牙根叶片中类胡萝卜素含量的变化

名称	除草剂浓度/(g·ai/hm²)		类胡萝卜素含量/(mg/g FW)		
	莠去津	硝磺草酮	1 d	5 d	8 d
狗牙根	0	0	0.184±0.002a	0.182±0.002a	0.186±0.002a
	280	0	0.169±0.002b	0.159±0.001b	0.175±0.004b
	0	140	0.168±0.004b	0.148±0.004c	0.171±0.004c
	280	140	0.162±0.005b	0.146±0.004c	0.163±0.001d

5. 不同除草剂处理后狗牙根 POD 活性的变化

　　利用愈创木酚法对所有样品中的 POD 活性进行了测定，结果如下所示，在处理 1 d 时，与对照相比，狗牙根叶片中 POD 活性略微增强，其中，在单独施用 280 g·ai/hm² 莠去津后，POD 活性比对照增强了 8%；在单独施用 140 g·ai/hm² 硝磺草酮处理后，其活性比对照增强了 13%；两种除草剂混合施用后，POD 活性比对照增强了 14%。在处理 5 d 后，与对照相比，POD 活性显著增强，其中，在单独施用莠去津后，POD 活性比对照增强了 16%；在单独施用硝磺草酮后，其活性比对照增强了 29%；两种除草剂混合施用后，其活性比对照增强了 49%。在处理 8 d 后，与对照相比，POD 活性显著增强，其中，在单独施用莠去津后，POD 活性比对照增强了 56%；在单独施用硝磺草酮后，其活性比对照增强了 65%；两种除草剂混合施用后，其活性比对照增强了 90%。此外，随着处理时间的增加，单独施用莠去津或硝磺草酮，狗牙根叶片中 POD 活性逐渐减少，而两种除草剂混合施用处理后 POD 活性显著增强，说明莠去津和硝磺草酮混合施用对狗牙根叶片中 POD 活性影响最大（表 4-8）。

表 4-8   不同除草剂处理后狗牙根叶片中 POD 活性的变化

名称	除草剂浓度/(g·ai/hm²)		POD 活性/(U/μg)		
	莠去津	硝磺草酮	1 d	5 d	8 d
狗牙根	0	0	7.88±0.10c	5.98±0.19d	4.81±0.10d
	280	0	8.50±0.21b	6.93±0.27c	7.52±0.14c
	0	140	8.87±0.23a	7.71±0.08b	7.94±0.26b
	280	140	8.96±0.14a	8.93±0.20a	9.14±0.26a

6. 不同除草剂处理后狗牙根 SOD 活性的变化

利用氮蓝四唑光化还原法测定了样品中的 SOD 活性，结果如下所示，在处理 1 d 时，狗牙根叶片中 SOD 活性比对照高，其中，在单独施用 280 g·ai/hm² 莠去津后 SOD 活性比对照增加了 24%；在单独用 140 g·ai/hm² 硝磺草酮后其活性比对照增加了 44%；两种除草剂混合施用后其活性比对照增加了 52%。在处理 5 d 后，在单独用莠去津后 SOD 活性比对照增加了 26%；在单独用硝磺草酮后其活性比对照增加了 42%；两种除草剂混合施用后其活性比对照增加了 59%。在处理 8 d 后，SOD 活性显著增强，其中，在单独用莠去津处理后 SOD 活性比对照增加了 52%；在单独用硝磺草酮处理后其活性比对照增加了 61%；两种除草剂混合施用后其活性比对照增加了 67%。此外，同一种除草剂处理后，SOD 活性随着处理时间的增加逐渐增加，且两种除草剂混合施用对狗牙根叶片中 SOD 活性的影响最大（表 4-9）。

表 4-9   不同除草剂处理后狗牙根叶片中 SOD 活性的变化

名称	除草剂浓度/(g·ai/hm²)		SOD 活性/(U/μg)		
	莠去津	硝磺草酮	1 d	5 d	8 d
狗牙根	0	0	3.32±0.06d	3.36±0.09d	3.25±0.03c
	280	0	4.13±0.05c	4.24±0.05c	4.93±0.07b
	0	140	4.79±0.06b	4.76±0.03b	5.24±0.08ab
	280	140	5.06±0.02a	5.33±0.05a	5.44±0.03a

7. 不同除草剂处理后狗牙根丙二醛（MDA）含量的变化

运用硫代巴比妥酸法进行了 MDA 含量的测定，结果如下所示，在处理 1 d 时，三种处理均使得狗牙根叶片中的 MDA 含量轻微增加，其中以两种除草剂混合施用效果差异显著，MDA 含量比对照增加了 9%，而单独施用 280 g·ai/hm² 莠去津和 140 g·ai/hm² 硝磺草酮后其含量分别比对照增加了 2% 和 6%。在处理 5 d 后，三种处理也均使得 MDA 含量增加，分别比对照增加了 3%、10% 和 24%。在处理 8 d 后，三种除草剂处理均使得 MDA 含量增加。其中，在单独施用莠去津和硝磺草酮后，MDA 含量分别比对照增加了 7% 和 26%，而除草剂混合使用使狗牙根叶片中 MDA 含量比对照增加了 49%。

表 4-10　不同除草剂处理后狗牙根叶片中 MDA 含量的比较

名称	除草剂浓度/(g·ai/hm²)		MDA 含量/(μmol/g FW)		
	莠去津	硝磺草酮	1 d	5 d	8 d
狗牙根	0	0	0.0333±0.0005c	0.0241±0.0023c	0.0179±0.0007c
	280	0	0.0338±0.0003c	0.0248±0.0003bc	0.0192±0.0006c
狗牙根	0	140	0.0354±0.0003b	0.0264±0.0002b	0.0226±0.0016b
	280	140	0.0364±0.0001a	0.0300±0.0005a	0.0267±0.0002a

8. 不同除草剂处理后狗牙根超氧阴离子（O_2^-）产生速率的变化

采用羟胺反应法对不同处理的样品进行 O_2^- 产生速率的测定。结果如下所示，在处理 1 d 时，单独施用 280 g·ai/hm² 莠去津处理后超氧阴离子产生速率略微增加，比对照增加了 7%，而单独施用 140 g·ai/hm² 硝磺草酮和两种除草剂混合施用使其产生速率显著增加，分别比对照增加了 17% 和 23%。在处理 5 d 后，三种处理均使得超氧阴离子产生速率显著增加，其中，单独施用莠去津和硝磺草酮后 O_2^- 产生速率分别比对照增加了 13% 和 19%，两种除草剂混合施用使其产生速率比对照增加了 25%。在经过 8 d 处理后，三种除草剂处理均使得超氧阴离子产生速率显著增加，其中单独施用莠去津使其比对照增加了 21%，单独施用硝磺草酮使其产生速率显著增加，比对照增加了 53%，两种除草剂混合施用使其产生速率显著增强，比对照增加了 75%。这一结果显示两种除草剂混合施用使超氧阴离子产生速率变化显著。在用同一除草剂处理后，随着处理时间的增加，超氧阴离子产生速率也逐渐增强（表 4-11）。

表 4-11　不同除草剂处理后狗牙根叶片中超氧阴离子产生速率的变化

名称	除草剂浓度/(g·ai/hm²)		O_2^- 产生速率/(nmol/s·μg)		
	莠去津	硝磺草酮	1 d	5 d	8 d
狗牙根	0	0	1.78±0.03d	2.21±0.11d	2.98±0.11d

续表

名称	除草剂浓度/(g·ai/hm²)		O²⁻产生速率/(nmol/s·μg)		
	莠去津	硝磺草酮	1 d	5 d	8 d
狗牙根	280	0	1.91±0.07c	2.50±0.06c	3.62±0.05c
	0	140	2.08±0.04b	2.62±0.09b	4.57±0.12b
	280	140	2.20±0.14a	2.77±0.03a	5.21±0.05a

9. 不同除草剂处理后狗牙根过氧化氢酶（CAT）活性的变化

测定了所有样品中的 CAT 活性，结果如下所示，在处理 1 d 时，三种处理均使得 CAT 活性增强，其中单独施用 280 g·ai/hm² 莠去津后 CAT 活性比对照增强了 2%，单独施用 140 g·ai/hm² 硝磺草酮后其活性比对照增强了 11%，两种除草剂混合施用使其活性比对照增强了 14%。在处理 5 d 后，三种除草剂处理均使得 CAT 活性有显著增强，其中单独施用莠去津后 CAT 活性比对照增强了 7%，单独施用硝磺草酮后其活性比对照增强了 18%，两种除草剂混合施用使其活性比对照增强了 30%。在处理 8 d 后，单独使用莠去津后 CAT 活性比对照增强了 19%，单独施用硝磺草酮后其活性比对照增强了 28%，两种除草剂混合施用使其活性比对照增强了 42%。另外，随着处理时间的增加，三种除草剂的处理均使得 CAT 活性逐渐减少，在处理第 8 d 时活性最弱。两种除草剂混合施用比除草剂单独使用对 CAT 活性影响更大（表 4-12）。

表 4-12　不同除草剂处理后狗牙根叶片中 CAT 活性的变化

名称	除草剂浓度/(g·ai/hm²)		CAT 活性/(U/μg)		
	莠去津	硝磺草酮	1 d	5 d	8 d
狗牙根	0	0	7.88±0.17b	7.29±0.20d	5.26±0.16c
	280	0	8.04±0.18b	7.77±0.29c	6.23±0.15a
	0	140	8.75±0.10a	8.57±0.17b	6.71±0.19b
	280	140	8.96±0.09a	9.47±0.20a	7.49±0.15a

10. 讨论

在前人的研究中已有报道除草剂莠去津和硝磺草酮混合喷施能够产生协同作用来抑制 PS II。比如，莠去津与硝磺草酮混合使用比它们单独使用能够更好地抑制普通苍耳属植物 *Xanthium strumarium* 和油莎草（*Cyperus esculentus*）的生长（Johnson et al.，2002）。McElroy 等（2009）发现莠去津和硝磺草酮混合使用比硝磺草酮单独使用对假俭草（*Eremochloa ophiuroides*）幼苗产生更大的损伤，而且还能减少它的生物量。Willis 等（2007）的研究表明硝磺草酮与西玛津混合使用能够更好地控制三叶草的生长。总的来说，我们的研究结果也显示莠去津和硝磺草酮混合施用比它们单独施用对狗牙根具有更大的损伤。

在已有的研究中，类胡萝卜素包括 β-胡萝卜素、叶黄素和氧化的叶黄素（Lichtenthaler et al.，1983）。McCurdy 等（2009）的研究结果表明 0.28 g·ai/hm² 硝磺草酮处理后，大马唐（Digitaria sanguinalis）叶片中的叶绿素 a、叶绿素 b 和类胡萝卜素含量显著降低。叶绿素 a 浓度的减少可能与 PS II 反应中心的 D1 蛋白被 ROS 破坏相关。通常的，ROS 能够被 α-生育酚、类胡萝卜素和抗氧化酶抑制（Hess，2000；Sharma et al.，2012；Zhang et al.，1996，2015）。然而，硝磺草酮阻碍了这些保护物质的生成（Hess，2000；Triantaphylidès et al.，2009；Woodyard et al.，2009），导致脂质过氧化作用的发生，以及色素和蛋白质被降解。

狗牙根用硝磺草酮处理后，类胡萝卜素的减少也可以归因于 HPPD 酶被抑制，导致八氢番茄红素浓度的增加（Hess，2000）。莠去津抑制光合作用是通过与质体竞争结合到叶绿体中类囊体膜上的 D1 蛋白的 Q_B 结合位点。电子流的堵塞导致三线态叶绿素的形成，与氧气产生反应生成单线态氧（Hess，2000）。三线态叶绿素和单线态氧均能攻击叶绿素、类胡萝卜素、脂质和蛋白质及其他细胞成分（Krieger-Liszkay，2005；Krieger-Liszkay et al.，2008；Sharma et al.，2012）。质体是类胡萝卜素脱氢反应中八氢番茄红素脱氢酶所必需的辅因子，导致间接的抑制类胡萝卜素的生物合成。此外，质体在类胡萝卜素脱氢酶和光合电子传递链之间扮演着中间电子载体的角色（Norris et al.，1995）。出于这个原因，莠去津和硝磺草酮混合施用比它们单独施用时对敏感植物物种造成更大的光毒性影响，如狗牙根，这是由于单线氧和 MDA 含量的增加导致膜稳定性减弱，以及叶绿素 a、叶绿素 b 和类胡萝卜素浓度显著降低。在莠去津、硝磺草酮和两种除草剂混合施用后，狗牙根叶片中的 MDA 含量显著性增加，说明类囊体中的不饱和脂肪酸能够被完全的降解为乙烷和 MDA。莠去津和硝磺草酮混合施用比它们单独施用后狗牙根叶片中含有更高浓度的 MDA，可能是由于形成了更多的活性氧。这一结果与除草剂处理后狗牙根叶片中单线态氧含量的增加相一致。

活性氧是在类囊体中自然产生的，通常被基质中的一系列抗氧化剂清除或是被高温消散（Edge et al.，1997；Sharma et al.，2012；Zhang et al.，2015）。在本书中，莠去津和硝磺草酮混合使用引起了活性氧的产生，而活性氧对植物细胞是有毒的。为了应对这一毒性作用，植物依靠非酶促或酶促反应激活了抗氧化活性（del Buono et al.，2011；Jiang et al.，2016；Peixoto et al.，2008；Zhang et al.，1996，2015）。因此，本书检测了一系列的抗氧化酶（CAT、POD）活性。发现莠去津、硝磺草酮和两种除草剂混用显著地增强了狗牙根的 CAT、POD 活性。近期的一个调查研究发现增强抗氧化酶活性，包括 APX、CAT、POD 和 SOD，能够使狼尾草（Pennisetum americanum）幼苗应对中等浓度莠去津处理引起的氧化压力（Jiang et al.，2016）。说明抗氧化酶与非酶促清除剂如 α-生育酚和类胡萝卜素能够相互协同作用，来保护植物细胞免除氧化胁迫，维持细胞的氧化还原平衡状态（Cho et al.，2005；del Buono et al.，2011；Jiang et al.，2016）。在我们的研究中，尽管狗牙根激活了抗氧化酶类，但是它还是因除草剂处理受到了显著性损伤。这些研究结果表明当生成了过多的活性氧，而抗氧化剂含量不足时，即使抗氧化酶被激活，敏感型植物也会受到显著性损伤。

　　我们研究发现竹节草对莠去津耐受，对硝磺草酮敏感，在施用 140 g·ai/hm² 硝磺草酮时就会造成叶片发生严重的白化作用。而莠去津与硝磺草酮混合施用会弱化白化作用，增强叶片黄化现象。狗牙根对莠去津与硝磺草酮都是敏感的，单独施用莠去津或硝磺草酮分别导致叶片出现黄化和白化现象，而两者混合施用则会抑制白化作用，加重黄化现象。马唐对苞卫敏感，仅仅单独喷施低浓度的 9 g·ai/hm² 苞卫就会使其叶片出现严重的白化现象，此外，随着施药浓度的增加白化程度还会逐渐加重；马唐对高浓度的三氯吡氧乙酸也较为敏感，施用 280 g·ai/hm² 三氯吡氧乙酸时会在植株底部出现一些黄化现象，当浓度增加到 560 g·ai/hm² 时会使得植株上部叶片尖端出现黄化，浓度达到 1120 g·ai/hm² 时基本上整株植株均出现黄化现象；马唐对 2,4-D 丁酯为完全耐受，即使其浓度增高到 1120 g·ai/hm² 也不会对马唐的正常生长产生影响。苞卫与三氯吡氧乙酸混合施用对马唐来说是最为敏感的，喷施 9 g·ai/hm² 苞卫和 280 g·ai/hm² 三氯吡氧乙酸时，会在马唐植株底部叶片与上部叶片尖端出现黄化现象，当苞卫浓度达到 36 g·ai/hm² 和三氯吡氧乙酸浓度达到 1120 g·ai/hm² 时，马唐植株已经完全发黄枯死。

　　竹节草和狗牙根所施用的除草剂都为硝磺草酮和莠去津，相比而言，在表型观测方面，莠去津对竹节草外观基本无影响，硝磺草酮使竹节草叶片白化，狗牙根则是在除草剂处理 16 d 后基本死亡，狗牙根对除草剂比竹节草敏感。硝磺草酮和莠去津混合施用后竹节草和狗牙根的损伤度明显增大，生物量减小，这与 McElroy 等（2009）的研究结果相似，说明莠去津对 HPPD 抑制剂有增效作用。在除草剂处理后，竹节草和狗牙根的叶绿素 a、叶绿素 b 与类胡萝卜素含量都下降。但是竹节草下降的较为明显，280 g·ai/hm² 莠去津和 140 g·ai/hm² 硝磺草酮混合施用比单独施用硝磺草酮 8 d 后叶绿素 a、叶绿素 b 和类胡萝卜素的含量低。硝磺草酮和莠去津混合施用后，竹节草和狗牙根抗氧化酶活性（POD、SOD 和 CAT）显著增强，但是在处理后第 5 d，竹节草就表现出了比狗牙根更强的抗氧化酶活性，表明竹节草对除草剂的耐受性强于狗牙根。

　　马唐在施用 36 g·ai/hm² 苞卫后白化达到 26%，而和 1120 g·ai/hm² 三氯吡氧乙酸混合施用后增效 70% 左右，植株从单独喷施后的叶片产生白化现象变为混合喷施后的叶片黄化枯死，但是苞卫和 2,4-D 丁酯混合施用对植株的损伤度则无明显增效。表明 HPPD 抑制剂与三氯吡氧乙酸混合能显著降低白化症状，与 Brosnan 的研究结果相一致（Brosnan et al.，2013a）。苞卫对马唐的伤害比硝磺草酮对狗牙根的伤害要大，可能苞卫的处理效果要好于硝磺草酮。在除草剂处理后，马唐和竹节草的叶绿素 a 和类胡萝卜素含量下降的幅度较为相似，且都高于狗牙根，可能是由于狗牙根是在冬季种植，而冬季的低温和低辐照度使得除草剂的药效减弱所致（Ekmekci et al.，2004；Johnson et al.，2002）。苞卫和三氯吡氧乙酸混合喷施后，马唐的抗氧化酶活性（POD、SOD 和 CAT）、MDA 和超氧阴离子产生速率增加的幅度均高于莠去津和硝磺草酮混合喷施后的狗牙根和竹节草，说明苞卫和三氯吡氧乙酸混合喷施对马唐的控制效果优于莠去津和硝磺草酮混用对竹节草和狗牙根的控制效果。

参 考 文 献

白昌军, 刘国道, 韦家少, 2002. 华南半细叶结缕草选育研究[J]. 草地学报, 10(2): 112-117.

白利国, 俞玲, 马晖玲, 2014. 野生草地早熟禾对干旱胁迫的生理响应[J]. 草原与草坪, (2): 86-91.

包静晖, 王祥荣, 2000. 草坪植生带在上海地区的应用[J]. 生态学杂志, 19(5): 76-79.

蔡妙珍, 邢承华, 刘鹏, 等, 2008. 大豆根尖边缘细胞和黏液分泌对铝胁迫解除的响应[J]. 植物生态学报, 32(5): 1007-1014.

陈德明, 俞仁培, 1998. 盐胁迫下不同小麦品种的耐盐性及其离子特征[J]. 土壤学报, 35(1): 88-94.

陈光, 杜雄明, 2006. 我国陆地棉基础种质遗传多样性的 SSR 分子标记分析[J]. 遗传学报, 33(8): 733-745.

陈海霞, 胡春梅, 彭尽晖, 等, 2017. 铝胁迫诱导八仙花根系分泌有机酸的研究[J]. 天津农业科学, 23(2): 1-7.

陈静波, 阎君, 郭海林, 等, 2008a. 暖季型草坪草大规模种质资源抗盐性评价指标的选择[J]. 草业科学, 25(4): 95-99.

陈静波, 阎君, 姜燕琴, 等, 2007. NaCl 胁迫对 6 种暖季型草坪草新选系生长的影响[J]. 植物资源与环境学报, 16 (4): 47-52.

陈静波, 阎君, 姜燕琴, 等, 2009. 暖季型草坪草优良选系和品种抗盐性的初步评价[J]. 草业学报, 18(5): 107-114.

陈静波, 阎君, 张婷婷, 等, 2008b. 四种暖季型草坪草对长期盐胁迫的生长反应[J]. 草业学报, 17(5): 30-36.

陈静波, 张婷婷, 阎君, 等, 2008c. 短期和长期盐胁迫对暖季型草坪草新选系生长的影响[J]. 草业科学, 25(7): 109-113.

陈龙兴, 2007. 浅谈草坪草海滨雀稗的管理与养护[J]. 上海农业科技, (4): 102-103.

陈荣府, 董晓英, 赵学强, 等, 2015. 木本植物适应酸性土壤机理的研究进展——以胡枝子(*Lespedeza bicolor*)和油茶(*Camellia oleifera*)为例[J]. 土壤, 47(2): 252-258.

陈守良, 1997. 中国植物志（第十卷 第二分册）[M]. 北京：科学出版社: 132-137.

陈小红, 2007. 海滨雀稗草坪的特性和养护管理技术[J]. 上海农业科技, (4): 111.

陈煜, 杨志民, 李志华, 2006. 草坪草耐荫性研究进展[J]. 中国草地学报, 28(3): 71-76.

陈蕴, 吴开贤, 罗富成, 2008. 我国草坪草引种研究现状与进展[J]. 草业科学, 25(10): 128-133.

陈振, 2015. 狗牙根种质资源耐铝性评价及耐铝机理研究[D]. 海口：海南大学.

程来品, 曹方元, 仇学平, 等, 2013. 不同除草剂对直播稻田马唐等杂草的防效[J]. 杂草科学, 31(1): 64-65.

褚晓晴, 陈静波, 宗俊勤, 等, 2012. 中国假俭草种质资源耐铝性变异分析[J]. 草业学报, 21(3): 99-105.

董厚德, 2001. 中国结缕草生态学及其资源开发与应用[M]. 北京：中国林业出版社.

董鸣, 于飞海, 安树青, 等, 2007. 植物克隆性的生态学意义[J]. 植物生态学报, 31(4): 549-551.

杜中军，翟衡，罗新书，等，2002. 苹果砧木耐盐性鉴定及其指标判定[J]. 果树学报，19(1)：4-7.

方先文，汤陵华，王艳平，等，2004. 耐盐水稻种质资源的筛选[J]. 植物遗传资源学报，5(3)：295-298.

干友民，任婷，陈燕，等，2009. 西南地区野生马蹄金无性繁殖特性研究[J]. 草业科学，26(8)：163-171.

高源，刘凤之，曹玉芬，等，2007. 苹果属种质资源亲缘关系的 SSR 分析[J]. 果树学报，24(2)：129-134.

葛晋纲，宋刚，韩艳丽，等，2004. 7 种暖季型草坪草抗旱性的评价及其生理机制的初步研究[J]. 江苏林业科技，31(2)：
    12-15.

葛颂，1994. 遗传多样性及其检测方法-生物多样性原理与方法[M]. 北京：中国科技出版社：38-43.

宫家珺，2007. 紫花苜蓿的耐酸耐铝性研究[D]. 上海：上海交通大学.

苟文龙，白史且，2002. 假俭草遗传多样性及应用研究进展[J]. 中国草地学报，24(2)：48-53.

谷瑞升，刘群录，陈雪梅，等，1999. 木本植物蛋白提取和 SDS-PAGE 分析方法的比较和优化[J]. 植物学报，16(2)：
    171-177.

管志勇，陈发棣，滕年军，等，2010. 5 种菊花近缘种属植物的耐盐性比较[J]. 中国农业科学，43(4)：787-794.

郭海林，郭爱桂，宗俊勤，等，2014. SRAP 标记对 8 份假俭草材料的鉴定分析[J]. 草地学报，22(1)：203-207.

郭力华，2004. 中国热带地区三种匍匐茎无性系植物种群生态学研究[D]. 长春：东北师范大学.

郭力华，王立，刘金祥，等，2004. 地毯草营养枝与生殖枝光合生理特性研究[J]. 草地学报，12(2)：103-106.

郭天荣，张国平，2002. 大麦耐铝毒机理及遗传改良研究进展[J]. 大麦与谷类科学，(2)：6-10.

郭永盛，陶波尔，2008. 内蒙古河套灌区盐碱地枸杞种植效益分析[J]. 林业资源管理，(2)：90-94.

韩建国，潘全山，王培，2001. 不同草种草坪蒸散量及各草种抗旱性的研究[J]. 草业学报，10(4)：56-63.

韩烈刚，韩烈保，刘荣堂，2000. 几种除草剂对马唐和稗草的灭效[J]. 北京林业大学学报，22(2)：9-11.

贺斌，李根前，高海银，等，2007. 不同土壤水分条件下中国沙棘克隆生长的对比研究[J]. 云南大学学报（自然科
    学版），29(1)：101-107.

胡国霞，马莲菊，陈强，等，2011. 植物抗氧化系统对水分胁迫及复水响应研究进展[J]. 安徽农业科学，39(3)：1278-
    1280.

胡红，曹昀，王颖，2013. 水分胁迫对狗牙根种子萌发及幼苗生长的影响[J]. 草业科学，30(1)：63-68.

胡化广，张振铭，2010. 大穗结缕草对盐胁迫响应及临界盐浓度的研究[J]. 北方园艺，(3)：80-83.

胡化广，刘建秀，何秋，等，2005. 草坪草种质资源抗旱性及其改良研究进展[J]. 植物学通报，22(6)：648-657.

胡化广，刘建秀，马克群，等，2006. 结缕草属植物蒸散量评价[J]. 草地学报，14(3)：206-209.

胡林，边秀举，阳新玲，2001. 草坪科学与管理[D]. 北京：中国农业大学出版社.

胡雪华，何亚丽，安渊，等，2005. 上海结缕草 JD-1 和结缕草属几个主要坪用草种的 ISSR 指纹分析[J]. 上海交通
    大学学报（农业科学版），23(2)：163-167.

黄春琼，2010. 狗牙根种质资源遗传多样性分析及评价[D]. 海口：海南大学.

黄春琼，张永发，刘国道，2011. 狗牙根种质资源研究与改良进展[J]. 草地学报，19(3)：531-538.

黄春琼，周少云，刘国道，等，2010. 华南地区野生狗牙根植物学形态特征变异研究[J]. 草业学报，19(5)：210-217.

黄小辉，廖丽，白昌军，等，2012. 地毯草耐盐浓度梯度筛选与临界盐浓度研究[J]. 草业科学，29(4)：599-604.

寨洪英，邹寿春，2003. 地毯草的光合特性研究[J]. 广西植物，23(2)：181-184.

姜应和，周莉菊，彭秀英，2004. 铝在土壤中的形态及其植物毒性研究概况[J]. 草原与草坪，(3)：16-19.

蒋尤泉，1995. 我国牧草种质资源研究的成就与展望[J]. 中国草地学报，(1)：42-45.

蒋志峰，史清云，刘奎，等，2003. 草坪草茎建植技术及管理[J]. 草业科学，20(2)：50-52.

康晓燕，孙海群，2007. 切除匍匐茎对鹅绒委陵菜克隆生长的影响[J]. 青海大学学报（自然科学版），25(3)：
　　17-19.

孔祥瑞，1984. 自由基及其分子生物学研究进展[J]. 生物科学动态，(4)：11-18.

黎晓峰，顾明华，2002. 小麦的铝毒及耐性[J]. 植物营养与肥料学报，8(3)：325-329.

李德华，贺立源，刘武定，2004. 玉米根系活力与耐铝性的关系[J]. 中国农学通报，20(1)：161-161.

李刚，徐芳杰，张奇春，等，2009. 铝胁迫对不同耐铝性小麦基因型根尖抗氧化酶活性的影响[J]. 浙江大学学报（农
　　业与生命科学版），35(6)：619-625.

李合生，2000. 植物生理生化实验原理和技术[M]. 北京：高等教育出版社.

李辉，李德芳，陈安国，等，2007. 植物耐盐研究概况[J]. 中国麻业科学，29(4)：227-232.

李杰勤，王丽华，詹秋文，等，2013. 20 个黑麦草品系的 SRAP 遗传多样性分析[J]. 草业学报，22(2)：158-164.

李洁英，解安霞，白昌军，等，2011. 周期性去叶对地毯草克隆生长的影响[J]. 草业学报，20(3)：115-121.

李娟，2008. 施肥及刈割对白三叶克隆生长影响的研究[D]. 长春：吉林大学.

李娜，覃磊，严佳文，等，2010. 柑橘叶片蛋白质高效提取与溃疡病 PthA 蛋白质 Western blot 分析[J]. 湖南农业大
　　学学报（自然科学版），36(3)：300-303.

李珊，陈静波，郭海林，等，2012. 结缕草属草坪草种质资源的耐盐性评价[J]. 草业学报，21(4)：43-51.

李卫欣，刘畅，王鹏，等，2010. NaCl 胁迫对不同南瓜幼苗生理特性的影响[J]. 北方园艺，(6)：56-58.

李洋，罗立廷，杨广笑，等，2006. 不同小麦品种耐铝性差异的比较研究[J]. 麦类作物学报，26(5)：79-83.

李亦松，孙艳，王俊刚，等，2015. 苯唑草酮对苣荬菜叶片叶绿素、丙二醛、可溶性糖含量的影响[J]. 江苏农业科
　　学，43(6)：135-136.

廖丽，白昌军，郭晓磊，等，2011a. 竹节草种质资源形态多样性研究[J]. 热带作物学报，32(11)：2042-2047.

廖丽，陈玉华，赵亚荣，等，2015. 地毯草种质资源形态多样性[J]. 草业科学，32(2)：248-257.

廖丽，黄小辉，白昌军，等，2011b. 地毯草对铝胁迫响应及临界浓度的研究[J]. 热带作物学报，32(7)：1235-1239.

廖丽，黄小辉，胡化广，等，2012. 地毯草种质资源耐盐性初步评价[J]. 草业科学，29(5)：704-709.

廖丽，蒋仁娇，刘建秀，等，2016. 竹节草种质资源抗寒性初步评价研究[J]. 热带作物学报，37(2)：234-240.

廖丽，张静，吴东德，等，2014. 竹节草种质资源耐盐性初步评价[J]. 热带作物学报，35(10)：1905-1911.

林咸永，朱炳良，章永松，等，2002. 地上部生长性状指标在小麦耐铝性筛选中的应用[J]. 浙江大学学报（农业
　　与生命科学版），28(3)：260-266.

凌桂芝，黎晓峰，左方华，等，2006. 在铝胁迫下离子通道抑制剂和钙螯合剂对黑麦根系分泌有机酸的影响[J]. 广
　　西农业生物科学，25(3)：248-251.

凌桂芝，石保峰，黄永禄，等，2010. 铝胁迫下黑麦根尖分泌有机酸和钾离子的研究[J]. 植物营养与肥料学报，
　　16(04)：893-898.

刘长春，席嘉宾，张建国，等，2008. 不同水肥处理下地毯草草坪的冬绿性状研究[J]. 广东园林，30(4)：43-45.

刘丹丹，逯晓萍，张瑞霞，等，2012. 高丹草种质资源 SRAP 指纹图谱构建及遗传多样性分析[J]. 华北农学报，27(2)：72-76.

刘虎俊，郭有祯，王继和，等，2001. 二十八个冷季型草坪草品种的耐盐性比较[J]. 草业学报，10(3)：52-58.

刘家忠，龚明，1999. 植物抗氧化系统研究进展[J]. 云南师范大学学报（自然科学版），(6)：1-11.

刘建秀，郭爱桂，2002. 我国狗牙根种质资源匍匐性的研究[J]. 中国草地学报，24(2)：36-38.

刘建秀，贺善安，1996a. 华东地区狗牙根形态分类及其坪用价值[J]. 植物资源与环境，5(3)：18-22.

刘建秀，贺善安，1996b. 暖季型草坪草种质资源的研究与改良[J]. 草原与草坪，33(3)：12-20.

刘建秀，陈海燕，郭爱桂，2003a. 我国结缕草种质资源结实性的初步研究[J]. 草业学报，12(2)：70-75.

刘建秀，郭爱桂，郭海林，2003b. 我国狗牙根种质资源形态变异及形态类型划分[J]. 草业学报，12(6)：99-104.

刘建秀，郭海林，朱雪花，等，2005. 结缕草属种质资源综合评价[J]. 草地学报，13(3)：219-222.

刘建秀，贺善安，陈宁良，1997. 华东地区结缕草属植物形态类型及其坪用价值[J]. 草地学报，5(1)：42-47.

刘建秀，贺善安，刘永东，等，1996c. 华东地区狗牙根形态分类及其坪用价值[J]. 植物资源与环境学报，(3)：18-22.

刘建秀，朱雪花，郭爱桂，2004. 中国假俭草种质资源主要性状变异及其形态类型[J]. 草地学报，12(3)：183-188.

刘莉，胡涛，傅金民，2012. 中国沿海地区野生结缕草属分布现状调查与耐盐性评价[J]. 草业科学，29(8)：1250-1255.

刘尼歌，莫丙波，严小龙，等，2007. 大豆和水稻对铝胁迫响应的生理机制[J]. 应用生态学报，18(4)：853-858.

刘鹏，徐根娣，姜雪梅，等，2004. 铝对大豆幼苗膜脂过氧化和体内保护系统的影响[J]. 农业环境科学学报，23(1)：51-54.

刘伟，张新全，李芳，等，2007. 西南区野生狗牙根遗传多样性的 ISSR 标记与地理来源分析[J]. 草业学报，16(3)：55-61.

刘文辉，周青平，颜红波，等，2009. 青海扁茎早熟禾种群地上生物量积累动态[J]. 草业学报，18(2)：18-24.

刘洋，2017. 地毯草种质资源耐铝生理机理研究[D]. 海口：海南大学.

刘影，2011. 扁穗牛鞭草和多花黑麦草对铝胁迫的生理响应[D]. 雅安：四川农业大学.

刘云峰，刘正学，2005. 三峡水库消落区极限条件下狗牙根适生性试验[J]. 西南大学学报（自然科学版），27(5)：661-663.

罗献宝，白厚义，韦翔华，等，2003. 银杏磷素的营养诊断[J]. 广西农学报，S1：105-109.

罗耀，席嘉宾，谭筱弘，等，2013. 9 种暖季型草坪草耐阴性综合评价及其指标的筛选[J]. 草业学报，22(5)：239-247.

吕静，刘卫东，王丽，等，2010. 4 种暖季型草坪草的抗旱性分析[J]. 中国林业科技大学学报，30(3)：100-104.

莫丙波，沈春鹏，等，2009. 铝对大豆根系柠檬酸合成与分泌的影响[J]. 生态环境学报，18(3)：1037-1041.

潘建伟，2002. 大麦根尖和边缘细胞铝毒生物学特性及其机理研究[D]. 杭州：浙江大学.

潘小东，2005. 紫花苜蓿耐铝毒突变体筛选的研究[D]. 重庆：西南大学.

彭艳，李洋，杨广笑，等，2006. 铝胁迫对不同小麦 SOD、CAT、POD 活性和 MDA 含量的影响[J]. 生物技术，16(3)：38-42.

齐波，赵团结，盖钧镒，2007. 中国大豆种质资源耐铝毒性的变异特点及优选[J]. 大豆科学，26(6)：813-819.

齐晓芳，张新全，凌瑶，2010. 野生狗牙根种质资源的 AFLP 遗传多样性分析[J]. 草业学报，19(3)：155-161.

覃宗泉，雷会义，娄秀伟，等，2010. 刈割次数对热性草丛草地地面植被的影响[J]. 草业科学，27(1)：103-108.

沙洪抹，迟畅，何智勇，2011. 几种苗后化学除草剂混用防除玉米田杂草试验[J]. 吉林农业科学，36(6)：40-42.

单长卷，2010. 干旱胁迫下冰草 AsA、GSH 代谢及茉莉酸的信号调控作用[D]. 杨凌：西北农林科技大学.

沈宏，严小龙，2001. 铝对植物的毒害和植物抗铝毒机理及其影响因素[J]. 土壤通报，32(6)：281-285.

宋福娟，包国章，郭平，2009. 去叶频次对假俭草克隆生长的影响[J]. 东北师大学报（自然科学版），41(2)：145-148.

苏旺苍，孙兰兰，吴仁海，等，2014. 莠去津对大豆叶绿素荧光的影响及药害早期诊断的应用[C]//陈万权. 生态文明建设与绿色植保. 北京：中国农业科学技术出版社：295-302.

孙海群，康晓燕，2008. 鹅绒委陵菜在不同养分条件下的克隆生长研究[J]. 草业与畜牧，10：18-19.

孙吉雄，2003. 草坪学[M]. 北京：中国农业出版社.

孙莉，2011. 抗旱性狗芽根属植物的筛选及综合评价[D]. 海口：海南大学.

唐剑锋，林咸永，章永松，等，2005. 小麦根系对铝毒的反应及其与根细胞壁组分和细胞壁对铝的吸附-解吸性能的关系[J]. 生态学报，25(8)：1890-1897.

唐新莲，韦进进，李耀燕，等，2006.在铝胁迫下黑麦根系分泌的柠檬酸和苹果酸的解毒机制的研究[J]. 广西农业生物科学，25(4)：325-329.

田聪，张烁，粟畅，等，2017. 铝胁迫下大豆根系有机酸积累的特性[J]. 大豆科学，36(2)：256-261.

汪建飞，沈其荣，2006. 有机酸代谢在植物适应养分和铝毒胁迫中的作用[J]. 应用生态学报，17(11)：2210-2216.

王爱德，李天忠，许雪峰，等，2005. 苹果品种的 SSR 分析[J]. 园艺学报，32(5)：875-877.

王萃夫，赵鸣，邹诱莹，等，1988. 草坪植生带建坪的实施程序和管理要点[J]. 草业科学，(2)：61-62.

王丹，王文全，万春阳，等，2011. 钼对甘草幼苗生物量和抗氧化酶活性以及药材质量的影响[J]. 中国现代中药，13(3)：22-25.

王珺，柳小妮，2011.3 个紫花苜蓿品种耐盐突变材料的耐盐性评价[J]. 草业科学，28(1)：79-84.

王琼，刘霞，王爱丽，等，2003. 过路黄克隆生长对光照强度的反应[J]. 西华师范大学学报（自然科学版），24(4)：390-395.

王三根，2013. 植物生理生化[M]. 北京：中国林业出版社.

王水良，王平，王趁义，2010. 铝胁迫下马尾松幼苗有机酸分泌和根际 pH 值的变化[J]. 生态与农村环境学报，26(1)：87-91.

王文婷，侯夫云，王庆美，等，2012. 耐盐性甘薯品种的初步筛选[J]. 山东农业科学，44(11)，35-37.

王秀玲，程序，李桂英，2010. 甜高粱耐盐材料的筛选及芽苗期耐盐性相关分析[J]. 中国生态农业学报，18(6)：1239-1244.

王赞，吴彦奇，毛凯，2001. 狗牙根研究进展[J]. 草业科学，18(5)：37-41.

王志勇，2009. 国内外狗牙根种质资源多样性比较及优良品系抗性评价[D]. 南京：南京农业大学.

王志勇，刘建秀，郭海林，2009a. 狗牙根种质资源营养生长特性差异的研究[J]. 草业学报，18(2)：25-32.

王志勇，袁学军，郭海林，等，2009b. 结缕草属植物 ISSR-PCR 反应体系研究[J]. 草地学报，17(1)：48-51.

吴道铭, 傅友强, 于智卫, 等, 2013. 我国南方红壤酸化和铝毒现状及防治[J]. 土壤, 45(4): 577-584.

吴韶辉, 2009. 铝胁迫下大豆根冠黏液分泌特性和耐铝机理研究[D]. 金华: 浙江师范大学.

席嘉宾, 2004. 中国地毯草野生种质资源研究[D]. 广州: 中山大学.

席嘉宾, 陈平, 张惠霞, 2006. 中国地毯草野生种质资源耐旱性变异的初步研究[J]. 草业学报, 15(3): 93-99.

夏龙飞, 吕娇, 赵尊康, 等, 2015. 几种豆科作物对酸性土壤逆境因子适应性研究[J]. 山东农业科学, (4): 66-70, 75.

肖厚军, 王正银, 2006. 酸性土壤铝毒与植物营养研究进展[J]. 西南农业学报, 19(6): 1180-1188.

肖克炎, 于丹, 2008. 克隆种群的有关概念在水生植物中应用和研究进展[J]. 水生生物学报, 32(6): 136-141.

熊炜, 沈俊刚, 艾合买提·乌斯曼, 等, 2002. 草坪草茎枝扦插研究[J]. 草业科学, 19(4): 66-70.

徐阿炳, 党本元, 朱睦元, 等, 1991. 中国大麦种质资源耐酸铝性初步鉴定[J]. 中国种业, (3): 17-19.

许玉凤, 曹敏捷, 王文元, 等, 2004. 玉米耐铝毒的基因型筛选[J]. 玉米科学, 12(1): 33-35.

阎君, 2010. 假俭草种质资源耐铝性评价及耐铝机理研究[D]. 南京: 南京农业大学.

阎君, 刘建秀, 2008. 草类植物耐铝性的研究进展[J]. 草业学报, 17(6): 148-155.

阎君, 于力, 陈静波, 等, 2010. 假俭草铝耐性和敏感种源在酸铝土上的生长差异及生理响应[J]. 草业学报, 19(2): 39-46.

杨福良, 2002. 狗牙根草类的主要品种、特性及其建坪利用与管理技术明[J]. 草业与畜牧, (2): 46-48.

杨家华, 纪亚君, 2009. 我国牧草种质资源遗传多样性研究进展[J]. 安徽农业科学, 37(2): 554-556.

杨建立, 2004. 植物耐铝毒基因型差异及荞麦耐铝机理研究[D]. 杭州: 浙江大学.

杨列耿, 张永先, 玉永雄, 等, 2011. 铝诱导拟南芥根系分泌苹果酸[J]. 西南农业学报, 24(5): 1867-1870.

杨娜, 孙健, 吴翠霞, 等, 2009. 除草剂新作用靶标——HPPD综述[J]. 农药研究与应用, 13(2): 13-16.

杨野, 2011. 不同耐铝型小麦品种耐铝差异机理的研究[D]. 武汉: 华中农业大学.

杨野, 郭再华, 耿明建, 等, 2010. 不同耐铝型小麦品种苹果酸分泌差异与有机酸代谢关系研究[J]. 生态环境学报, 19(10): 2280-2284.

杨振明, 尤江峰, 2005. 铝诱导耐铝大豆基因型柠檬酸分泌特性的研究[C]//中国植物生理学会环境生理与营养生理专业委员会. 2005年全国植物逆境生理与分子生物学研讨会论文摘要汇编.

杨志敏, 汪瑾, 2003. 植物耐铝的生物化学与分子机理[J]. 植物生理与分子生物学学报, 29(5): 361-366.

应小芳, 刘鹏, 徐根娣, 等, 2005. 大豆耐铝毒基因型筛选及筛选指标的研究[J]. 中国油料作物学报, 27(1): 46-51.

尤江峰, 杨振明, 2005. 铝胁迫下植物根系的有机酸分泌及其解毒机理[J]. 植物生理与分子生物学学报, 31(2): 111-118.

于力, 2012. 豇豆 (*Vigna unguiculata* L.) 铝毒害及耐性机理[D]. 南京: 南京农业大学.

于力, 孙锦, 郭世荣, 等, 2013. 铝诱导豇豆根系有机酸分泌特性的研究[J]. 南京农业大学学报, 36(5): 7-12.

俞大昭, 何燕红, 朱文达, 2010. 三氯吡氧乙酸·草甘膦对免耕麦田杂草的防效及对田间光照和水肥的影响[J]. 杂草学报, (1): 33-35.

俞慧娜, 刘闻川, 张晓燕, 等, 2009. 9种杂草植物相对铝耐性的特征分析[J]. 草业科学, 26(11): 130-137.

袁传卫，姜兴印，2014. 光合作用抑制性除草剂的研究[J]. 农药科学与管理，35(4)：23-27.

曾亮，袁庆华，王方，等，2013. 冰草属植物种质资源遗传多样性的 ISSR 分析[J]. 草业学报，22(1)：260-267.

张芬琴，沈振国，1999a. 铝处理下小麦幼苗根系膜脂过氧化作用和质膜微囊 ATP 酶活性的变化[J]. 西北植物学报，19(4)：578-584.

张芬琴，于金兰，1999b. 铝处理对苜蓿种子萌发及其幼苗生理生化特性的影响[J]. 草业学报，(3)：61-65.

张惠霞，席嘉宾，2005. 广东地区地毯草野生种质资源调查及生态特性研究[J]. 草原与草坪，(6)：25-27.

张静，廖丽，白昌军，等，2012. 地毯草耐铝性初步评价[J]. 草业科学，29(11)：1671-1677.

张静，廖丽，白昌军，等，2014a. 竹节草对 NaCl 胁迫临界浓度的初步研究[J]. 草地学报，22(3)：661-664.

张静，廖丽，张欣怡，等，2014b. 竹节草对铝胁迫响应及临界浓度筛选[J]. 草业科学，31(8)：1498-1502.

张俊卫，2010. 基于 ISSR、SRAP 和 SSR 标记的梅种质资源遗传多样性研究[D]. 武汉：华中农业大学.

张利，赖家业，杨振德，等，2001. 八种草坪植物耐荫性的研究[J]. 四川大学学报（自然科学版），38(4)：584-588.

张启明，陈荣府，赵学强，等，2011. 铝胁迫下磷对水稻苗期生长的影响及水稻耐铝性与磷效率的关系[J]. 土壤学报，48(1)：103-111.

张如莲，黄承和，白昌军，2003. 施肥对杂交结缕草成坪期草坪质量综合评价[J]. 热带作物学报，24(4)：74-80.

张淑侠，吴旭银，马为民，等，2004. 灌溉水质对草坪土壤化学性质的影响[J]. 草业学报，13(3)：119-122.

张天真，2003. 作物育种学总论[M]. 北京：中国农业出版社.

张婷婷，2008. 杂交狗牙根(C. dactylon × C. transvaalensis)离体匍匐茎贮藏保鲜关键技术研究[D]. 南京：南京农业大学.

张婷婷，陈静波，阎君，等，2009. 贮藏温度对杂交狗牙根离体匍匐茎生理指标及再生活力的影响[J]. 草地学报，17(1)：58-62.

张伟丽，刘凤民，刘艾，2011. 柱花草 SRAP-PCR 体系优化及其遗传多样性分析[J]. 草业学报，20(4)：159-168.

张小艾，张新全，2006. 西南区野生狗牙根形态多样性研究[J]. 草原与草坪，(3)：35-38.

张小艾，张新全，杨春华，等，2003. 狗牙根种质资源及遗传多样性的研究概况[J]. 草原与草坪，(4)：3-6.

张欣怡，2016. 竹节草种质资源的遗传多样性研究及抗性评价[D]. 海口：海南大学.

张彦山，何天龙，朱正生，等，2013. 草坪草生态适应性评价[J]. 草业科学，30(4)：546-552.

张一宾，2013. HPPD 抑制剂类除草剂及其市场开发进展[J]. 现代农药，12(5)：5-8.

张颖，贾志斌，杨持，2007. 百里香无性系的克隆生长特征[J]. 植物生态学报，31(4)：630-636.

章爱群，崔雪梅，李淑艳，等，2010. 磷、铝胁迫对玉米幼苗生长和养分吸收的影响[J]. 玉米科学，18(1)：70-76.

赵宽，周葆华，马万征，等，2016. 不同环境胁迫对根系分泌有机酸的影响研究进展[J]. 土壤，48(2)：235-240.

赵李霞，叶非，2008. HPPD 抑制剂的机理与应用进展[J]. 植物保护，34(5)：12-16.

赵玉，李海燕，贾娜尔，等，2009. 伊黎河各不同生境假苇拂子茅种群构件组成及其年龄结构[J]. 草业学报，18(2)：89-94.

郑轶琦，宗俊勤，薛丹丹，等，2009. SRAP 分子标记在假俭草杂交后代真实性鉴定中的应用[J]. 草地学报，17(2)：135-140.

郑玉忠，2004. 中国竹节草野生种质资源的研究[D]. 广州：中山大学.

郑玉忠，席嘉宾，杨中艺，2005. 中国竹节草野生种质资源调查及生物学特性研究[J]. 草业学报，14(3)：117-122.

郑玉忠，席嘉宾，张振霞，等，2006. 中国竹节草野生种质资源的抗旱性研究[J]. 中山大学学报（自然科学版），

　　45(5)：88-92.

中国科学院中国植物志编辑委员会，2004. 中国植物志[M]. 北京：科学出版社.

周华坤，赵亮，赵新全，等，2006. 短穗兔耳草的克隆生长特征[J]. 草业科学，23(12)：60-64.

周青，高金芬，刘金荣，等，2005. 玉米田杂草马唐对阿特拉津、乙阿合剂的抗药性试验简报[J]. 园艺与种苗，25(4)：

　　274-274.

周蓉，2003. 花生耐铝性及遗传改良研究进展[J]. 花生学报，32(Z1)：144-148.

周永亮，张新全，刘伟，2005. 地毯草研究进展[J]. 四川草原，(11)：24-26.

周媛，章艺，吴玉环，等，2011. 酸铝胁迫对栝楼根系生长及铝积累的影响[J]. 农业环境科学学报，30(12)：2434-

　　2439.

朱文达，崔海芝，何燕红，等，2008. 几种除草剂防除棉田杂草马唐试验[J]. 湖北农业科学，47(10)：1171-1173.

朱明雨，王云月，朱有勇，等，2004. 云南地方水稻品种遗传多样性分析及其保护意义[J]. 华中农业大学学报，23(2)：

　　187-191.

左方华，凌桂芝，唐新莲，等，2010. 铝胁迫诱导柱花草根系分泌柠檬酸[J]. 中国农业科学，43(1)：59-64.

Abe D G，Sellers B A，Ferrell J A，et al.，2001. Tolerance of bermudagrass and stargrass to aminocyclopyrachlor[J].

　　Weed Technology，30(2)：499-505.

Almansouri M，Kinet J M，Lutts S，2001. Effect of salt and osmotic stresses on germination in durum wheat (*Triticum*

　　durum Desf.)[J]. Plant and Soil，231(2)：243-254.

Ambasta N，Rana N K，2013. Taxonomical study of *Chrysopogon aciculatus* (Retz.) Trin.，a significant grass of Chauparan，

　　Hazaribag (Jharkhand)[J]. Science Research Reporter，3(1)：27-29.

Ammiraju J S S，Dholakia B B，Santra D K，et al.，2001. Identification of inter simple sequence repeat (ISSR) markers

　　associated with seed size in wheat[J].Theoretical and Applied Genetics，102(5)：726-732.

Bai T D，Xu L A，Xu M，et al.，2014. Characterization of masson pine (*Pinus massoniana* Lamb.) microsatellite DNA

　　by 454 genome shotgun sequencing[J]. Tree Geneticsand Genomes，10(2)：429-437.

Baldwin C M，Liu H，Mccarty L B，et al.，2005. Aluminum tolerances of ten warm-season turfgrasses[J]. International

　　Turfgrass Society Research Journal，(10)：811-817.

Barth S，Melchinger A E，Lübberstedt T，2002. Genetic diversity in *Arabidopsis thaliana* L. Heynh. investigated by

　　cleaved amplified polymorphic sequence (CAPS) and inter-simple sequence repeat (ISSR) markers[J]. Molecular

　　Ecology，11(3)：495-505.

Beaudegnies R，Edmunds A J，Fraser T E，et al.，2009. Herbicidal 4-hydroxyphenylpyruvate dioxygenase inhibitors—

　　a review of the triketone chemistry story from a *Syngenta perspective*[J]. Bioorganic and Medicinal Chemistry，17(12)：

　　4134-4152.

Blair M W，Panaud O，Mccouch S R，1999. Inter-simple sequence repeats (ISSR) amplification for analysis of microsatellite

　　motif frequency and fingerprinting in rice (*Oryza sativa* L.)[J]. Theoretical and Applied Genetics，98(5)：780-792.

Bornet B，Goragune F，Branchard J G，2002. Genetic diversity in European and Argentinean cultivated potatoes (*Solanum tuberosum* subsp. Tuberosum) detected by inter-simple sequence repeats (ISSRs)[J]. Genome，45(3)：481-484.

Bradford M M，1976. A rapid and sensitive method for the quantitation of microgram quantities of protein utilizing the principle of protein-dye binding[J]. Analytical Biochemistry，72(S1-2)：248-254.

Brosnan J T，Breeden G K，2013a. Bermudagrass (*Cynodon dactylon*) control with topramezone and triclopyr[J]. Weed Technology，27(1)：138-142.

Brosnan J T，Breeden G K，Patton A J，et al.，2013b. Triclopyr reduces smooth crabgrass bleaching with topramezone without compromising efficacy[J]. Applied Turfgrass Science，10(1)：1-3.

Budak H，Shearman R C，Gaussoin R E，2004a. Application of sequence-related amplified polymorphism markers for characterization of turfgrass species[J]. Hortscience，39：955-958.

Budak H，Shearman R C，Parmaksiz I，et al.，2004b. Molecular characterization of buffalograss germplasm using sequence-related amplified polymorphism markers[J]. Theoretical & Applied Genetics，108(2)：328-334.

Budak H，Shearman R C，Parmaksiz I，et al.，2004c. Comparative analysis of seeded and vegetative biotype buffalograsses based on phylogenetic relationship using ISSRs，SSRs，RAPDs，and SRAPs[J]. Theoretical & Applied Genetics，109(2)：280-8.

Campbell T A，Jackson P R，Xia Z L，1994. Effects of aluminum stress on alfalfa root proteins[J]. Journal of Plant Nutrition，17(2-3)：461-471.

Carvalho A，Lima-Brito J，Maçãs B，et al.，2009. Genetic diversity and variation among botanical varieties of old portuguese wheat cultivars revealed by ISSR assays[J]. Biochemical Genetics，47(3-4)：276-294.

Chen G，Du X M，2006. Genetic diversity of source germplasm of upland cotton in China as determined by SSR marker analysis[J]. Acta Genetica Sinica，33(8)：733-745.

Chen J B，Yan J，Qian Y L，et al.，2009a. Growth responses and ion regulation of four warm season turfgrasses to long-term salinity stress[J]. Scientia Horticulturae，122(4)：620-625.

Chen S G，Li R H，Yang Q S，1991. Ornamental Horticulture[M]. Beijing：Chinese Agricultural Science and Technology Press：206-224.

Chen X，Guo H L，Xue D D，et al.，2009b. Identification of SRAP molecular markers linked to salt tolerance in *Zoysia* grasses[J]. Acta Prataculturae Sinica.

Cho U H，Seo N H，2005. Oxidative stress in *Arabidopsis thaliana* exposed to cadmium is due to hydrogen peroxide accumulation[J]. Plant Science，168(1)：113-120.

Chowdhury M A M，Moseki B，Bowling D J F，1995. A method for screening rice plants for salt tolerance[J]. Plant and Soil，171(2)：317-322.

Christian M B，Liu H，McCarty L B，et al.，2005. Aluminum tolerances of ten warm-season turfgrasses[J]. International Turfgrass Society Research Journal Volume，8：811-817.

Cobb A H，Reade J P H，2010. Herbicides and Plant Physiology[M]. Second Edition. Hoboken，New Jersey：John Wiley & Sons Ltd.

Condon A G, Richards R A, Rebetzke G J, et al., 2004. Breeding for high water-use efficiency[J]. Journal of Experimental Botany, 55(407): 2447-2460.

Cox M C, Rana S S, Brewer J R, et al., 2017. Goosegrass and bermudagrass response to rates and tank mixtures of topramezone and triclopyr[J]. Crop Science, 57: 1-12.

Cummins I, Wortley D J, Sabbadin F, et al., 2013. Key role for a glutathione transferase in multiple-herbicide resistance in grass weeds[J]. Proceedings of the National Academy of Sciences, 110(15): 5812-5817.

del Buono D, Ioli G, Nasini L, et al., 2011. A comparative study on the interference of two herbicides in wheat and Italian ryegrass and on their antioxidant activities and detoxification rates[J]. Journal of Agricultural and Food Chemistry, 59(22): 12109-12115.

Delay C, 1950. Nombres chromosomiques chez les Phanérogames[J]. Revue De Cytologie Et De Cytophysiologie Vegetales, 12: 1-368.

Delhaize E, Ryan P R, Randall P J, 1993. Aluminum tolerance in wheat (*Triticum aestivum* L.) II. Aluminum stimulated excretion of malic acid from root apices[J]. Plant Physiology, 103(3): 695-702.

Duncan R R, Shuman L M, 1993. Acid soil stress response of zoysiagrass[J]. International Turfgrass Society Research Journal, 7: 805-811.

Edge R, McGarvey D J, Truscott T G, 1997. The carotenoids as anti-oxidants—a review[J]. Journal of Photochemistry and Photobiology B: Biology, 41(3): 189-200.

Ekmekci Y, Farrant J M, Thomson J A, et al., 2004. Antioxidant response and photosynthetic characteristics of Xerophyta viscosa Baker and *Digitaria sanguinalis* L. leaves induced by high light[J]. Israel Journal of Plant Sciences, 52(3): 177-187.

Ervin E H, Zhang X, Schmidt R E, 2005. Exogenous salicylic acid enhances post-transplant success of heated Kentucky bluegrass and tall fescue sod[J]. Crop Science, 45(1): 240-244.

Fang D Q, Roose M L, 1997. Identification of closely related citrus cultivars with inter-simple sequence repeat markers[J]. Theoretical and Applied Genetics, 95(3): 408-417.

Farquhar G, Richards R, 1984. Isotopic composition of plant carbon correlates with water-use efficiency of wheat genotypes[J]. Australian Journal of Plant Physiology, 11(6): 539-552.

Farsani T M, Etemadi N, Sayed-Tabatabaei B E, et al., 2012. Assessment of genetic diversity of bermudagrass (*Cynodon dactylon*) using ISSR markers[J]. International Journal of Molecular Sciences, 13(1): 383-392.

Foy C D, 1988. Plant adaptation to acid, aluminuma-toxic soils[J]. Communications in Soil Science and Plant Analysis, 19(7-12): 959-987.

Foy C D, Murray J J, 1998. Developing aluminuma-tolerant strains of tall fescue for acid soils[J]. Journal of Plant Nutrition, 21(6): 1301-1325.

Ge X J, Sun M, 2001. Population genetic structure of *Ceriops tagal* (Rhizophoraceae) in Thailand and China[J]. Wetlands Ecology & Management, 9(3): 213-219.

Godwin I D, Aitken E A B, Smith L W, 2001. Application of inter simple sequence repeat (ISSR) markers to plant genetics[J]. Electrophoresis，18(9)：1524-1528.

Harris-Shultz K，Raymer P，Scheffler B E，et al.，2013. Development and characterization of seashore paspalum SSR markers[J]. Crop Science，53(6)：2679-2685.

Hartwell B L，Pember F R，1918. The presence of aluminium as a reason for the difference in the effect of so-called acid soil on barley and rye[J].Soil Science，6(4)：259-280.

Hess D，2000. Light-dependent herbicides：an overview[J]. Weed Science，48(2)：160-170.

Hirota H，Kobayashi M，Kanto Y，et al.，1987. Growth behavior of centipedegrass [*Eremochloa ophiuroides*(Munro)Hack.] and its cultural practice[J]. Journal of Japaness Society of Turfgrass Science，15：125-130.

Hixson A C，Crow W T，McSorley R，et al.，2005. Saline irrigation affects belonolaimus longicaudatus and hoplolaimus galeatus on seashore paspalum[J]. Journal of Nematology，37(1)：37.

Hodkinson T R，Chase M W，Renvoize S A，2002. Characterization of a genetic resource collection for Miscanthus (Saccharinae，*Andropogoneae poaceae*) using AFLP and ISSR-PCR[J]. Annals of Botany，89(5)：627.

Hou X G，Guo D L，Cheng S P，et al.，2011. Development of thirty new polymorphic microsatellite primers for *Paeonia suffruticosa*[J]. Biologia Plantarum，55(4)：708-710.

Huang C Q，Liu G D，Bai C J，et al.，2010. Estimation of genetic variation in *Cynodon dactylon* accessions using the ISSR technique[J]. Biochemical Systematics & Ecology，38(5)：993-999.

Huang C Q，Liu G D，Bai C J，et al.，2013. Genetic relationships of *Cynodon arcuatus* from different regions of China revealed by ISSR and SRAP markers[J]. Scientia Horticulturae，162(3)：172-180.

Huang D N，Zhang Y Q，Jin M D，et al.，2014. Characterization and high cross-species transferability of microsatellite markers from the floral transcriptome of *Aspidistra saxicola* (*Asparagaceae*)[J]. Molecular Ecology Resources，14(3)：569-577.

Jenkins T M，Eaton T D，Nunziata S O，et al.，2013. Paired-End Illumina Shotgun Sequencing Used to Develop the First Microsatellite Primers for *Megacopta cribraria* (F.) (Hemiptera：Heteroptera：Plataspidae)[J]. Journal of Entomological Science，48(4)：345-351.

Jiang Y，DuncanR R，Carrow R N，2004. Assessment of low light tolerance of *Seashore paspalum* and bermudagrass[J]. Crop Science，44(2)：587-594.

Jiang Z，Ma B，Erinle K O，et al.，2016. Enzymatic antioxidant defense in resistant plant：*Pennisetum americanum* (L.) K. Schum during long-term atrazine exposure[J]. Pesticide Biochemistry and Physiology，133：59-66.

Johnson B C，Young B G，2002. Influence of temperature and relative humidity on the foliar activity of mesotrione[J]. Weed Science，50(2)：157-161.

Johnson P G，Riordan T P，Arumuganathan K，1998. Ploidy level determinations in buffalograss clones and populations[J]. Crop Science，38(2)：478-482.

Kim K S，Yoo Y K，Lee G J，1991. Comparative salt tolerance study in Korean lawngrassesi[J]. Journal of Korean Society for Horticultural Science，32(1)：117-123.

King J W，1970. Factor affecting the heating and damage of merion Kentucky bluegrass (*Poa pratensis* L.) sod under simulated shipping conditions[D]. East Lansing: Michigan State University.

Kitamura F, 1970. Studies on the salt tolerance of lawngrasses. 4. On the salt tolerance of Japanese lawngrass (*Zoysia grasses*) [J]. Journal of the Japanese Institute of Landscape Architects, 33(4): 28-33.

Kochian L V, Hoekenga O A, Pineros M A, 2004. How do crop plants tolerate acid soil? Mechanisms of aluminum tolerance and phosphorous efficiency[J]. Annual Review of Plant Biology, 55(1): 459-493.

Kojoma M, Iida O, Makino Y, et al., 2002. DNA fingerprinting of cannabis sativa using inter-simple sequence repeat (ISSR) amplification[J]. Planta Medica, 68(1): 60-63.

Krieger-Liszkay A, 2005. Singlet oxygen production in photosynthesis[J]. Journal of Experimental Botany, 56(411): 337-346.

Krieger-Liszkay A, Fufezan C, Trebst A, 2008. Singlet oxygen production in photosystem II and related protection mechanism[J]. Photosynthesis Research, 98(1-3): 551-564.

Krishnamurthy L, Serraj R, Hash C T, et al., 2007. Screening sorghum genotypes for salinity tolerant biomass production[J]. Euphytica, 156(1-2): 15-24.

Kumar S, Shah N, Garg V, et al., 2014. Large scale in-silico identification and characterization of simple sequence repeats (SSRs) from de novo assembled transcriptome of *Catharanthus roseus* (L.) G. Don[J]. Plant Cell Reports, 33(6): 905-918.

Kuo S, 1993. Calcium and phosphorus influence creeping bentgrass and annual bluegrass growth in acidic soils[J]. HortScience, 28(7): 713-716.

Levitt J, 1980. Response of Plants to Environmental Stress[M]. New York: Academic Press: 300-590.

Li A, Ge S, 2001a. Genetic variation and clonal diversity of *Psammochloa villosa* (Poaceae) detected by ISSR markers[J]. Annals of Botany, 87(5): 585-590.

Li G, Quiros C F, 2001b. Sequence-related amplified polymorphism (SRAP), a new marker system based on a simple PCR reaction: its application to mapping and gene tagging in Brassica[J]. Theoretical and Applied Genetics, 103(2-3): 455-461.

Li M, Yuyama N, Hirata M, et al., 2009. Construction of a high-density SSR marker-based linkage map of zoysiagrass (*Zoysia japonica* Steud.)[J]. Euphytica, 170(3): 327-338.

Li Y, Li L F, Chen G Q, et al., 2007. Development of ten microsatellite loci for *Gentiana crassicaulis* (Gentianaceae)[J]. Conservation Genetics, 8(6): 1499-1501.

Li W R, Zhang S Q, Shan L, et al., 2011. Changes in root characteristic, gas exchange and water use efficiency following water stress and rehydration of Alfalfa and Sorghum[J]. Australian Journal of Grop Science, 5(12): 1521-1532.

Lichtenthaler H K, Buschmann C, 2001. Chlorophylls and carotenoids: measurement and characterization by UV-VIS spectroscopy[J]. Current Protocols in Food Analytical Chemistry: 1230.

Lichtenthaler H K, Wellburn A R, 1983. Determinations of total carotenoids and chlorophylls a and b of leaf extracts in different solvents[J]. Biochemical Society Transactions, 11(5): 591-592.

Liu H, 2005. Aluminum toxicity of seeded bermudagrass cultivars[J]. HortScience, 40(1): 221-223.

Liu H，Heckman J R，Murphy J A，1995. Screening Kentucky bluegrass for aluminum tolerance[J]. Journal of Plant Nutrition，18(9)：1797-1814.

Liu H，Heckman J R，Murphy J A，1996. Screening fine fescues for aluminum tolerance[J]. Journal of Plant Nutrition，19(5)：677-688.

Liu H，Song L L，You Y L，et al.，2011. Cold storage duration affects litchi fruit quality，membrane permeability，enzyme activities and energy charge during shelf time at ambient temperature[J]. Postharvest Biology and Technology，60(1)：24-30.

Ma J F，Furukawa J，2003. Recent progress in the research of external Al detoxification in higher plants：aminireview[J]. Journal of Inorganic Biochemistry，97(1)：46-51.

Madesis P，Abraham E M，Kalivas A，et al.，2014. Genetic diversity and structure of natural *Dactylis glomerata* L. populations revealed by morphological and microsatellite-based (SSR/ISSR) markers[J]. Genetics and Molecular Research，13(2)：4226-4240.

Mantel N A，1967. The detection of disease clustering and a generalized regression approach[J]. Cancer Reseach，27(2)：209-220.

Marcum K B，2006. Use of saline and non-potable water in the turfgrass industry：constraints and developments[J]. Agricultural Water Management，80(1-3)：132-146.

Marcum K B，Murdoch C L，1994. Salinity tolerance mechanisms of six C4 turfgrasses[J]. American Society for Horticultural Science，119 (4)：779-784.

Marcum K B，Anderson S J，Engelke M C，1998. Salt gland ion secretion：a salinity tolerance mechanism among five Zoysiagrass species[J]. Crop Science，38(3)：806-810.

Matocha M A，Grichar W J，2016. Weed control and bermudagrass response to nicosulfuron plus metsulfuron combinations[J]. Tarleton Edu，26：32-41.

Matthias B，Rainer B，Martina O，et al.，2002. Herbicidal mixture containing a 3-heterocyclyl-substituted benzoyl derivative and an adjuvant[P]. US. 6479437Bl.

Maw B W，Gibson S，Mullinix B G，1999. Heat tolerance of bermudagrass sod in transit[J]. Journal of Turfgrass Manangement，2(4)：43-47.

McCurdy J D，Mcelroy J S，Kopsell D A，et al.，2009. Mesotrione control and pigment concentration of large crabgrass (*Digitaria sanguinalis*) under varying environmental conditions[J]. Pest Management Science，65(6)：640-644.

McElroy J S，Walker R H，2009. Effect of atrazine and mesotrione on centipedegrass growth，photochemical efficiency，and establishment[J]. Weed Technology，23(1)：67-72.

Mohammadi S A，Prasanna B M，2003. Analysis of genetic diversity in crop plants—salient statistical tools and considerations[J]. Crop Science，43(4)：1235-1248.

Møller I M，Jensen P E，Hansson A，2007. Oxidative modifications to cellular components in plants[J]. Annual Review of Plant Biology，58(1)：459-481.

Murray J J，Foy C D，1978. Differential tolerances of turfgrass cultivars to an acid soil high in exchangeable aluminum[J].

Agronomy Journal，70(5)：769-774.

Nei M，1974. Analysis of gene diversity in subdivided populations[J]. Proceedings of the National Academy of Sciences，70(12)：3321-3323.

Nei M，1978. Estimation of average heterozygosity and genetic distance from a small number of individuals[J]. Genetics，89(3)：583-590.

Norris S R，Barrette T R，Dellapenna D，1995. Genetic dissection of carotenoid synthesis in Arabidopsis defines plastoquinone as an essential component of phytoene desaturation[J]. The Plant Cell，7(12)：2139-2149.

Pakiding W，Hirata M，2003. Effects of nitrogen fertilizer rate and cutting height on tiller and leaf dynamics in bahiagrass (*Paspalum notatum*) swards：tiller appearance anddeath[J]. Japanese Journal of Grassland Science，49(3)：193-202.

Parton W J，Scurlock J M O，Ojima D S，et al.，1995. Impact of climate change on grassland production and soil carbon worldwide[J]. Global Change Biology，1(1)：13-22.

Peacock C H，Dudeck A E，1989. Influence of salinity on warm season turfgrass germination[C]. The 6th International Turfgrass Research Conference，Tokyo.

Peixoto F P，Gomes laranjo J，Vicente J A，et al.，2008. Comparative effects of the herbicides dicamba，2,4-D and paraquat on non-green potato tuber calli[J]. Journal of Plant Physiology，165(11)：1125-1133.

Pejic I，Ajmone-Marsan P，Morgante M，et al.，1998. Comparative analysis of genetic similarity among maize inbred lines detected by RFLPs，RAPDs，SSRs and AFLPs[J]. Theoretical and Applied Genetics，97(8)：1248-1255.

Provan J，Powell W，Waugh R，1996. Analysis of cultivated potato (*Solanum tuberosum*) using intermicrosatellite amplification[J]. Genome，39(4)：767-779.

Qian Y L，Engelke M C，Foster M J V，2000. Salinity effects on zoysiagrass cultivars and experimental lines[J]. Crop Science，40(2)：488-492.

Rengel Z，Robinson D L，1989. Determination of cation exchange capacity of ryegrass roots by summing exchangeable cations[J]. Plant and Soil，116(2)：217-222.

Rengel Z D，Elliott D C，1992. Mechanism of aluminum inhibition of net $^{45}Ca^{2+}$ uptake by *Amaranthus* protoplasts[J]. Plant Physiology，98：632-638.

Rozen S，Skaletsky H，2000. Primer3 on the WWW for general users and for biologist programmers[M]// Krawetz S，Misener S. Bioinformatics Methods and Protocols：Methods in Molecular Biology. Totowa，New Jersey：Humana Press.

Rubinstein A，Colantonio L，Bardach A，et al.，2010. Estimation of the burden of cardiovascular disease attributable to modifiable risk factors and cost-effectiveness analysis of preventative interventions to reduce this burden in Argentina[J]. BMC Public Health，10(1)：627.

Ryan P R，Reid R J，Smith F A，1997. Direct evaluation of the Ca^{2+}-displacement hypothesis for Al toxicity[J]. Plant Physiology，113(4)：1351-1357.

Salzman A G，1985. Habitat selection in aclonal plant[J]. Science，228：603-604.

Schmidt R E，Zhang X，2001. Alleviation of photochemical activity decline of turfgrasses subjected to low soil moisture of UV radiation stress[J]. International Turfgrass Society Research Journal，9：340-346.

Sharma P，Jha A B，Dubey R S，et al.，2012. Reactive oxygen species，oxidative damage，and antioxidative defense mechanism in plants under stressful conditions[J]. Journal of Botany：1-25.

Singh R，Sidhu S S，McCullough P E，2015. Physiological basis for triazine herbicide tolerance in bermudagrass，seashore paspalum，and zoysiagrass[J]. Crop Science，55(5)：2334-2341.

Smith A C，1979. Flora Vitiensis Nova：A New Flora of Fiji (Spermatophytes Only) [M]. Lawai：National Tropical Botanical Garden.

Smith M A，Whiteman P C，1983. Evaluation of tropical grasses in increasing shade under coconut canopies[J]. Experimental Agriculture，19(2)：153-161.

Sneath P，Sokal R，1973. The principle and practice of numerical classification[J]. Numerical Taxonomy：573.

Song Z，Li X，Wang H，et al.，2010. Genetic diversity and population structure of Salvia miltiorrhiza Bge in China revealed by ISSR and SRAP[J]. Genetica，138(2)：241-249.

Space J C，Flynn T，1999. Observations on invasive plant species in American Samoa[J]. USDA Forest Service，10：22-26.

Stier J C，Gardner D S，2007. Shade stress and management[J]. Turfgrass Management and Physiology，107：254-255.

Stone B C，1970. The flora of Guam[J]. Micronesica，6：1-657.

Stone B C，Thorne R F，1970. The flora of Guam. A manual for the identification of the vascular plants of the island[J]. Quarterly Review of Biology，1：97-98.

Su J G，2015. An online tool for obesity intervention and public health[J]. BMC Public Health，16(1)：136.

Sun Q B，Li L F，Li Y，et al.，2008. SSR and AFLP markers reveal low genetic diversity in the biofuel plant Jatropha curcas in China[J]. Crop Science，48(5)：1865-1871.

Tang L，Yang X，Li L，et al.，2010. Analysis of genetic diversity among Chinese Auricularia auricula cultivars using combined ISSR and SRAP markers[J]. Current Microbiology，61(2)：132-140.

Tang R，Gao G，He L，et al.，2007. Genetic diversity in cultivated groundnut based on SSR markers[J]. Journal of Genetics and Genomics，34(5)：449-459.

Tani N，Tomaru N，Tsumura Y，et al.，1998. Genetic structure within a Japanese stone pine (Plnus pumila Regel) population on Mt.Aino-dake in Central Honshu，Japan[J]. Journal of Plant Research，111(1)：7-15.

Thiel T，2001. Misa-Microsatellite Identification Tool，Version 1.0. Available online[DB/OL]. http://pgrc.ipk-gatersleben.de/misa/misa.html. [2018-05-08].

Triantaphylidès C，Havaux M，2009. Singlet oxygen in plants：production，detoxification and signaling[J]. Trends in Plant Science，14(4)：219-228.

Uddin M K，Juraimi A S，Ismail M R，et al.，2009. Growth response of eight tropical turfgrass species to salinity[J]. African Journal of Biotechnology，8(21)：5799-5806.

Uddin M K，Juraimi A S，Ismail M R，et al.，2010. Effect of salinity of tropical turfgrass species[C]//19th World Congress of Soil Science，Soil Solutions for a Changing World. Brisbane：Working Group 3.4 Global Change and Soil Salination：29-31.

Wagner W L，Herbst D R，Sohmer S H，1990. Manual of the flowering plants of Hawaii[J].Taxon，39(4)：643.

Wang M，Xue F，Yang P，et al.，2014a. Development of SSR markers for a phytopathogenic fungus，*Blumeria graminis* f.sp. tritici，using a FIASCO protocol[J]. Journal of Integrative Agriculture，13(1)：100-104.

Wang W，Li Z，Li Y，et al.，2014b. Isolation and characterization of microsatellite markers for *Cotinus coggygria* Scop. (Anacardiaceae) by 454 pyrosequencing[J]. Molecules，19(3)：3813-3819.

Wang X L，Li Y，Liao L，et al.，2015a. Isolation and characterization of microsatellite markers for *Axonopus compressus* (Sw.) Beauv.(Poaceae) using 454 sequencing technology[J]. Genetics and Molecular Research Gmr，14(2)：4696-4702.

Wang X L，Wang Z Y，Liao L，et al.，2015b. Genetic diversity of carpetgrass germplasm based on simple sequence repeat markers[J]. HortScience，50(16)：797-800.

Wang Z，Kenworthy K E，Wu Y Q，2010. Genetic diversity of common carpetgrass revealed by amplified fragment length polymorphism markers[J]. Crop Science，50(4)：1366-1374.

Wang Z Y，Guo H L，Liu J X，2007. Optimization of SSR-PCR system on *Cynodon* spp. by orthongonal design[J]. Molecular Plant Breeding，5：201-206.

Wang Z Y，Liao L，et al.，2013. Genetic diversity analysis of *Cynodon dactylon* (bermudagrass) accessions and cultivars from different countries based on ISSR and SSR markers[J]. Biochemical Systematics & Ecology，46(2)：108-115.

Wang Z Y，Yuan X J，et al.，2009. Molecular identification and genetic analysis for 24 turf-type *Cynodon* cultivars by Sequence-Related Amplified Polymorphism markers[J]. Scientia Horticulturae，122(3)：461-467.

Wenzl P，Arango A，Chaves A L，et al.，2006. A greenhouse method to screen *Brachiaria* grass genotypes for aluminum resistance and root vigor[J]. Crop Science，46(2)：968-973.

Wheele D M，Dodd M B，1995. Effect of aluminum on yield and plant chemical concentrations of some temperate legumes[J] . Plant and Soil，173(1)：133-145.

Willis J B，Askew S D，Mcelroy J S，2007. Improved white clover control with mesotrione by tank-mixing bromoxynil，carfentrazone，and simazine[J]. Weed Technology，21(3)：739-743.

Woodyard A J，Hugie J A，Riechers D E，2009. Interactions of mesotrione and atrazine in two weed species with different mechanisms for atrazine resistance[J]. Weed Science，57：369-378.

Wu Y Q，2004. Genetic characterization of Cynodon accessions by morphology，flow cytometry and DNA profiling[D]. Oklahoma：Oklahoma State University.

Wu Y Q，Taliaferro C M，Bai G H，et al.，2006. Genetic analysis of Chinese *Cynodon* accessions by flow cytometry and AFLP markers[J]. Crop Science，46(2)：917-926.

Xie X，Lu X H，Fu J，et al.，2004. Good properties and values for utilization of seashore paspalum germplasm resource[J]. Journal of South China Agricultural University：S2.

Xie Y，Liu L，Fu J，et al.，2012. Genetic diversity in Chinese natural zoysiagrass based on inter-simple sequence repeat(ISSR) analysis[J]. African Journal of Biotechnology，11(30)：7659-7669.

Yan J，Chen J B，Yu J，et al.，2012. Aluminum tolerance in Centipedegrass (*Eremochloa ophiuroides* [Munro] Hack.)：Excluding Al from root[J]. Scientia Horticulturae，143(16)：212-219.

Yan J，Chen J B，Zhang T T，et al.，2009. Evaluation of aluminum tolerance and nutrient uptake of 50 Centipedegrass accessions and cultivars[J]. HortScience，44(3)：857-861.

Yang J B，Yang J，Li H T，et al.，2009. Isolation and characterization of 15 microsatellite markers from wild tea plant (*Camellia taliensis*) using FIASCO method[J]. Conservation Genetics，10(5)：1621-1623.

Yi Y J，Zhang X Q，Huang L K，et al.，2008. Genetic diversity of wild *Cynodon dactylon* germplasm detected by SRAP markers[J]. Hereditas，30(1)：94-100.

Yu J，McCullough P E，2016. Efficacy and fate of atrazine and simazine in dove weed[J]. Weed Science，64：379-388.

Yun Z，Li W Y，Pan Z Y，et al.，2010. Comparative proteomics analysis of differentially accumulated proteins in juice sacs of ponkan (*Citrus reticulata*) fruit during postharvest cold storage[J]. Postharvest Biology and Technology，56(3)：189-201.

Zhang F，Yu J，Johnston C R，et al.，2015. Seed priming with polyethylene glycol induces physiological changes in sorghum (*Sorghum bicolor* L. Moench) seedlings under suboptimal soil moisture environments[J]. PloS One，10(10)：1-15.

Zhang J X，Kirkham M B，1996. Enzymatic responses of the ascorbate-glutathione cycle to drought in sorghum and sunflower plants[J]. Plant Science，113(2)：139-147.

Zhang K，Xia X，Zhang Y，et al.，2012. An ABA-regulated and golgi-localized protein phosphatase controls water loss during leaf senescence in Arabidopsis[J]. The Plant Journal，69(4)：667-678.

Zhang M S，Wang H，Dong Z Y，et al.，2010. Tissue culture-induced variation at simple sequence repeats in sorghum (*Sorghum bicolor* L.) is genotype-dependent and associated with down-regulated expression of a mismatch repair gene，MLH3[J]. Plant Cell Reports，29(1)：51-59.

Zhang S J，Ma J F，Matsumoto H，1998. High aluminum resistance in buckwheat 1. Al-induced specific secretion of oxalic acid from root tips[J]. Plant Physiology，117：745-751.

Zheng Y Q，Guo H C，Zang G Z，et al.，2013. Genetic linkage maps of centipedegrass [*Eremochloa ophiuroides*(Munro) Hack] based on sequence-related amplified polymorphism and expressed sequence tag-simple sequence repeat markers[J]. Scientia Horticulturae，156(3)：86-92.

Zietkiewicz E，Rafalski A，Labuda D，1994. Genome fingerprinting by simple sequence repeats (SSR) anchored polymerase chain reaction amplification[J]. Genomics，20(2)：176-183.

Пайвинсг，Новоселов М Ю，董卫民，等，1998. 抗铝离子红三叶草育种的某些成果[J]. 草原与草坪，(3)：48-49.

彩　　图

图 1-1 地毯草种质资源形态

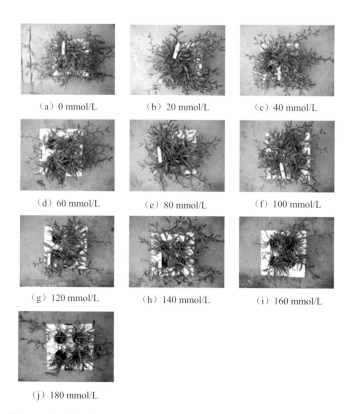

（a）0 mmol/L　　　　（b）20 mmol/L　　　　（c）40 mmol/L

（d）60 mmol/L　　　　（e）80 mmol/L　　　　（f）100 mmol/L

（g）120 mmol/L　　　　（h）140 mmol/L　　　　（i）160 mmol/L

（j）180 mmol/L

图 1-3 地毯草耐盐半致死浓度梯度筛选试验（0～180 mmol/L）

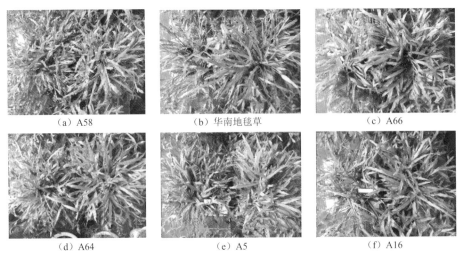

（a）A58　　　　　　　　　（b）华南地毯草　　　　　　　　（c）A66

（d）A64　　　　　　　　　　（e）A5　　　　　　　　　　（f）A16

图1-4　盐处理后敏盐型与耐盐型地毯草种质资源对比图（28 d）

（a）～（f）中左边为处理盆，右边为对照盆

图2-1　地毯草耐铝浓度梯度筛选试验（0～2.16 mmol/L）

（a）T58（对照组）　　　　　　　　　（b）T58（处理组）

（c）S38（对照组）　　　　　　　　　（d）S38（处理组）

图 2-3　铝处理 28 d 后耐铝型地毯草（T58）和敏铝型地毯草（S38）

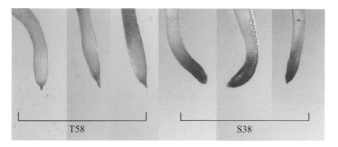

图 2-4　T58 和 S38 铝胁迫 12 h 后苏木精染色情况

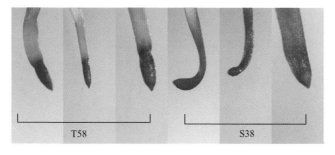

图 2-5　T58 和 S38 铝胁迫 24 h 后苏木精染色情况

图 3-1　竹节草种质资源形态

（a）0 mmol/L　　　（b）0.3 mmol/L　　　（c）0.6 mmol/L　　　（d）0.9 mmol/L

（e）1.2 mmol/L　　　（f）1.5 mmol/L　　　（g）1.8 mmol/L　　　（h）2.1 mmol/L

（i）2.4 mmol/L　　　（j）2.7 mmol/L

图 3-3　10 个铝浓度处理梯度下的竹节草生长状况（28 d）

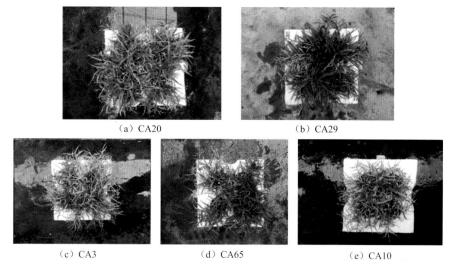

(a) CA20　　　　　　　　　　　(b) CA29

(c) CA3　　　　　　(d) CA65　　　　　　(e) CA10

图 3-5　耐盐型和敏盐型种质资源比较

注：CA20、CA29 为耐盐型种质资源；CA3、CA65 为敏盐型种质资源；CA10 为中间型种质资源

CK　　1　　2　　3　　　　　CK　　4　　5　　6　　　　　CK　　7　　8　　9

图 4-1　马唐用不同浓度的苞卫和三氯吡氧乙酸混合液处理后叶片表型对比

CK 为对照；除草剂（苞卫+三氯吡氧乙酸）浓度分别为：1. 9 g·ai/hm²+0 g·ai/hm²；2. 18 g·ai/hm²+0 g·ai/hm²；3. 36 g·ai/hm²+0 g·ai/hm²；4. 0 g·ai/hm²+280 g·ai/hm²；5. 0 g·ai/hm²+560 g·ai/hm²；6. 0 g·ai/hm²+1120 g·ai/hm²；7. 9 g·ai/hm²+280 g·ai/hm²；8. 18 g·ai/hm²+560 g·ai/hm²；9. 36 g·ai/hm²+1120 g·ai/hm²

CK　　1　　2　　3　　4　　5　　6　　7　　8

图 4-2　马唐用 36 g·ai/hm² 的苞卫与不同浓度的三氯吡氧乙酸混合液处理后叶片表型对比

CK 为对照；除草剂（苞卫+三氯吡氧乙酸）浓度分别为：1. 36 g·ai/hm²+0 g·ai/hm²；2. 36 g·ai/hm²+17.5 g·ai/hm²；3. 36 g·ai/hm²+35 g·ai/hm²；4. 36 g·ai/hm²+70 g·ai/hm²；5. 36 g·ai/hm²+140 g·ai/hm²；6. 36 g·ai/hm²+280 g·ai/hm²；7. 36 g·ai/hm²+560 g·ai/hm²；8. 36 g·ai/hm²+1120 g·ai/hm²

图 4-11　不同除草剂处理后竹节草叶片表型对比

CK 为对照；除草剂（莠去津+硝磺草酮）浓度分别为：1. 280 g·ai/hm²+0 g·ai/hm²；2. 560 g·ai/hm²+0 g·ai/hm²；3. 0 g·ai/hm²+140 g·ai/hm²；4. 0 g·ai/hm²+280 g·ai/hm²；5. 280 g·ai/hm²+140 g·ai/hm²；6. 280 g·ai/hm²+280 g·ai/hm²；7. 560 g·ai/hm²+140 g·ai/hm²；8. 560 g·ai/hm²+280 g·ai/hm²

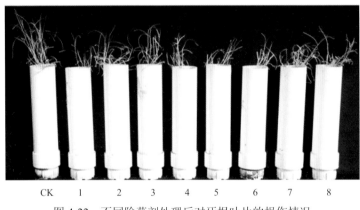

图 4-22　不同除草剂处理后对牙根叶片的损伤情况

CK 为对照；除草剂（莠去津+硝磺草酮）浓度分别为：1. 280 g·ai/hm²+0 g·ai/hm²；2. 560 g·ai/hm²+0 g·ai/hm²；3. 0 g·ai/hm²+140 g·ai/hm²；4. 0 g·ai/hm²+280 g·ai/hm²；5. 280 g·ai/hm²+140 g·ai/hm²；6. 280 g·ai/hm²+280 g·ai/hm²；7. 560 g·ai/hm²+140 g·ai/hm²；8. 560 g·ai/hm²+280 g·ai/hm²